美学基础

学术书
美学与艺术丛

〔波兰〕奥索夫斯基 著
于传勤 译

中央编译出版社

图书在版编目 (CIP) 数据

美学基础 /（波）奥索夫斯基著；于传勤译 . —北京：中央编译出版社，2023.3
ISBN 978-7-5117-4354-1

Ⅰ.①美… Ⅱ.①奥… ②于… Ⅲ.①美学理论 Ⅳ.① B83-0

中国版本图书馆 CIP 数据核字 (2023) 第 003506 号

美学基础

责任编辑	苗永姝
责任印制	刘 慧
出版发行	中央编译出版社
地 址	北京市海淀区北四环西路 69 号 (100080)
电 话	(010)55627391(总编室)　　(010)55627319(编辑室)
	(010)55627320(发行部)　　(010)55627377(新技术部)
经 销	全国新华书店
印 刷	佳兴达印刷（天津）有限公司
开 本	880 毫米 ×1230 毫米　1/32
字 数	308 千字
印 张	16
版 次	2023 年 3 月第 1 版
印 次	2023 年 3 月第 1 次印刷
定 价	90.00 元

新浪微博:@ 中央编译出版社　微信：中央编译出版社 (ID：cctphome)
淘宝店铺: 中央编译出版社直销店 (http：//shop108367160.taobao.com)
　　　　　(010)55627331

本社常年法律顾问：北京市吴栾赵阎律师事务所律师　闫军　梁勤
凡有印装质量问题，本社负责调换。电话：(010)55626985

译者的话

本书作者斯坦尼斯拉夫·奥索夫斯基（Stanistaw Ossdwski，1897—1963），生前系波兰华沙大学教授，并曾任国际社会学协会副主席。他早年学习哲学，于1924年完成博士论文，题目是《关于符号概念的分析》。随之他对美学发生兴趣，开始了在美学基础领域的研究，于1933年完成《美学基础》一书。后来他的兴趣又发生改变，转向社会学的研究，并成为著名的社会学家。他的社会学著作是英语读者界所熟悉的，特别是他的《社会意识的阶级结构》一书，具有一定的国际影响。

《美学基础》是奥索夫斯基的第一部重要著作。本书初版于1933年，1949年修订再版，1957年第三次出版，1966年收入作者全集。佳尼娜（Janina）和维托尔德·罗德金斯基（Witold Rodziński）两人根据作者修订过的第三版将本书译成英文，于1966年出版。本书在波兰一再出版，并译成外文向国外介绍，足见这部著作在波兰本国还是有相当地位和影响的。我们认为，将本书介绍给我国读者，也是有一定的意义和价值的。

为了帮助读者阅读和理解，下面谨就本书的主要内容谈几点粗浅的看法。

一、关于本书的性质

我们知道，西方美学自黑格尔之后发生了重大变化，即绝大多数美学家对于传统的哲学美学不再感兴趣，而着重于对艺术现象和审美经验进行各种历史的和心理的分析研究。正如李泽厚同志所说："美学作为美的哲学日益让位于作为审美经验的心理学；美的哲学的本体论让位于审美经验的现象论，从哲学体系来推测美、规定美、作价值的公理规范让位于从实际经验来描述美感、分析美感、作实证的经验考察。"[①] 奥索夫斯基的这部美学著作，似乎可以在这方面提供一个标本，它正是从实际经验来描述美感、分析美感、对美感作实证的经验考察的。

关于本书的意图和宗旨，作者在引言中一开始就明确地谈道："这部著作的问世是由于这样一些事实：这里所考察的问题，是由我们同艺术作品和自然美的联系，同音乐会、剧院和电影院的联系，由关于文学作品和艺术的思考而提到我们面前的。我们对于某些引起观众、读者或听众喜悦的具体对象的兴趣，引导我们去进行理论的研究、一般的思考和概念的分析。"又说："在探讨美的根源时，我们向自己提出了这样的问题，在审美评价中我们究竟是从什么角度来评价对象的？我们为了什么理由而在某些情况下赋予它们以审美价值？通过对于这样一些具体的和形形色色的对象——从蝴蝶的翅膀到《神曲》，从埃及的绘画到瓦格纳的歌剧，从伦勃

---

① 李泽厚：《美学的对象和范围》，《美学》杂志第3期，第19页。

朗的肖像画到非客观的立体主义——的分析，我们将试图区分审美价值的各种因素，并由此获得进一步思考的材料。"总之，作者是采取所谓"自下而上"的方法，通过对于各种具体的审美现象、审美经验的搜集和考察，在此基础上来归纳、概括出关于审美经验和审美价值的一般概念。因此，本书的内容基本上可以分为两个部分，即搜集材料的部分和综合思考的部分。正如作者自己所说："本书前面的三编，都是用来考察审美价值的某些类型的，都将围绕自己的一组问题构成一个封闭的整体，尽管于此所得的成果将应用于第四编。在这一编，在已经搜集到的材料的基础上，我们将着手解决审美经验这一带有普遍性的问题和美学上的价值概念。"这就是说，本书在搜集材料的时候，也不是审美现象的随意堆积和任意罗列，而是按照由感性形式到再现问题、再到表现问题的顺序进行的，每一部分都有其着重解决的问题，都有其相对的独立性，同时又有着密切的内在联系。因此，全书是有其严密的结构和完整的体系的。

作者的一个基本前提是，审美经验的概念同审美价值的概念有着密切的相互关系。他说："我们思考的起点是审美经验的概念和具有审美价值的对象的概念之间的相互关系。我们把审美经验看作是对于自认为具有审美价值的对象的反应。"这样，作者就把对于审美价值的研究同对于审美经验的研究紧密地结合起来了，把对于审美客体的研究同对于审美主体的研究结合起来了，把对于艺术的研究同对于审美心理的研究结合起来了。因此，本书既具有艺术美学（或艺术哲学）的性质，又具有审美心理学的性质，我们可以说它是一部"文艺心理学"。

在这里，我们拿本书同朱光潜先生的《文艺心理学》作一个简单的比较是很有意思的。本书的作者和朱先生正好是同年生人，他们都生于1897年。这两部著作又产生于同一时代，本书完成于1933年，朱先生的《文艺心理学》完成于1931年。两书的宗旨也大体一致，都是集中探讨审美经验问题的，都是从心理学的角度去研究美学问题的。但是，在相同的起点上，他们却走着并不完全相同的道路。首先，他们所采取的方法不同：朱先生着重于介绍西方已有的心理美学的成说，从而加以融会贯通，本书的作者则拒绝一切有关审美经验的现成结论，而从考察实际的审美经验开始，通过实证考察来归纳出他对于审美经验和审美价值的规定。其次，他们所侧重的方面也有所不同：朱先生似乎更加侧重于审美经验的心理形式方面，而本书则更加侧重对于审美对象和审美经验的观念内容的考察。最后，他们的美学根本观点也不相同，在《文艺心理学》中，朱先生实际上是主张美在主观，即认为美是心灵的创造；本书作者则基本上认为美在客观，他一再强调审美经验是由客观对象引起的，是对于审美对象的反应。本书同朱先生的《文艺心理学》相比，是有着不同的特色和价值的。

二、关于本书的基本观点

本书所要解决的中心问题是审美价值的概念。作者在对审美价值的个别类型进行了一系列的考察之后，便来着手探讨审美价值的一般概念。但是，具有审美价值的对象是各式各样的，同一对象又可以有各种不同的审美性质，正如作者所指出的："在某些情况下，审美评价直接涉及对象的感性形式，在另外一些情况下我们感兴趣的则是它们的再现功能，还有另外一些情况，我们则是从表现的角度或者从结构的目的性上或者从创造者的艺术性上赋予对象一种审美价值，还有这样的情形，即正是没有任何人类活动的痕迹这一点决定着审美价值。"而且，对象的同一种性质还可以从不同的观点受到审美评价，而不同观点的相互作用本身又可以成为一种全新的评价因素。因此，作者认为不可能实现一种永恒的无所不包的审美价值的类型体系。他说："在任何情况下，……我看都不可能发现某个单一的范畴，能够从对象的特性的观点包括所有这些类型。因此，也不可能找到关于美学研究现象的哪一方面这一问题的圆满回答。对于在审美判断中评价的是什么的问题，只有一种多元论的立场才是可能的。"他又说："如果我们将所有审美价值看成是同一范畴的价值的话，那么这不是由于某种客观的品质，而似乎毋宁是由于同评价者的经验的关系。所有具有审美价值的对象的唯一共同的特性，只能是能够引起审美经验这一特性，我们已经几乎明确地将这一特性作为对于审美价值的检验了。"这就是说，从客观的审美对象身上是不可能找到一种共同的审美性质的，它们唯一的共同点就在于能够引起审美经验。因此，作者认为要想明了审美价值的概念，就首先必须弄清楚审美经验的概念。

然而，当我们从审美经验方面接近审美价值问题的时候，也会遇到同样的困难。因为这是一些性质极为多样的经验，它们和各种不同的、有时甚至是互相排斥的客观对象相联系，而且还以非常不同的主体性格气质为条件。它们不仅依赖于审美评价的对象和个人的心理倾向，而且还依赖于社会环境和社会地位。因此，审美经验的多样性并不亚于审美对象的多样性。作者认为，只有"审美立场"能够将所有这些经验联系起来，而不问它们的对象以及情感色彩的种类如何。作者又认为，所谓"审美立场"也就是对于事物的"审美态度"，这样，审美经验的概念也就可以归结为审美态度的概念了。正如作者所说："既然可以表示一切审美经验的特性的因素不可能是美感对象的任何客观的特征，那么对于'在所有审美经验中共同的东西是什么'这一问题，我们可以提出下面的问题来代替，即'对于对象的审美态度在于什么？'或者'对于对象的审美态度包括什么？'"

　　作者首先批评了美学上关于审美态度的种种解说。他指出，有一种观点认为，我们对于一个对象的审美态度，就是当看到这一对象时我们将它从其周围的现实中孤立出来，或者还要将它从"我们的思想世界"孤立出来。作者认为，这种"孤立"理论只能在再现艺术中找到特别的支持，在再现领域以外，它就不能说明问题了。另外一种理论则认为审美态度就在于非概念的观照，不动任何脑筋，没有任何加以组织的倾向，尽可能地摆脱概念思考和词语表达。作者则认为，有一些审美经验正是建立在理智的紧张活动基础上的。他说："甚至对于音乐，无论是非理智的欣赏、被动地为情绪所俘虏，还是为了进入作品的结构而进行理智上的努力，这都是可能的。在这两种听音乐的方式中，我们都应当承认有一种审美态度。"他还批评了移情理论。他说："只要'移情'这一术语具有一种确定的含义，那么就不可能将所有审美经验都从属于这种审美态度。"作者认为所有这些理论都太狭窄了，都不足以包括所有的审美经验类型。他说："它们并不互相矛盾，甚至某些理论还以这种方式或那种方式将它们结合起来。它们的基础可能都包括某种共同的模糊不清的直觉性，只有当试图使这种直觉性变得更加明确的时候，人们才将这一类事实或那一类事实作为进行一般化的基础。所以，审美立场就以这种方式或那种方式被规定出来。"

那么，作者自己又是怎样对审美态度作规定的呢？作者认为，在寻求所有这些审美心理状态的一般特性的时候，最好是从游戏方面去接触这些情感。因为审美经验在许多方面可以看作所谓的游戏感，无论是从游戏的宣泄性的动作或者它的代替作用（以虚拟手段丰富生活）来看，还是从游戏作为脑筋从日常繁忙中的一种放松来看，都是如此。作者说，在所有游戏和所有审美欣赏中，一个首先值得注意的重要的共同因素就是，在所有这些情况下，我们都是"生活于这一刻"（Living for the moment）。作者对于审美态度的规定，就是建立在"生活于这一刻"这一概念基础上的。作者认为，我们的内心生活存在着两种基本的倾向，即朝向未来的倾向和朝向现在的倾向。我们内心生活的绝大部分都是把目前的时刻从属于将来。这不仅当我们实现某些遥远的意图时是这样，而且当我们完成日常责任的时候，当我们计划将来的行动的时候，当我们预见将来的时候，等等，都是如此。"我们可以拿来同这一切相对立的就是我们在现在感到愉快的时刻，而不问将来会发生什么事情。这就是那些本身可以吸引我们的活动和印象，它们好像成了我们严肃生活的延续中的缺口，因为当我们严肃地生活的时候，我们总是面向未来。"因此，作者认为"生活于这一刻"就是审美态度的基本特征。他还说，"美是一种价值，我们从其本身来评价它，除了同它交流所带来的愉快之外，并不考虑其他效果。"

作者还进而指出，"生活于这一刻"还是一个过于宽泛的范畴，它既包括积极性质的感受，也包括观照性质的感受，例如跳舞和体操比赛可以使表演者和观众都生活于这一刻，而表演者的感受是积极状态的，观众的感受则是观照状态的。作者认为，只有"观照地生活于这一刻"才是审美态度。他说："观照地生活于这一刻是审美经验的一个非常重要的特征，它的范围包括这些经验的所有类型。"

在我们看来，作者对于审美态度亦即审美经验的心理特征所作的规定，并没有多少理论意义，"观照地生活于这一刻"这一命题同"直觉性""无利害"等概念比起来，并没有增加什么新的内容，只是更为形象生动罢了。倒是作者对于康德无利害概念的解释，反而比较能够说明问题。他说："今天我们还是倾向于认为，除了对于现实的实用态度和认识态度之外，还存在着一种明显的某种'无利害'的态度；我们倾向于认为当我们面对美的对象时所感受到的特殊情感的显著特征，就是同由关于这些对象的存在的信念所产生的情感无关，换句话说就是，我们的这种心理状态，不是建立在关于存在的判断基础之上的，尽管在我们的思考进程中曾经遇到某些类型的感受，它们对于存在判断并没有这种独立性，然而却属于审美状态。而今天我们还是准备将审美判断看作是一种有着客观要求的主观判断；一种以对于评价对象的个人情感反应为基础、同时在某种意义上又同一切个人境遇无关的判断。"作者还指出，人们的这种审美态度是在社会环境的影响下形成的，他说："社会的意见不仅可以影响我们的评价，而且还可以影响我们的感受。社会环境强加给我们一种价值尺度，它们对于我们有一种客观的性质；而我们的审美反应在很大程度上也是在社会环境的审美文化的影响下形成的。"我们认为，作者对于审美经验的心理特征所作的分析，是合乎客观实际的。另外，作者在分析人们内心生活的两种倾向时还曾经指出，这两种类型的立场的形成和范围取决于生活和工作的条件，而能够从被经济强制或直接暴力所强加的劳动中解脱出来的时间的长短，则是一个头等重要的因素。作者的这一思想是相当深刻的，他看到了自由劳动同游戏以及审美态度之间的密切联系。

作者还认为，"观照地生活于这一刻"对于审美经验来说仍然是一个较大范畴，它虽然可以包括所有审美经验，但同时也包括那些通常不属于审美状态的各种感受，例如低级感官的愉快、宗教的入神、各种性的冲动、看到亲人时的喜悦等。作者认为，从心理学的观点来看，将审美经验的概念扩大到包括这些种类的情感是允许的，但是这和在我们的文化基础上所认可的审美价值的概念却是矛盾的。当作者谈到难以给审美经验下一个适当的定义的时候，他说："这些困难的根源就在于要求保持将审美经验的名称必须给予这样一些经验，它们不仅具有某些共同的心理特点，而且它们所涉及的对象还必须具有某些特别的价值。关于审美经验的这样一种观念是不可能从心理学的分析当中产生的，毫无疑问，是在关于艺术的概念的影响下形成的。当然，审美经验先于艺术，但是这并不妨碍艺术的概念先于审美经验的概念。"在这里，我们且不问审美经验（美感）是否先于艺术，也不问说"审美经验的概念是在艺术的概念影响下形成的"究竟有多少根据，单就"审美经验的概念不可能从心理学的分析当中产生"这一结论来说，也是不能成立的。因为审美经验的心理形式特征，也就是美感的心理活动的特点和规律，是完全应当而且可以从心理学的角度加以探讨的，并且随着现代心理学和生理学的发展，在将来完全能够作出科学的测定，这正是审美心理学所要着重解决的课题。作者实际上是将审美经验的心理形式同它的社会历史内容对立起来了，其实二者是统一的。这是由于作者在思想方法上犯了绝对化的毛病，他总想在审美经验同其他非审美状态之间划出一条严格的清楚的界限，实际上这是难以做到的，不仅在心理形式上是如此，在观念内容上也是如此。

那么，作者最终又是怎样规定审美价值的概念的呢？作者谈到，我们将审美价值看作是一个同审美经验的概念有着相互关系的概念，我们在审美经验的基础上赋予对象以审美价值。但是，如果说审美经验是审美价值的检验的话，却并非是它的尺度，因为一个对象的审美价值的高低，并不总是根据审美经验的强弱来确定的，"我们的审美评价具有某种主客观相结合的性质"。作者认为,审美价值同价值的一般概念一样,具有一种基本的两重性。他说,"我们有两种完全不同的价值观念。我们赋予对象一种价值,或者是从这些对象是怎样产生的角度,或者是从它们给予我们什么的角度,所以在经济学当中,除了作为投入产品的生产当中的劳动量的尺度的价值概念之外,除了这个在马克思的社会理论中起了如此重大作用的价值概念之外,还有另外一种基本的价值概念,它被叫作有用性,它的尺度就是可以满足我们需要的能力(考虑到这些需要的重要程度)。"作者认为,在评价审美对象时也是如此:"在某些情况下是根据观众或听众的感受,在另外一些情况下则是根据产生一个特定对象的创造活动。"有时候我们会赋予一个并不引起强烈情感的对象以很高的审美价值,因为它是伟大的技术、伟大的独创性、熟练的技巧或者创造力高度紧张的产物。作者进而谈道:"如果我们赋予'美'这个词一种特殊的心理学的解释,并由此理解为只是这种引起审美经验的特性,……同时用'艺术性'这一术语来包括制作者的技艺以及实际上的处理,那么美学中的这两种评价方法就可以简单地叫作对于美的评价和对于艺术性的评价。"作者还指出,价值的这两种观念通常是不加区分的,无论是在日常的评价当中,还是在一般的审美考察当中。在审美判断当中,两种观点往往是合作的,只是在评价的动机当中,才会有时候主要是强调观赏一件作品时所感受到的情感,有时候则主要强调创造者的艺术技巧。因此,作者作结论说,"在当代欧洲文化的背景下,审美价值是一个概念的大杂烩。"

在我们看来，作者在这里所讲的并不是审美价值的一般概念，而是审美价值的评价问题。实际上，审美价值的一般概念或审美价值的根源问题，是一个与美的本质有密切联系的问题，审美价值也就是对象所具有的审美特性，审美价值的一般性也就是这种审美特性的一般性。因此，美的本质问题不能正确地解决，审美价值的概念也就不能最终解决。企图用对于审美价值的研究来取代对于美的本质的研究，看来是行不通的。

还应当指出，作者在审美价值和审美经验的关系问题上，实际上是陷入了循环论证。他一方面认为审美经验是对于审美对象的反应，同时又把审美经验看作是对于审美价值的检验。不过总的来说，作者还是通过审美对象所具有的各种审美因素来阐明各种类型的审美经验的，这就同各种形式的唯心主义美学有了重大区别。

总之，无论是作者对于审美经验的探讨还是对于审美价值的探讨，他最终都没得出十分明确的结论，也没有提出什么重要的美学理论。不过他所揭示的一些矛盾现象，对于我们思考有关美的本质以及美感的心理形式等问题，还是很有参考价值的。

三、关于本书的价值和局限

如前所述，本书在美学理论上并没有多少建树，没有提出什么有重大影响的美学观点，但是，作为一部美学专著，本书仍然有其不容抹杀的价值。

首先，本书对于审美现象和审美经验进行了较为系统和全面的考察。作者从形式到内容，从再现到表现，从艺术美到自然美，对于这些客体对象的各种审美因素以及在主体身上所引起的审美经验，都作了系统的考察和细致的分析。尽管审美经验的考察是不可能穷尽的，作者对于某些审美经验的分析同更现代的审美心理学理论比较起来，还带有直观的性质，但无可否认，作者在这方面确实是做了开创性的工作。在我国，直到今天还没有人在这方面进行过如此切实的搜集材料的工作，而美学毕竟应当以审美经验作为研究的中心和主要对象，它是美学的基础和出发点，因此，正如本书的书名所揭示，本书确实能为我们学习和研究美学理论提供一个基础。

其次，本书所涉及的一系列美学问题，诸如语义判断和非语义判断的概念，再现与表现的概念，审美态度的概念，审美价值的概念，艺术和美感中审美因素与非审美因素的关系，以及美学的对象与范围等，仍然是今日美学中所经常讨论的问题。尽管作者对于这些问题的论述都还比较粗浅，但仍然可以给我们提供一些参考。

最后，本书广泛地介绍了各种艺术知识。应当承认，作者的艺术知识是很广博的，他不仅熟悉西方艺术，而且对于东方艺术和世界其他地区的艺术也都有深入的了解。他对审美经验的分析既细致深入，同时又通俗易懂，因此对于一般读者来说，本书有助于提高他们的艺术修养及审美欣赏能力。这也正是我们学习和研究美学理论的最终目的所在，同时，本书对于我们编写艺术美学或艺术概论，也有一定的参考价值。

至于作者的艺术观点，应当说基本上是健康的和公允的。例如作者关于现实主义的基本见解，关于艺术的独特价值和社会作用的见解等，在今天对于我们仍然具有启发意义。但是由于作者早年受的是资产阶级教育，本书最初又是在西方资产阶级的文化背景下完成的，因此不可避免地会带有资产阶级思想观点的影响。这特别突出地表现在作者对于西方现代派艺术的态度上。尽管作者对于现代派艺术并不全盘肯定，对于形式主义和反理性主义的东西他也提出了批评，但他对现代派艺术基本上是持肯定态度的，并把它们说成是一种"现实主义"，这显然是荒谬的。至于现代派艺术所以产生和存在的社会历史根源，作者更是根本未加分析。与此同时，他抓住波兰以及苏联文艺界某些庸俗社会学倾向，从而对社会主义现实主义和反映论理论作了不适当的批评，这不能不说是出于作者的资产阶级偏见。

当然，这部著作中的错误观点绝不仅仅限于我所指出的这一些。读者在阅读过程中一定要注意分辨，取其精华，去其糟粕。是所望焉。

译　者
1984.9.

英文版出版说明

本译本是根据作者所提供的《美学基础》第三版（1933年初版，1949年第二版，1957年第三版，1966年收入全集为第四版）译出的。

本译本删去了原文中某些为外国读者所难以理解的例子（例如关于著名的戏剧表演和古代的戏剧演出的回顾，以及为了波兰文学的读者的理解而作为具体例证的文学人物）。对于书中所引用的波兰作者的姓名和作品，我们补充了简明的注释（脚注号码加方括号以示区别）。作者脚注中方括号内的部分系最后几版所加。

书后图版是按照便于分析不同论题的顺序安排的。[1]

---

[1] 中译本未附图版。——编者

引 言

这部著作的问世是由于这样一些事实,这里所考察的问题,是由我们同艺术作品和自然美的联系,同音乐会、剧场和电影院的联系,由关于文学作品和艺术的思考而提到我们面前的。我们对于某些引起观众、读者和听众喜悦的具体事物的兴趣,使得我们去进行理论的研究、一般的思考和概念的分析。

这一点影响了本书的内容。为了探求解决某些美学的基础问题——这是一些具有很大普遍性的问题,为了向我们自己解释清楚审美价值的概念,我们便从考察可作审美评价的各种个别类型的事物开始。在探讨美的根源的时候,我们向自己提出了这样的问题,在审美评价中我们究竟是从什么观点来评价对象的?我们为了什么理由而在某些情况下赋予它们以审美价值?通过对于这样一些具体的和形形色色的对象——从蝴蝶的翅膀到《神曲》,从埃及的绘画到瓦格纳的歌剧,从伦勃朗的肖像画到非客观的立体主义——的分析,我们将试图区别审美价值的各种因素,并由此获得进一步思考的材料。

这种积累材料的过程将构成本书的十几个章节。然而,这一工作的个别阶段将超出单纯为更加普遍的问题搜集材料的局限。它们还有它们自己的独立的目的。在收集材料的过程中，我们将试图分析一些美学的基本概念，特别是与思考艺术有关的概念，诸如结构、判断、外观、现实的再现、现实主义、表现等。我们还试图解释某些含混不清的、意义分歧的概念，它们是导致美学中的许多误解的原因。

本书前面的三编，都是用来考察审美价值的某些类型的，并将围绕自己的一组问题构成一个封闭的整体，尽管于此所得的成果将应用于第四编。在这一编，在已经搜集到的材料的基础上，我们将着手解决审美经验这一带有普遍性的问题和美学上的价值概念。第四编的第一章（"自然和艺术"），如同本书前面各编一样，有它自己的主题，即分析审美价值的某些具体类型；从这一角度看，它应当成为同前面三编有同等价值的一个部分。但是，由于美学上自然和艺术的界限问题，如同下面这样一个问题一样，即：哪些审美价值是以对象为非人的创造物为条件的，哪些审美价值是以对象为人的创造物为条件的，也就是说通过创造这一观念的引入才成为审美经验的一个因素，这一章是和最后综合章节的普遍思考紧密联系着的。这就是为什么我把它包括在本书第四编当中的原因。

*

思考有关美学的问题，往往会屈从于一种或另一种艺术倾向的见解，或者事先就陷入某些观念的框框，而这些观念只不过是作为各种偶然情况的结果而出现的。为了避免这一点，我为自己制定了如下一些指导原则：

（1）在进行这一工作时我绝不接受任何关于审美价值和

审美经验的既定公式；我只接受建立在普通直观基础上的这一临时预先假设，即审美价值的检验是依赖于审美经验的。

（2）在不带有任何一般公式的同时，我将运用社会学的原则选择材料，即首先考虑那些在我们的文化基础上，至少在某一方面占有一定地位的艺术作品，然后，我将把它们付诸各种评价，例如我们评判一些事物是"美的"，"给人以美感的"，或者"令人欣赏的"，"逼真的"，"引起审美情感的"。当然，我们将会考虑到在某些情况下，由于语言习惯的原因，这样一个形容词会有不同的含义，因此在有疑问的情况下，我们就要换一个同义词来检验这一评价的含义。

（3）在确定哪些因素决定审美价值的时候，在个别情况下，我们将利用听众和观众的证明，考虑他们的经验描述以及他们作如此评价的动机（例如，"这幅画很美，因为它忠实地反映了现实，而另一幅则是因为色彩和形式的不寻常的和谐"，"这部作品所以有价值是由于它的清晰的结构，而另一部所以对我们有魅力则是由于它的表现力"，等等）。

（4）为了尽可能地避免一切专断和片面的见解，我们将同样考虑专家和外行的评价。我们将不以这种或那种艺术倾向所宣传的所谓看待艺术作品的"正确"方法为典范，但同时，我们将力求考虑所有重要倾向的观点，无论是"先锋派"还是传统派。

*

在美学当中，至少从康德的时代以来，美极为经常地被单独看作是某种类型的审美价值，此外还有崇高或者滑稽。然而，由于我们还在广义上使用"美"这一用语，在考虑到一个对象的"崇高"的情况下，或者甚至当我们由于一件艺术作品的滑稽而赋予它一种审美价值的时候，也使用它，因此，我们将不会陷入同普通直观的矛盾——在普通直观中，是将"美的"这一用语当作"具有审美价值的"同义语的。我们接受这种广义的用法，还因为这样就更容易避免先验地依赖于某种详细说明审美经验概念的理论，特别是更加容易确定这一概念同从属于它的那些概念之间的关系。

目 录

第一编　直接审美评价中的形体、色彩和声音世界

第一章　审美经验中的判断 / 003

　　1. 直接审美评价和"功能"评价 / 003

　　2. "判断"的概念 / 005

第二章　感性质料 / 010

　　1. 感性质料的美、质料形态的美和具体事物的美 / 010

　　2. 色彩和声音的审美评价 / 011

第三章　不以质料关系为基础的空间或时间形态 / 019

　　1. 形态的类型 / 019

　　2. 空间形式的美 / 021

　　3. 节奏 / 026

第四章　色彩和空间形式的形态 / 031

　　1. 色彩的变化 / 031

　　2. 艺术中色彩斑块的形态 / 034

　　3. 立体形态 / 039

第五章　音乐中的音调组织 / 042

　　1. 音程 / 043

2.旋律的结构 / 045

3.音乐形态中的和音 / 049

4.调式 / 052

5.变调 / 054

6.多调性 / 057

7.传统音乐和其他类型的音乐形态 / 058

8.关于判断音乐结构的任意性 / 061

9."理解音乐"意味着什么？ / 064

10.关于审美形态的规则 / 068

第六章 现实事物的外观 / 071

1.感性质料的形态和客观判断 / 071

2.客观判断对于想象感性质料形态的影响 / 073

3.不仅是外形决定的 / 076

4.个别事物的美 / 080

第二编 关于再现现实的艺术

第七章 艺术中的两种现实 / 087

1.再现的概念 / 087

2.形象 / 089

3.艺术中的形象 / 092

4.音乐中的形象 / 094

5. 音乐的图解作用 / 100

6. "不为自己说话"的形象 / 102

7. 通过描写再现 / 104

8. 描写的形象性和非想象的思维 / 108

9. 表象的连续 / 113

10. 用图画叙述 / 115

11. 对再现作品的审美态度 / 119

第八章 现实主义问题 / 122

1. "描述对象"与作品的"指示物" / 122

2. 现实主义的两种基本概念 / 127

3. 内容的现实主义 / 128

4. 个别的忠实 / 129

5. 类型的现实主义 / 131

6. 内容的个别组成部分的现实主义 / 135

7. 手法的现实主义 / 136

8. 手法的现实主义和描写 / 138

9. 幻觉主义 / 139

10. 现实主义在客观标准的基础上建立等级 / 143

11. 主观的现实主义 / 145

12. 心理的现实主义 / 149

13. 绘画和雕刻中的心理现实主义和表演中的
心理现实主义 / 151

14. 现实主义概念的相对性 / 156

15. "社会主义现实主义" / 161

16. 艺术中现实主义的审美价值 / 163

第九章 阐述内容的方式和同预定主题的关系 / 170

1. 文学作品中叙述的结构 / 170

2. 绘画中强调内容的方式 / 174

3. 同主题的关系 / 177

第十章 再现出来的对象的直接的美 / 181

1. 再现作品的直接审美价值及其再现功能 / 181

2. 绘画中色彩和形式的形态 / 184

3. 诗歌作品的听觉价值 / 191

第十一章 所再现的现实的价值 / 196

1. "不是'什么',而是'怎样'"的口号 / 196

2. 通过图画的中介而同对象交流 / 200

3. 作为美的现实的代用品的图画 / 204

4. 文学作品中所描写的对象的美 / 211

5. 所再现的事物的"非审美"特性的审美价值 / 213

6. 艺术创造中的两个阶段 / 217

7. 再现艺术和对于印象的需要 / 221

第十二章 象征艺术 / 225

1. 艺术中的象征主义 / 225

2. 象征作品的两种类型 / 227

3. 象征主义和审美经验 / 231

第十三章 "内容和形式的和谐" / 236

第三编 表现问题

第十四章 表现符号 / 243

1. 表现功能 / 244

2. 从表现力的根源来看表现符号的划分 / 244

3. 人体的表现和作品中的表现 / 250

第十五章 审美价值和心理状态的表现 / 251

1. 表现和再现 / 251

2. 表现对象的三重价值 / 254

3. 移情作用 / 255

4. 生气 / 257

5. 情感的交流 / 261

6. 表现内容的价值 / 266

第十六章 美学中表现的两种概念 / 270

1. 消极意义的表现和积极意义的表现 / 270

2. 表现的两种概念之间的联系 / 279

3. 积极意义的表现的三种根源 / 283

4. 情感状态的启示和审美经验 / 285

5. 表现对象的评价因素的多样性 / 287

第四编　美学基础

第十七章　自然和艺术 / 291

1. 美学中的自然 / 291

2. 自然美和无目的的美 / 293

3. 艺术的范围和创造的概念 / 296

4. 自然的特殊的美 / 299

5. 关于创造者的意图的信念 / 302

6. 意图和手法 / 304

7. 目的性 / 308

8. 自然当中的目的性 / 315

9. 创造性 / 318

10. 集体演出中的匠艺性 / 326

11. 自然美学和艺术美学 / 328

第十八章　什么是审美经验？ / 333

1. 审美价值的范围 / 333

2. 审美经验的类型 / 338

3. 关于美学的界限的情感经验 / 341

4. 审美立场的概念 / 346

5. 对于事物的审美态度 / 349

6. 无利害的观照 / 351

7. "生活于这一刻" / 355

8. "生活于这一刻"和审美观照 / 363

第十九章　美与创造 / 368

1. 审美价值和审美经验 / 368

2. 价值的两种观念 / 373

3. 两个兴趣中心的干扰 / 377

4. 审美情感的心理学和关于艺术创造的科学 / 380

5. 审美观照和创作感受 / 384

第二十章　艺术与文化 / 387

1. 艺术发展中的外在因素 / 387

2. 两种传统 / 392

3. 特殊价值和多重任务 / 397

4. "伟大"的标准 / 398

附　录

附录一　关于美学中的主观论 / 407

附录二　关于艺术起源的探讨 / 427

艺术创造和性生活　/ 427

附录三　社会环境在形成公众对于艺术作品的

　　　　反应中的作用　/ 442

　　1."客观的"评价和"主观的"评价　/ 442
　　2. 社会团体所认可的评价对于个人情感反应的影响　/ 446
　　3. 对于某些主题和形式的情感态度　/ 447
　　4. 社会环境在判断艺术作品上的影响　/ 448
　　5."生活态度"和审美敏感　/ 452

附录四　艺术创造的教育潜力　/ 456

译后记　/ 469

朱光潜与李泽厚　/ 470

第一编

直接审美评价中的形体、色彩和声音世界

第一章　审美经验中的判断

1. 直接审美评价和"功能"评价

按照本书引言中所提出的预先设想，我们思考的起点是审美经验的概念和具有审美价值的对象的概念之间的相互关系。我们把审美经验看作是对于自认为具有审美价值的对象的反应。但是这并不是说，一个对象——它引起我们这样一种经验并为此理由我们而说它具有审美价值——就一直是这种经验的主要对象。当我们站在一幅有趣的、富于表现力的肖像面前的时候，我们的注意力常常不是被我们认为具有审美价值的肖像所吸引，而是被肖像所描绘的那个人所吸引。当我们阅读一段艺术描写的时候，我们一般不是思考我们所阅读的词句，而是思考所描绘的事物。

所以，审美评价的对象同审美经验的对象之间的区别，是区分下面两类不同情形的基础，在一种情况下，审美评价的对象同时就是审美经验的中心对象，而在另一种情况下就不是这样，或者不是唯一的中心对象；除它之外，还会有某种另外的事物作为这种审美经验的必要条件而介入我们的意识之中。

这样就使我们看到审美评价的两种基本类型:(1)着眼于对象的感性形式所给予的直接愉快的评价;(2)着眼于将思想转移到另一事物上的功能的评价。这是一种很古老的区分,这种区分我们可以从其他说法当中看到,或许二者有些微差别,例如在费希纳那里,当他谈到感觉同审美的快感和痛感的相关因素的时候。[①]

当谈到审美评价和审美经验的对象的时候,我们当然不是仅仅指的确定的事物,即"东西",而且也包括诸如提琴或钢琴的琴弦振动所产生的声波之类的现象和过程。

每一个因其转移思想到其他事物上的功能而引起审美经验的对象,也可以进行直接审美评价;在这种情况下,我们就不再考虑它同其他事物的关系,而把注意力单单集中在可以看到的物体特征上。艺术作品的这种二重性,同"内容、形式、材料、主题"这样一些概念的意思,或多或少是有一些清楚的区别的。使用这样一些概念会给我们带来危险,因为同这些概念相应的术语会造成意义分歧的麻烦。

在开始考察使一个对象获得审美价值的不同因素之前,我们意识到在作进一步思考时会有一个带有某种普遍性的问题经常出现在我们面前,我们据以赋予对象审美价值的特性在什么程度上是客观的特性,在什么程度上它们依赖于我们的态度?(这个问题不应当同审美评价的主观

---

① 居斯塔夫·费希纳(Gustav Fechner):《美学发蒙》,莱比锡1876年版,第32页。

性问题相混淆：一个评价可以是主观的，而不问特性——我们所据以评价对象的基础——是或者不是主观的。）① 至于那种将我们的思想转移到另一对象上的功能，评价对象的这一性质有赖于观者或听者的心理态度是相当清楚的。然而，应该看到，和这样一种功能审美评价相对照，一组视觉或听觉因素在我们知觉当中的直接评价堪称从客观特征出发的评价。不过，只要稍一思索就会明白：一个对象的外观——就那些在直接评价当中发生作用的特征被正确考虑而论——也有赖于我们的判断。这种依赖同任何形而上学的前提毫无共同之处：我们可以谈论对象外观的主观判断，与此同时又是站在日常的现实主义的立场上。

在一个恰当的广义上来理解的"判断"的概念，是所有关于审美价值类型的思考的基础概念之一。我们必须对此作一番考察。

2. "判断"的概念

当在这样一种广义上谈到"判断"（interpretation）的时候，我指的是观察者和观察对象的某种关系，这种关系是以进入观察的某些因素为基础的，而这些因素是不能够用感官的肉体特性或刺激来说明的。当我们谈到"判断"的时候，我们指的是在感知对象时有意识或无意识地唤起的一种心理态度的结果；指的是精神自动进入观察对象，

---

① 参见本书附录部分《关于美学中的主观论》。

而决非感知特定对象的必要条件。在日常生活中，我们有时还在另一意义上使用"判断"这一词语，即用作"解释"（explanation）的同义词（例如，"你怎样判断这种现象？"）；但是这一词语的这种意义现在与我们无关。

在我们的概念范围之内，我们将区别两种不同的基本判断类型，我们将称它们为语义判断和审美判断。

如果我们对事物采取这样的态度——这种态度是这样难以描述而又这样普遍——即所看到的事物不是我们的观察对象，而是另一种事物或环境的代表，只是通过我们没有意识到的判断对象的中介，而呈现在我们面前，这样我们就是在进行语义判断。语义判断只有在同某些对象的关系中才是可能的，例如它们或者向我们意味着什么，或者代表着什么，或者显示着什么。我们正是这样从语义上判断言语的符号——无论是书写的符号还是声音的符号——当我们懂得它们意味着什么的时候；我们判断一幅帆布上的色彩斑块，当我们从中看到一场历史上闻名的战斗的时候；我们判断一块大理石或青铜的形体，当我们从中认出了密茨凯维支①或卓宾的熟悉面孔的时候。

我们在这样一些情况下也是进行语义判断，例如，当我们读《神曲》第一篇的时候，我们把从诗人的道路上穿过的黑豹判断为佛劳伦斯，将母狼判断为罗曼·裴丽亚。但是，这里的情形就更为复杂一些了。在这里我们就有了第二级的判断：我们判断纸上的黑字，因为我们理解词句

---

① 亚当·密茨凯维支（Adam MickieWicz，1798—1855），浪漫主义时期杰出的波兰诗人，国家的歌手。

的意义，只有这时我们才进而判断形象，它们是通过对印刷的词语的判断而在我们的想象中引起的。这种"第二级"的语义判断是所有象征艺术的特点。我们从一个古代基督徒的石棺的大理石饰带上判断出一张牧羊人的面孔，他肩上扛着一只羊，这样，我们就进而判断这是基督在拯救堕落的灵魂。

语义判断像一束光线穿过玻璃窗那样透过判断对象，而将观者的注意力转移到其他不同的事物上面去。

非语义判断则使我们不超出所感知的对象的范围。有时候会有这样的情形，我们在知觉中组织感觉材料，我们补充它们，简化它们，或者修正它们，认为正是这种被感知的现实片断才是我们观察的对象。一只钟表的整齐的、单调的滴答声，经过一种内心的强调，可以转变成一种或另一种类型的节奏。于是我们通过一只钟表的滴嗒声可以听到3/4和4/4的节奏或者更为复杂的节奏现象。然而，尽管我们的判断是任意的，节奏还是要有客观的出现。同样，在我们的知觉当中，我们可以在一定程度上以一种任意的方式组织空间因素。我们可以从天空的星群当中或从一张纸上的一些圆点当中看到极为变化多端的形态。对于这种判断，有一个波兰成语，叫作"Postaciowanie"（"figurization"，"想象造型"）。

然而，在另外情况下，非语义判断是这样构成的：特定现实片断在我们的知觉过程中被修正，我们是在与其本身所具有的特性稍有不同的特性基础上看到它或听到它的，但是，同时我们又丝毫没有陷入幻想。正是这样，我们把用手在黑板上所画的不准确的曲线判断为几何学上的弓形；小提琴的一个错误的声音被我们判断成一个特定音列的或高或低的音调；一个真实的立方体被看成是真正的几何形体。

高一级的非语义判断是对这样一些现实片断的感知，它们是由我们的感官作为外部世界的明确的、具体的事物给予我们的。作用于我们的感官的价值体系，是通过对直接感觉材料补充以关于对象的知识而由我们判断的，我们在一组色彩斑块上面看到一把椅子，一本书或者一个人的面孔，在一连串的吱吱声中听到一只狗的叫声或车子的嘎吱声。这种"客观判断"，由于依赖于我们过去的经验，就没有任意性，并且在大多数情况下是以强制的方式加于我们的。每当我仍想通过感觉事实来进行"幻想造型"，我们总是不能成功。恰恰相反，为了明白描绘具体事物的图画的个别色彩斑块，或者构成一部著名的音乐作品的具体的音乐因素，有意识的思考通常是必要的。这些问题的详细说明，在任何一本心理学教科书的有关对外部世界事物的知觉的章节中，都可以看到。如果我们把客观判断看作是非语义判断的高级阶段，这是因为在这里既有对于感觉事实的组织，又有取自我们记忆里的材料以作为它们的补充。当然，当我在这里谈论客观判断的时候，我是在同我们将客观性和主观性相对立的时候所不同的意义上来使用"客观"这一词语的。

我们坚持认为所有判断，无论是语义的还是非语义的，都依赖于我们对客观事物的心理态度。当这种态度改变的时候，我们对同一对象的判断就会不同。因此，判断的概念就带上了任意的情感；只有当我们知道我们会对同一对象判断不同的时候，我们才谈到判断。这就是为什么在日常生活中，没有一个人会把感知已知的事物叫作"感觉印象的判断"。甚至在我们进行语义判断的时候，如果它是以一种强制的和表面上不变的方式加于我们的话，我们也不叫作判断，我不是在"判断"，而只是在简单地"阅读"我毫不感到困难的词句；我不是在"判断"一幅自然主义的绘画，而只是简单地"看到"此处所展现的场景。然而，只要一个词语有了歧义，或者图画不清晰，于是"判断"的概念就要被使用了：我们会问："你怎样判断这一句话？""你怎样判断这幅图画中央的绿色斑点？"

如果一个理论家谈论判断——这不仅是当他在研究康德或斯宾诺莎的一篇繁难文字（其中就有关于判断的讨论）的含义的时候，而且是在日常生活中这种或那种类型的判断以强制方式出现的一切场合——这是因为他知道这种知觉过程中的强制方式，只是普遍接受的习惯在这种场合里的结果。

在我们这部著作的第一编中，我们所关心的是对象感性形式的直接审美评价，那么，现在，我们将只专注于非语义判断。

第二章 感性质料

1. 感性质料的美、质料形态的美和具体事物的美

当某种丝织品的美丽质地吸引我们的时候，当我们欣赏某些装饰品的色彩和线条的和谐的时候，当我们站在一座壮丽的庙宇面前的时候，当我们被一片丰富的景色迷住的时候，当我们在一场选美竞赛中挑选狂欢节皇后的时候——在所有这些情况下，我们都是直接地评价对象的外观。然而，我们是从同一个方面来评价所有这些对象的吗？在某些情况下，我们评价视觉因素的某种混合而不考虑它们所服务的对象。在另外一些情况下，我们评价的则是经过客观判断得来的感觉材料的一种混合，那么这种评价就不是仅仅决定于感性质料，而且还决定于这些感性质料组成其外观的事物。同一现实片断可以服从于不同的审美评价，当我们把它只是看作一种色彩斑点的形态的时候，就和当我们把它当作一件建筑作品的时候不同。这同样适用于我们的听觉经验，例如当一种优美的声音混合，对于

我们来说变成一首巴赫的赋格曲或这一主题那一主题的歌曲的时候。关于对象的判断会导致不同的评价准则。

因此，当我们对事物的感性形体进行直接审美评价的时候，我们必须首先考虑对于非客观的判断的感觉印象的组合进行审美评价，然后再从客观判断方面进行评价。

有关非客观判断的感觉印象组合的审美评价，极为经常的是对于某种视觉或听觉因素的"形态"（configuration）的评价。但也不尽然；我们也常常就视觉或听觉的质料进行审美判断，而无视它们的形态。据此，我们必须区别直接审美价值的三种类型：（1）感性质料的美，而无视它们的形态以及它们所从属的对象；（2）非客观判断的空间或时间因素的形态的美；（3）外部世界的具体事物的美。当我们更加仔细地考察这些具有美的外形的事物的范例的时候，我们会看到极为经常的情形是，这些个别类型的审美价值不是独立地被评价的，而是结合在一起，以形成对于一个对象的感性形体的较为充分的评价，外观的审美价值的这些个别因素的区分是我们运用抽象方法的结果。

2. 色彩和声音的审美评价

对于感性质料的评价，就是对于构成事物外观的材料的评价。视觉表象的材料是色彩（最广义的），而听觉表象的材料则是声音。

我们让我们的表象中的这种材料在各种不同的情况下

受到审美评价；我们喜爱一幅画的色彩，喜爱夕照之下的偏僻小丘的蛋白石；音乐会上所演奏的小提琴的音色是美妙的，一个歌者的不悦耳的嗓子破坏了对于一首美妙柔和的歌曲的印象。我们对于这样一些质料——它们所服务的对象对于这种质料在审美上是中性的——也作出这样的评价：一块天鹅绒的美丽的红色可以和提香或乔尔乔涅的油画的美丽的红色受到同样的评价。

在视觉领域里，个别质料的价值起着相对微小的作用。甚至色彩本身，还有这种色彩可以带来的感觉满足，在很大程度上都取决于它的环境。因此，不提出质料选择的问题就不可能谈论感性质料的审美价值。"感性质料的选择"不应当同"质料形态"的问题相混淆。在特定情况下，我们可以从它们所处的场合抽象地评价色彩的选择。在这种情况下，我们只评价这些色彩的环境的价值。如果正是这样一些光线同时适宜于视网膜的相邻斑点，我们就会感到愉快。在把色彩涂到帆布上之前，我们可以谈到美的色彩配合。

在我们对于绘画作品的色彩美的审美评价中，通常的问题是整个作品的色彩总体，亦即所谓"画家的调色板"；色彩的和谐会比个别的颜色使我们产生强烈得多的印象。和谐的色彩选择常常产生美感印象，即使这些个别颜色是我们所完全不感兴趣的（当我们面对所谓脏色时，这一点特别可以看到）。

在听觉领域，感性质料是由音高、强度和音色来表示的。如果我们将不悦耳的很高、很低或者很强的声音排除在外的话，那么总的说来，只有音色才具有独立的审美意义。在音乐当中，音色取决于乐器和艺术家。所以，当我们评价音调的美的时候，我们通常指的不是某些个别的声音，而是某个艺术家从他的某种乐器上发出的所有声音，或者至少，是相当大的一组声音（例如，我们说拜克斯泰因的钢琴有一种很美的男低音，而波吕特耐尔的钢琴则有很美的提琴音；或者说某个歌唱家有悦耳的钢琴音和难听的强音，等等）。巴赫的击弦古钢琴作品所以在现代钢琴上演奏，不是仅仅因为今天古钢琴稀有了。然而，被演奏的作品的所有声音的这种改进并非是对于声音选择的考虑，如同在视觉印象中色彩总体的情况那样。在这里我们是根据频率分布来评价声音的。

只有在这样一些情况下，即当问题涉及为整个音乐选择乐器的时候，我们才离开声音的形态而评价声音的选择，例如，某个人特别喜爱将钢琴的音调同弦乐和铜笛或双簧管的声音结合起来，而另外一个人却喜爱弦乐四重奏，因为他喜爱它们的统一或者音色。在评价个别和弦的时候也可能谈到声音的选择。在这种情况下，选择是按照音高而不是按照音色进行的。当然，一个单个的和弦有时也可以被看作是一个已经确定的声音形态；然而，这是对和弦的一种完全不适当的解释，无疑是由音阶的空间解释（键盘和五角星号）所联想起来的。和弦不是一种声音形态，因为它的个别音调不是在时间和空间关系的基础上排列起来的（同时性关系不是一种秩序关系）。这并不妨碍和弦的价值在相当的程度上依赖于包含有这种和弦的声音形态；如果不是在某种调式中听到和弦，不是把它同某种声音形态结合起来，和弦就非常难听。另一方面，我们可以从心理学的角度来讨论一个孤立的和弦是否可以被看作一个自成体系的单个的丰富声音。当我们将和弦作为一个悦耳的整体来把握而不注意它的组成部分的时候，听和弦就非常类似于听钢琴或小提琴的单个音调——而小提琴所以具有悦耳的音色，是由于有伴随着基音的和谐的音调。所以，在这样一种情况下，对于和弦的评价毋宁是对于和弦的特性的评价，而不是对于和弦中的声音选择的评价。但是不管怎样，肯定下面一点无疑是最为正确的，即在某些情况下我们是作为一个丰富的声音听到和弦的，而在另外的情况下则是作为一种声音形态听到的。这既依赖于和弦，也依赖于听者。由一个八音度分开而同时响着的两个音调当然可以组成一个和弦，但它却极接近于一个单独的音调。

对于某些视觉或听觉印象的喜爱或者不喜爱，以及由此所相应地激起的或美或丑的评价，可以从生理学的性质得到解释。我们可以假定，我们肯定地评价某种刺激是因为它在某一特定器官的神经末梢上引起某些确定的变化；另外一种刺激则是令人不快的，因为它引起相反的变化。这样的解释既可以用于对于简单刺激的反应，也可以用于对于它们的混合的反应。对于淡雅的色彩的嗜好，对于强烈但不过度的色彩的嗜好，对于某种色彩配合的嗜好，对于完善的和弦的嗜好等等，从这种观点看来，只是某些生理变化的结果，正像众所周知的蜘蛛喜爱音乐的原因一样，声波可以使它突出的腹部有节奏地兴奋。①这种生理学的解释只有当人们采取联想方式的时候才不能令人满意：当情感色彩随着时间的进程而转移到刺激物本身的时候，对于某些感性质料的喜爱或者不喜爱才会通过自觉或不自觉的联想而强加于人。

我将不去探讨解释个别爱好的这种或那种方法。不管怎样，这种类型的审美满足可以看作是最狭义的感官满足。奥藏芳和让纳莱在他们的书中将建立在纯生理因素基础上的艺术同诉诸理智和情感的艺术相对立的时候，他们所考虑的也正是这一点。②

对于某些感性质料的喜爱，不考虑任何理智因素而能够对它们进行生理学的解释，这一点可以将由色彩和声音的美所给予我们的满足同其他类型的审美经验区别开来。由于这一原因，还由于同其他感官的简单满足的相似性，将悦人的声音和颜色列入审美价值的范畴有时就成了问题。

某一块红色或蓝色，不仅使我感到舒适，而且还感到美，而一张床的舒适柔软或一碗汤的可人口味却没有一个人叫作美的，除非他在另一种意义使用"美的"这一用语（一段美的道路），或者他希望表现出他的超美学主义，像赫依斯曼说"液体的交响乐"时那样。这是为什么呢？

在视觉和听觉印象的领域里，"悦人的"和"美的"几乎具有同等的意义。另一方面，我们一般否认所有其他

---

① 参见包威（Beauvais）：《音乐的感动》，《哲学杂志》1918年。
② 阿默德·奥藏芳和查尔斯，让纳莱（Amédée Ozenfant and Charles Jeanneret）：《现代绘画》，巴黎1920年版。

感官的印象具有审美资格，除了嗅觉印象在这方面还占有一种中间地位。在这方面得天独厚的高级感官，是否具有某种更为深刻的心理辨别力呢？是否可以解释为语言习惯的结果呢？我们是否可以认为，我们将悦人的视觉、听觉以及部分嗅觉印象叫作美的，只是因为变得习惯了呢？[①] 然而，如果是这样的话，那么就必须或者像费希纳那样，把美学的范围扩大到其他感官的快感上去，从而把美学变成某种建立在表现基础上的情感心理学那样的东西，或者相反，必须从美学领域里把一切简单的感官印象排除出去，从而否定感性质料具有任何独立的审美价值。感性质料所以具有审美价值，只是由于其他的因素（例如由于它们的组成），而美学则应当从一种更高的水平上开始。当费希纳谈到狭义的审美主义的概念时也有这样一种观点。

我们将不去讨论美学的这种"低级"界线在什么地方。我们也将不去考察那种可以用来支持同日常直观相一致的界线的论据，这种论据似乎可以证明把简单的视觉和听觉印象引入美学而不把美学范围扩大到所有感官印象上去是正当的。因为目前我们是在不带任何先验假设地积累审美评价的各种类型，以便以后确定是否所有这些材料可以包括在一个范畴当中，所以在目前把它归于日常的直观也就够了。无论如何，色彩和声音质料的独立情感价值，整个说来对于我们并没有更大意义。另一方面，这些质料在那些审美性质不容争辩的经验中，即在高一级的审美经

---

① 柏拉图在他的《大希庇阿斯》篇中非常有趣地谈到了这一问题。

验中，起着重大的作用。首先，在各个种类的艺术作品的审美评价中就是如此。这本身就已经解决了将简单的视觉和听觉印象包括进美学思考当中去的问题了。

个别感性质料的美还不足以使拥有这一质料的对象成为艺术作品；没有人会把制造美丽颜料或优秀钢琴的人叫作艺术家。但是，如果一件艺术作品中的美的感性质料吸引我们的视觉或听觉的话，这件艺术作品的审美价值就会无限地增强。没有人会否认一个彩色玻璃窗比它在草图上的设计更美，或者用优良的乐器演奏的音乐会，比用低劣的乐器演奏的同一个音乐会能够引起更强的美感。正是在音乐当中，感官刺激的直接活动对于我们的审美经验具有相对说来最大的影响。海尔莫尔茨多年以前就曾注意到这一点，他说在音乐中感官反应和审美经验之间的结合表现得特别分明和清楚，"因为音乐创作的基本形式比在其他艺术中更直接地决定于我们的印象的实质和特性了"①。

实际上，如果个别声音（那些用来产生特殊效果的除外）不能给听众提供感官满足的话，甚至就不可能想象会有一个优美的音乐会。在最近几十年中，审美曲解在音乐领域里变得更加厉害。克劳森写道："曾经使我们的先人感到满足的乐器成为我们的耳朵所难以忍受的了〔……〕我们今天的优美乐器产生了一种听觉享乐的新的形式；这可

---

① 海尔莫尔茨（H.Helmholz）：《绘画的物理基础》〔这是1902年华沙版的波兰译名〕。

以叫作'音色中的'快乐。"①

在绘画中，印象价值总的说来在更大的程度上从属于色彩斑块的构成和判断。不仅对于某些色彩质料，而且甚至对于它们的形态的喜爱的动摇，无疑是同这种从属性相联系的。这种或那种类型的色彩是否受到喜爱，决定于它们在什么地方出现，或者表现什么对象。涂在墙壁上的一种不雅观的、普通的色彩配合，当用在植物王国里或者鸟的羽毛上的时候，有时就显得很美。妇女的时装也可以提供关于色彩美是如何相对和多变的例子。

当把简单的视觉质料在我们的审美经验中所起的作用，同声音质料的作用相比较的时候，我们必须注意，视觉质料的一种未经组织的混合可以给我们满足，而我们也倾向于把这种满足看成是审美满足，而声音混合的审美价值却只有在它们的有组织的形式当中才能感到。纯净色彩的混合有时会非常好看，而声音的混合，即使是最美妙的声音，或者某种类似混合的东西，在我们听来也如同雌猫叫春。

---

① 厄奈斯特（Ernest Closson）：《音乐美学》，布鲁塞尔1921年版，第138页。

第三章　不以质料关系为基础的空间或时间形态

1. 形态的类型

正如我们已经说过的，如果感性质料的价值还不足以把一个为审美目的而创造的对象构成艺术作品的话，那么，感性因素的形态的审美价值就足以构成了。这是一种具有头等意义的审美因素，一种在某些类型的艺术中占统治地位的因素。

在考察形态问题的时候，我们应当明了视觉因素的形态和听觉因素的形态之间，即造型艺术领域和音乐领域之间在表面上的相似性。听觉印象缺少一种确定的空间属性，这就是说听觉因素的形态总是时间形态而非空间形态。另一方面，视觉因素总是在空间中构成，而我们所要探讨的大多数造型形态也只是空间形态而非时间形态。因此，音乐的显著地位，对于视觉艺术来说好像就是得天独厚的了。为了作为一个整体来把握，一个音乐作品必须在我们的知觉进程中占据一个相对大的片断。如果一场音乐会持续一个钟头，一部音乐作品的各种因素将依次通过我们意识中的整个时间长度，直至我们听完这些因素的最后一个时，我们才可以渐渐明白整个作品。而另一方面，整个空间形态我们却几乎可以同时观察到，或者可以随意观看它的各个成分；在一段较长时间的观照中，我们就非常熟悉了形态，其间我们可以将我们的注意力从一个成分转移到另一个成分，如果高兴的话，还可以再来一遍。进一步还可以看到，造型形态的美学法则不能够自动地扩大到声音形态的美学中去。

然而，在时间中发展的形态和摆脱时间关系的形态的对立，同声音形态和视觉形态的对立并不是一致的。我们不在空间当中安排声音，但是没有什么妨碍视觉刺激的时间安排。这样一种处在时间当中的视觉作品，就是所谓的"色彩的音乐"，例如，无论是古老的万花筒，还是从幕布上闪过的活动色彩斑点。我们在各种类型的芭蕾舞中看到"运动的音乐"，而这又是一种在时间中发展的色彩和线条的形态。但是，所有这些在时间中发展的造型形态都不仅仅是时间形态；我们在这里面对的是一种双重的组织，我们在日常外部经验中所看到的组织也是如此，都是一种空间和时间的组织。芭蕾舞必须像音乐那样来组成，同时，它还必须在每一动作上给我们以图画的满足；这样，它便是一种以各种造型作品为成分的"音乐"作品。

在审美形态当中，我们看到了空间形态、时间形态和时间——空间形态。最后一种在这些思考当中只起很小的作用，对于一场芭蕾舞的审美评价，大致说来是属于另一类型的审美评价，因为在芭蕾舞中我们首先考虑的不是色彩和线条的形态，它们并非是判断的主题，而是人体运动的和谐，常常还有其他一些因素，例如，语义判断所复杂化了的问题。至于观看"色彩音乐"万花筒，那只不过是我们有可能严肃对待的这种类型的形态的一种例外。

空间或时间形态可以或者由单独一种关系来构成，即在空间或时间关系上构成，或者还要由形态因素的其他关系来构成，除了构成一切感性形态基础的上述两种关系之外，质料关系（例如音调的音高关系或强度关系）也可以作为一种构成因素。我们将依次考察：（1）排他性评价的因素形态，只考虑因素之间的空间或时间关系，而不考虑它们的质料；（2）具有更丰富的结构材料的形态，其中空间或时间关系的、组织的审美价值依赖于因素的质料。

2. 空间形式的美

如果我们对于某种简单的感官刺激的喜爱——除去联想因素——是由我们感官的生理特性决定的话，那么我们对于空间或时间因素形态的审美经验，则是由于某些理智的处理，例如"几何感"或"节奏感"。也曾经有人想从生理学的角度来解释我们对于几何图形的喜爱，但是这些尝试似乎都失败了。例如，当我们在静中观看一些没有曲折或缺口的曲线的时候，我们的眼睛就好像被吸引而作不断的运动，这样一种线条就被认为确实能够爱抚眼睛。然而，更加仔细的研究恐怕会告诉我们，当我们感知一条曲度不大的连续曲线的时候，我们的眼球是以一种不连续的方式，即以小的跳跃的方式运动着的。无论如何，这一方面的生理学解释只是多少有些离奇的假设，根本不可能解释多少东西。

在着手讨论与其成分的质料无关的形态的时候，我们将从空间形态开始。

所谓空间形态，不仅是指明显因素的形态，而且还指一切空间图形的形态。这不仅是因为从理论上说，每一个几何图形都是点的集合，而且还因为这些问题在实践上是不可分离的。在用理想的线把几何的点结合在一起的时候，我们可以将对于点的形态的评价看成是对于相应的几何图形的评价。反之亦然，对于某些几何图形的空间形式的评价也可以看作是对于表示特定图形的点的形态的评价。这样，我们就可以把我们的问题叫作"纯"空间形式的美的问题，当然这里的"形式"一词是指特定感性材料在空间当中的位置，所以，我们在这里是和克里斯蒂安森在不同的意义上使用这一词语的，对他来说，形式则是一个对象的外观；同时也和德国心理学家所使用的"Gestalt"（"格式塔"）一词不同，比它的意义要窄，因为对他们来说，这一术语还包括一切质料关系的组织。[①]

通过视觉印象，我们在一个平面上看到纯粹的几何形式，或者作为相对均一的色彩斑块的界线，或者作为共同

[①] B.克里斯蒂安森（B.Christiansen）：《艺术哲学》，福雷布尔1908年版。

背景上的斑块的轮廓。背景往往不是完全均一的，而且在特定的视觉材料上，比我们在其中所要发现的作为形态组成部分的空间形式，通常会有许多更加易于察觉的斑点和轮廓特征。所以，为了在特定视觉材料上看到某种形式的组织，我们必须自觉或不自觉地完成"消除"和"划分等级"的任务：

（1）我们在由感觉所识别的组成成分的混沌状态中，只区别某些空间因素，这些因素或者由于它们的质料而将自己从环境中标志出来，或者是由观者多少有点任意地挑选出来的；（2）我们无视其他由于其质料而易于识别的因素，例如当观看一幅古老破碎的壁画的时候，我们不去考虑灰泥碎片，尽管它们有时比壁画的褪了色的轮廓还更明显；（3）我们赋予明显因素以不同的重要性，这或者是为了客观的原因（更强烈的质料区别），或者是为了主观的原因。特别当我们观看第二级或第三级的形态，即当较简单的形态变成更为复杂的形态的成分的时候，这样一种等级划分就会发生；在复杂的阿拉伯图案中我们有时会看到两种类型的线条：细弱的和粗壮有力的。这种双重层次的目的在于产生复杂的组织；（4）如果需要的话，我们还在想象中完成明显成分之间的联结，特别是当这些成分是几何上的点或被看作点的斑块的时候，就会有这种情形。

让我们举一个在天空中观察星座的例子。在某一部分天空的几百个星中，根据它们的亮度，我们"首先"而不是"排他地"看出了几个或二十个星。有时候，我们把比其他星小一些的也包括在我们的形态中去，但这些其他的星不是包括进来的，而是位于这同一面积。一个星座中的星通常是不划分等级的，最为常见的情形是把描画一个轮廓的星都同等看待，而不考虑它们大小的不同。不过，在更为复杂的星座中，我们有时会有一种星的等级制度，组成猎户星座的头的一组三颗小星，同标志它的腿、腰和手的单个的星，多少是相当的。我们在这些被区别出来的星之间作出观念上的联结，它们就取得了用清晰的线条所描绘出来的太空图上的形式，而只有这时星座才有了形体。

这里就有着空间形态对于观察者的态度的依赖性，这种依赖性我们在讨论非语义判断的概念的时候曾经提到过。我们已经知道，同一种材料可以被分成不同的形态，而不同体系的形式也可以从中区分出来。这种组织材料的某种任意性主要在自然美学的问题中具有意义。在评价艺术作品的时候，我们通常只考虑艺术家借助客观手段而给予我们的形态。但是艺术家仍然可以多少给我们一些这方面的自由，特别是在非客观的艺术当中更是如此。康定斯基绘画的这种多种幻想构形的可能性，无疑地会增加它们的魅力。

美学所研究的空间形态具有最为丰富的类型。它们可以是简单的形式，即当所有成分都只是几何上的点的时候；它们也可以是复杂的形态，即第二级或第三级的形态，也就是说它们的成分是简单成分的形态。在这种情况下，我们面对的是已经组成整体的再组织。这可以是一些封闭的形态，例如波斯地毯上的图形的形态，也可以是在两个方向（装饰的边框）上都无限制的形态；还可以是在所有方向上都无限制的形态，例如织物上、镶木地板上或无边框的室内装潢上的图案。

在费希纳的时代以前，齐麦尔曼以一种先验的方式研究过简单形式的美学。在十八世纪，贺加斯探索过正弦曲线和螺旋曲线的美的因素，而温克尔曼则探求过椭圆的美的因素。费希纳在力图"自下而上"地构造美学的时候，在研究对于某些感性质料的喜爱的同时，关于对某些简单形式的喜爱，他也进行了试验研究。他特别注重美的特性的确定。他似乎认为这样他就可以找到创建复杂形态的美学的基础。

这条道路，尽管方法上是正确的，但是没有证明可以付诸实践。关于简单几何图形的试验只取得了一些非常可怜而又不确定的成果。我们评价简单图形总是从它们所构成的事物的角度去考察。甚至当他们只是一些"纯粹图形"的时候，例如画在一张纸上或刻在一块硬纸板上的图形，如果我们可以做出一种评价的话，这种评价可能还要依赖于我们从这些图形中看到的是什么，依赖于我们通过它们所联想到的事物。当费希纳的后继者们在无数试验的基础上宣称，一个边长为八比五的长方形比一个正方形或漫长的长方形要美的时候，这样一个裁决并没有引起多大相信。同一个人可以在一个时候被长方形所吸引，而在另一个时候则被正方形所吸引。在这方面我们的嗜好是变化不定的；它们决定于我们如何看待这些图形。即使某些纯粹的简单图形对于我们多少具有一种持久的、独立的价值，而它们所提供的愉快却是这样地没有意义，以至于在这里是否可以使用审美价值的概念也是值得怀疑的。

无论如何,关于抽象的"比例的美"所进行的大胆探讨,都不能为解释对于某些复杂形态的喜爱提供基础,更不用说解释它们的审美价值了。

那些具有美学意义的复杂形态,亦即简单形态的形态,通常是一些以某种对称、频率或层次(阿拉伯图案)为基础的规则形态。这种规则有时候是不明显的,但是,不管怎样,观者仍然明白这种形态还是按照某些确定的原则构成的,尽管这些原则对他来说还是一些难于掌握的东西。

还有这种情形,吸引我们的是多少有点复杂的图形,但在我们看来却是不规则的,例如,某些用来作为几何草图的在木头上刻出来的不同曲率的图形。当然人们可以认为,正是这样一些图形,我们从中可以模糊地感到某种结构原则;还有人认为甚至在曲率当中,最吸引人的正是那些可以用简单的数字形式来表达的,即首先是第二类的弓形曲线。然而,把问题这样简单化似乎是缺乏根据的。

3. 节奏

在考察空间形式的时候,如果我们有时会谈到那些看来不规则的形态的审美价值的话,那么在考察时间因素的形态的时候,形态的规则性则肯定是一切审美评价的必不可少的首要条件。这些连续关系的这样一种规则形态就是节奏。

为美学所注意的节奏形态的因素通常就是声音，尽管节奏的概念决不是限于声音形态。节奏形态的规则性首先就在于它总是以时间的一致划分为基础；节奏把时间划分成一些相等的延续片断，而每一个这样的片断（单位）又被划分为两个或者两个以上的更小的延续片断。这种划分，一部分是由节奏形态的因素实现的（声音标志节拍），一部分只是由这些因素暗示的（节奏形态的声音不必要打出所有单位的节拍）。这种时间的一致划分就产生了节奏。节奏的轮廓，亦即时间因素的具体形态，就是在这种一致安排的背景下发展的。正是这些具体形态标志出这种背景，因为个别因素同单位的个别片断是一致的，或者将单位的个别片断分成一些部分，而通过某些简单的关系（1∶1，1∶2，1∶3）将它们联系起来。特别是每一时间单位的开始通常是和节奏形态的强拍相一致的，而且最为经常的是和加强拍相一致。如果这种一致不出现的话，那么我们就会感到一种反常的特殊效果。在音乐上这叫作切分音。切分音并不打乱节奏的基础，它使我们感到一种暗合的、心照不宣的节拍。

这样，尽管这种连续关系的体系总是单一尺度的，但这种单一性却由于节奏形态同节奏的连续背景的关系而得到丰富。因素的节奏形态同它所暗示的时间的节奏划分之间的区别，决不仅仅是一种理论上的区别；当一个初学提琴的人用脚打拍子的时候，提琴的音调便构成节奏形态，而脚在地板上的拍打则标志出时间的节奏划分。同样的联系也发生在指挥手里指挥棒的运动和乐队的声音之间。

最简单的节奏形态是一种和时间的节奏划分完全一致的形态,例如,一个学校乐队指挥的指挥棒的运动便是其因素的那种形态。只有那些同单位时间的划分不完全一致的更丰富的形态,才具有美学意义。

在这样一些形态当中,规则性不仅可以表现在将体系服从于时间单位的一致进程上,而且也表现在某些节奏形态的重复上。对于克劳森——他非常重视单位时间的概念同节奏的概念(在节奏形态的意义上)之间的区别——来说,一切节奏都"在于有规则地重复一系列相等或不相等的时间延续的声音或音调,都服从于一种强调"。[①]然而,这种定义太狭窄了;当我们觉察不到同一组音调的有规则的重复的时候,如果因素的系统是服从于时间单位的一致进程的话,我们仍然说有节奏。

简单的节奏形态可以结合在一起成为乐段,乐段是由各种类型的节奏形态组成的。这些被组成的节奏乐段可以周期性地依次重复,或者同另一类型的乐段结合成为第三级的节奏系统,等等。[②]

一个在理论上统一的节奏背景,在某些情况下也可以发生一些变化;甚至有一些专门的音乐符号用来标明在一

---

① 克劳森:《音乐美学》,第2页。
② 下面就是这种第三级的节奏系统的一般形态的一个例子,它是由两个不一致的第二级的节奏乐段构成的:

种形态的进程中的速度变化（accelerando，渐快；rallentande，渐慢），但是这些变化只有表情的意义，而没有结构的意义。在速度的变化中，我们仍然保持速度的个别单位平衡的感觉；我们感到不是时间的划分变化了，而是时间本身开始进行得更慢或者更快了。

节奏作为旋律的必不可少的因素，在音乐中具有无限重要的意义。然而，为了评价节奏——作为持续时间片断的组织——的独立的价值，我们必须无视音乐中的音高和音色。但是欧洲音乐中的节奏的审美价值，首先是从旋律的角度来评价的。我们的旋律中的节奏的独立价值，整个说来是非常之小的；一些音乐大师的最美的旋律在一块木板上拍打出来，也不会使任何人感到魅力，如果它们不使听者去想象旋律本身的话，也就是说听者在脑子里不以相应的音调去代替节拍的位置。诗歌的节奏也是如此。

在有些形态当中，节奏成为唯一的音乐因素，而声音质料则是无关紧要的，这时节奏就取得了独立的审美价值而丝毫不从属于旋律了。音调的相互作用的缺乏于是便通常由节奏的丰富来补偿了。这种几乎纯节奏的音乐在许多原始民族中是由各式各样的鼓和打击乐器演奏的。在阿拉伯音乐中，只标志节奏而显示音高变化的乐器占着头等的地位，而节奏的丰富也就补偿了旋律的贫乏。节奏占统治地位可能也是古希腊音乐的特点；旋律在这里则被认为只是纯节奏系统的美化。① 在外国音乐中，同我们的节奏划

---

① 参见J.雷斯（J.Reiss）：《音乐史》，华沙1921年版，第31页。

分相平行，我们还看到一种更困难更细致的节奏类型，比我们的二重、三重或四重划分离开自然的节奏更加遥远。西北美洲的印第安人普遍使用一个时间单位的五重划分，而在南亚则常可以听到一种七拍的节奏。在原始民族的某些种类的音乐中，节奏是由有规则地重复一个较长的而又结构不规则的乐句组成的。[①] 我们可以在一个鼓手的起床鼓声中，在交响演出的鼓声中听到"纯节奏"的音乐，而我们对于节奏在爵士音乐中的统治地位也变得习惯了。

节奏结构在缺乏旋律和和谐的音乐当中的发展，在某些民族中导致了多重节奏，即把两种或更多不同的、有时是非常熟练地构成的同时性的节奏形态结合起来。这便是复调音乐在"纯节奏音乐"中的对应物。在欧洲音乐中我们也会遇到多重节奏，但那是仅仅从属于复调音乐的。

---

① 参见F.波阿斯（F.Boas）：《原始艺术》，奥斯陆1927年版，第340页。

第四章　色彩和空间形式的形态

当我们评价一个不同质料的感性因素的形态而又不忽视质料关系的时候，这两种因素——即形态的价值和感性质料的价值——的相对作用就发生了。形态价值依赖于形态是由什么因素构成的，而个别质料的价值则依赖于它们是被如何安排的。我们现在面对的不是比较"纯粹的"空间形式，而是色彩斑块的形态；不是比较"纯粹的"节奏，而是单声部的旋律或以和声为基础的旋律。

1. 色彩的变化

前面曾经提到，在评价和谐的色彩选择的时候可以无视它们的形态，甚至着色的概念也无须同一个确定的色彩形态的概念联系起来。然而，这样一种观点是相当例外的。通常当我们谈到色彩的和谐或色彩价值的时候，我们想到的是色彩的具体安排或者某种类型的构造。例如，在谈到一幅画的着色的时候，那么就必须弄清楚，我们考虑的是色彩的选择呢，还是正确安排这些色调的方法，或者最后，是否是从忠实地再现出所描绘的对象的角度来评价这种着色。"杰出的色彩学家"的概念也会根据这一点而有相应的改变。维拉兹奎兹（Velázquez）用淡彩惟妙惟肖地再现出缎子的丝一般的光芒，就是一个和威尼斯的其他画家不同意义上的杰出的色彩学家；他们则是通过和谐丰富的色彩而使观赏者的眼睛感到愉快的。色彩的这种再现作用目前还同我们无关。无论如何，如果是在最流行的意义上使用"着色"这一用语的话，我们则可以说：不是调色板，而仅仅是帆布才能够显示出画家的色彩特点；同一个调色板可以产生各种着色法。十二和十三世纪的法国染色玻璃窗所以获得不可逾越的魅力，仅仅是由于色彩的选择。在塞纳河谷和卢瓦尔河谷保存下来的所有那一时期的玻璃窗，都是由同样的相当少的色调组成的，但是每一块玻璃窗都以不同的色彩花样吸引着观赏者的眼睛。

　　同"纯"空间形式相比，一个色彩斑块形态中的结构方法就非常明显地增多了。在这里质料关系便同空间关系错综起来。供安排的因素首先不同了。在形体上完全相同的因素可以在色彩质料上不同，而在色彩上完全相同的因素又可以在形体上不同。这就是均衡（在日常的意义上而非在哲学的意义上）的概念。然而，视觉质料在构图中的结构意义并不仅仅局限于因素的这种不同。最广义的色彩质料，无论是彩虹的色彩还是灰的、脏的以及奶油的色调，都可以被安排到三度物体的各个方向的体系中去，或者在色彩连续中，通过缓慢的过渡而将每两种色调都联系起来（参看荷瑞英[Hering]的八面体）。我们可以按照它们质料的相邻关系安排各级调子；这样就会产生色程的感觉。当然，这些色程决不具备音程的那种确定性；甚至色程的可比较性也是非常有限的，而且还很难谈到两对不同色彩的色程的相同性，像在音乐中那样。然而，不管怎样，在观看色彩斑块的形态时，伴随质料同一性的概念，我们还会有质料距离的概念，亦即相似和对比的概念。

这些新的因素开拓了构图——它决定着我们对于形态的评价——中新效果的领域。我们在这里是指的这样一些效果，例如和缓的或敏锐的过渡的花样（所谓"半音阶"的过渡。"全音阶"的过渡以及"和谐"的过渡），层次，相同质料在同一场合或不同场合的有节奏的反复，色彩质料位置的对称或不对称，等等。在评价色彩安排的时候，除了色程的感觉以外，可能还会出现某种不明确的色彩"平衡"的感觉。在某些现代艺术家的概念作品中我们可以看到这一点。例如，斯特尔捷敏斯基就曾谈到巴洛克风格中的"色彩的非对称平衡"，以及立体派画家的质地和色彩安排，即符合色彩和质地"体积"的重量原则，当然，"重量"一词是在比喻的意义上使用的。①

在"异国"民族的装饰艺术中，可以看到一种在多重色彩安排中对于柔和韵律的喜爱，这种韵律就如同旋律中的声音连续那样。在前哥伦布玻利维亚和墨西哥人的织物上，我们经常可以看到一种像音乐那样富于变化的节奏，或者一种由于在"个别单位"中反向排列色彩连续而变得复杂的节奏。下面就是从已经引用过的波阿斯的书中摘来

---

① 乌·斯特尔捷敏斯基（V.Strzeminski）：《绘画中的一致主义》，华沙1928年版。

的一些例子：

白——红——黄；灰——玫瑰红——黄

白——红——黄——蓝——紫——棕

白——紫——黄——蓝——红——棕

玫瑰红——黑，红——黄，浅灰——深灰

我再从藏伯希（Zambesi）那里引一个关于节奏干扰和穿珠细带上的对称的例子：

黑——白——红——黄；绿——黄——红——白

用另外的话来说就是，M——ABCN——CBA

M——ABCN—CBA 等等。①

2. 艺术中色彩斑块的形态

作为每一级的审美经验对象，我们总是看到色彩斑块的两种尺度的形态；在艺术领域里，这首先就是装饰艺术和绘画。在客观的绘画当中，对于色彩斑块的安排的评价只是对于作品的审美评价中的一个因素。为了把它孤立出来，我们就必须忘掉这幅画所再现的东西。在装饰艺术中，色彩斑块的形态则可以成为独立的审美评价的对象；在这里色彩因素往往被容纳在符合几何规则的柜架里面（染色玻璃窗，波斯地毯，多重色彩的陶器，装饰壁画）。

但是在客观的绘画当中，色彩斑块的形态决不是偶然的或没有意义的因素。在制作一幅画的时候，在重新创造

---

① 波阿斯：《原始艺术》，第52—54页。

一个真实的或虚构的现实的时候，即使画家在追求现实主义的效果，他也不会忘记他的作品的直接的视觉价值。我们知道文艺复兴大师在他们的绘画中是多么关心色彩斑块的美丽构图。我们知道他们常常探索这些严肃而又困难的问题，他们不仅靠着一个画家的直观，而且还靠着专业的知识，才接近了这些问题的解决。对于一幅画来说，只是忠实地再现美的现实是不够的。此外，它还是符合色彩和形式的和谐所提出的要求。其中许多作品或多或少地具有一种清晰的、规则的几何轮廓；在色彩斑块的表面混沌中，我们可以看出周期性，对称性以及简单几何图形的线条。

在印象主义时代，在勒努瓦尔的太阳下的妇女和马奈的摇晃的教堂的时代，保罗·塞尚开始了他的工作，在他的风景曲和静物画中，他成了后一世纪绘画中的那些倾向的先驱，这些倾向认为色彩斑块的构图在绘画的审美评价中是最重要的甚至是唯一的因素。这些倾向首先得到被赋予"立体派"名称的一群画家的传播。立体主义的一个显著特征就是对于几何学的看重，特别是将绘画结构建筑在直角上面。他们用他们的"直角思想"来和印象主义者的曲率相对立。"人是一种几何动物"是立体主义的一个强有力的口号。① 这种对于几何学的崇拜，这种对于"晶体"的追求，亦即对于规则图形或块状的追求——立体主义由此而得名——共同结合成学说根本不同的立体主义的变种——客观的立体主义（现实的立体主义化，例如在麦琴

---

① 奥藏芳和让纳莱：《现代绘画》，第69页和158页。

格［Metzinger］的油画《厨房里的妇女》《风暴》以及福高尼尔［Fauconnier］的《丰饶》中）和抽象的立体主义（这些画不描绘任何东西，尽管它们可以由取自真实事物世界的形体所构成）。例如毕加索或布拉克这样一些艺术家的创作，就提供了这两种类型的典范。

大体说来，立体派的形态是不对称的或者没有周期性的。简单的几何图形常常是规则的（沿一条轴线或两条轴线是对称的）或近乎规则的，它们组成构图的成分，但是这些图形的安排却往往是不规则的，一个图形一定要置于特定的位置而不是靠右或靠左十厘米，这并没有几何学上的理由。非客观的立体派绘画正是由于缺少对称性和周期性才区别于前面的装饰构图。然而，仍然有一种秩序的本能被认为统治着所有的立体派作品；它们使我们确信，在这里没有什么东西是偶然的，无论是图形的色彩还是它们的位置。它们的形态，在外行看来可能是混乱的，但毕竟还是有理性的，至少在创作者的信念中是如此。为了揭示他们的构图的这种理性，立体派画家以及各种名目的后立体派倾向的代表人物，创立了一种洋洋洒洒而又常常复杂难解的理论体系；在这里有关于图形和色彩的静力学和动力学的谈论，甚至还有一条"机械选择的法则"，它几乎像达尔文的物种起源法则那样指导着形式的演进。[①] 在这些辩解当中，很少有哪一篇引起过较大的注意；甚至在最重要的出版物中也有很多不清楚的原则和错误理解；物理学

---

① 《现代绘画》，第167页。

同几何学相混①，（绝非是建立在爱因斯坦基础上的！）基本原则建立在浮表的心理观察基础之上，还到处使用错误的类比（例如诗歌中的词句被看作绘画中色彩的均衡）。②

现代非客观绘画的代表人物，极力否认同装饰艺术有任何关系。另一方面，他们又乐于到音乐当中去寻找类比。他们侈谈色彩和形式的交响乐。他们当中的某些人还以钢琴作为范例，企图切断色彩之间过渡的连续性，限制形态因素的选择，即只选择简单的色彩和图形，以创造某种只包括少数几个组成部分的造型键盘之类的东西。他们认为靠了这种有限的、因而也是确定的现成方法，就能够在视觉艺术中取得巴赫和贝多芬的乐曲的效果！

从我们引证的例子可以看到，在艺术作品的范围内，色彩斑点的有规则安排和无规则安排，都可以具有审美价值。由于在我们观察中色程不具有确定性，色彩安排的所有明显的规则性就只在于几何的规则性。正是在这种意义上我们才谈到装饰安排的规则性或某些绘画中形态的规则性；我们指的是某种对称性，某种周期性，正如在没有色彩的规则空间形态中那样。

立体派坚持认为，除了几何的规则性之外，还有一种色彩关系的规则性；而美的绘画的构图价值依赖于在适当的位置选择适当的色彩的法则。我曾经提到过斯特尔捷敏

---

① 《现代绘画》，第155—57页。
② 《现代绘画》，第47—48页。

斯基所追求的"色块重量原则"。① 但不幸的是，无论是立体派，还是后立体派，以及立体主义的前驱者们，尽管从完全不同的信条出发，却都提出了这样一些普遍性的法则。所有编造关于色彩的"静力学"或"动力学"法典的企图，看来都是完全武断的。

我们不能够制定出色彩形态美学的哪怕是最一般、最普遍的法则。我们既可以被大片的一致的色地安排所吸引，也可以被色彩小点的构图所吸引；既可以被色彩之间连续过渡的安排所吸引，也可以被突然过渡的构图所吸引。形态中色彩和谐的概念是相对的，而试图客观地证明色彩之间某些关系的和谐或不和谐，毋宁是出自物理学的动机，而不是出自心理学的动机。一个形态的丰富程度不能决定它的审美品格；有些安排因其丰富性我们推崇它们，而有的安排则因其"高贵的单纯"而为我们所看重。

如果真有统治色彩形态美学的法则的话，那么它们必定是极其复杂和神秘的。此外，它们也不能离开真实事物的外观而独立。同现实的联系，无论是在立体派画家的构图中，还是在毛利人的装饰中，或者在一幅波斯地毯上，都是审美经验的一个重要因素，不论是肯定的还是否定的。

---

① 乌·斯特尔捷敏斯基（Wtadystaw Strzemiński, 1893—1963），画家（"一致主义"的创始人）和艺术理论家；波兰现代派艺术的一个先锋。

3. 立体形态

在考察空间形态的审美价值的时候，我们才仅仅注意到平面形态。上面所讨论到的审美价值类型，当然也可以适用于三度系统，这不仅是当我们不看其深度的时候，而且还有当我们在三度现实事物中看到像反映在一幅彩色照片上的那种色彩和形式的安排的时候。对于三度空间的这样一种态度有时会直接加于我们。很远的物体看起来好像是平列的，灿烂的星群甚至遥远的风景通常看起来也像是平面形态，这已经是心理学以外的其他原因了。同观众分离开来的舞台（由于照明及舞台的边框而造成的分离，特别是在观众的心目中这是另一个世界的信念）很容易使我们把它看成一个图画世界，而绘画既可以被我们看成一个三度的形态，也可以被我们看成一个二度的形态。在另外一些时候，对于一个三度形态的这种平面感觉是需要某种努力的；比如一个有经验的摄影师，当他考察一个风景是否适于拍摄时，他就把眼闭一下或者只用一只眼睛来看。

然而，一个三度形态不仅仅是在被反映成平面时才具有审美价值。我们有时会谈到所谓的"立体建筑学"；这样一些判断就已经直接属于三度形态的美学了。在这种情况下，我们评价的或者是"纯空间形式"，或者是色彩因素在三度空间的安排。整个说来，色彩在这里比在平面安排中意义要小。它们的作用常常只是在于显示出第三度的方向；也就是说，不同强度的调子（光线和明暗）被看成是质料上相同的因素，而相应表面的不同倾斜角度则通过这些色彩强度的不同而直接呈现在我们的意识中。

我们有时还在自然当中，例如在观看群山的时候，评价块状形态的美。这种因素在所有建筑作品的评价中更为常见，从埃及和巴比伦的规则几何体开始，直到最时髦的建筑物为止。建筑向我们展示了比例和形体的变幻，从中我们可以寻求一种如同在平面装饰中那样的数学关系的规则性，即各种类型的对称和周期性，以及某些"立体平衡"的法则。在现代建筑中，除去所有结构细节中那些特别强调实用的方面，我们总可以经常看到那种要从立体的安排中见出审美价值的自觉努力，而无视它们的客观判断和目的。对勒·高比西埃来说，建筑中的美就是立体形态的美，就是立体的抒情诗。建筑师必须是一个将其艺术观念同实用要求结合在一起的立体雕刻家。

"这种情感是怎样产生的？"当谈到雅典卫城的城门时勒·高比西埃问道。他是这样回答问题的："这种情感来自明确的成分之间的某种关系：圆柱体，平滑的地面，光洁的墙壁。来自和风光景物的和谐一致，来自这种将其效果遍布结构的各个部分的造型系统，来自这种从材料的统一直到结构比例的统一的观念统一。"[①]

如果建筑结构是一种多重色彩的安排的话，那么色彩就或者用来唤起空间感——因为这种安排看上去就改变

---

① 勒·高比西埃-叟尼埃（Le Corbusier—Saugnier）：《建筑——纯粹的精神创造》，《新精神》杂志，巴黎版，1921年第16期，第195页。

了表面的比例或者方向，或者起一种和在平面形态中同样的作用——丰富这种安排的因素。水池的黑色矩形，草坪的绿色矩形，以及大厅墙壁的白色矩形，在赫尔瓦苏姆（Hilversum）那里共同组成了一种立体和平面的三色构图。

除了建筑以外，立体安排的直接的美还是雕刻的审美价值中的一个因素。但是在雕刻中，就更加难以区分这种纯形式的美和作品的其他价值了。某些"新雕刻家"将不具有任何再现功能的三度色彩构图同雕刻对立起来，在这种构图中，三度色彩形式的美似乎构成作品的独立的审美价值。这样一些新雕刻构图同多重色彩雕刻的关系，正如同毕加索或布拉克后期的非客观的构图同客观绘画的关系一样。

如果我们不管这些新雕刻家的特殊结构的话，那么我们就可以确认，大体说来，很难确定什么时候我们是在评价立体的抽象的美，什么时候我们已经在考虑我们从这些立体中所认出的对象的美。对于立体形态的评价于是就或者从属于客观判断（建筑、山峦），或者从属于再现功能（雕刻）。

第五章 音乐中的音调组织

色彩斑块的构图，从它在审美经验中的直接作用来看，是不能和声音的组织相匹敌的。音乐作品所引起的强烈情感，长久以来就使人们对音乐怀有一种特别的崇拜，从而使它在人类创造活动的历史上和人们的文化生活中占有头等地位。音乐作品不像建筑那样具有实用的目的，而且它们的情感价值也不引起语义判断，而这却是绘画或雕塑的强烈情感的源泉。音乐作品的价值首先在于声音组织的直接价值。

要想解释音乐对于视觉形态的这种至高性，恐怕需要追溯到音乐是在时间中发展、并且占据我们心理生活的一整个片断的事实；此外，听觉印象比视觉印象似乎具有一种更强烈的情感色彩，可能还更易于进入联想的各种联系。最后，我们还可以找到多少有些形而上学性质的原因。

除了这些涉及音乐的情感效力的解释以外，我们还知道音乐作品具有无限的丰富性和多样性。在这方面色彩斑块的组织也是不能同音乐相匹敌的。让我们力求更加仔细地考察一下音乐所支配的结构手段。这样就可以使我们更加容易回答涉及听众审美经验的另一个问题："理解音乐作品"意味着什么，以及一个作曲家必须在什么意义上要求听众"理解音乐"?

1. 音程

组成音乐形态的材料是乐音。在音乐作品中引进一些嘈杂的声音,或者是用来加强节奏,或者是具有一种表现或模仿的声音(例如在理查德·施特劳斯那里),不管怎样,它们在我们的音乐中只能起一种第二位的作用。在这方面,色彩斑块的形态同音乐形态是没有相似之处的,清晰的色彩,例如彩虹的色彩,在视觉组织中并不像乐音在音乐组织中那样,占有一种特别优越的地位。乐音在音乐中的统治地位决不仅仅是由于我们对于"清晰的"音调的喜爱,这种喜爱同样可以在视觉印象领域看到。在欧洲音乐中,乐音的统治地位还有其他更充分的理由;从音乐组织的角度看,声音的最重要的特性是音高,但只有乐音才具有一种清晰的确定的音高。声音的强度和音色在音乐的组成中也起着重要的作用(例如音色在管弦乐作品中),但是这种作用同音高的作用相比就很不相称了,它们只是对于音乐的表现有较大的意义。

欧洲音乐以一种特殊的方式使用音高关系,这同声音的强度或音色的使用不同,和视觉形态中色彩明暗的使用也不同。在构成音乐形态的音调之间,没有连续的过渡;而且音调的数目也是有限的。在大量的具有不同的但是可以辨别的音高的音调当中,大约只有一百个左右的音调可以选用，选择的标准也绝对不是音高，而是所选的音调之间的关系。第一个音调可以任意选定，但是根据这第一个音调的选择，我们就可以确定全部需用的音调。这种确定所用音调的方法，是音高关系的一个重要特征决定的；这些关系，或者说音程，是严格确定的，并且是独立于音调的绝对音高的，音调的音高应当具有相互同一的关系。各种印象之间的质料关系的这种证明，是建立在相应的刺激之间的许多持久的关系基础之上的，这对于我们的目的并没有意义。另一方面，质料关系的证明却具有头等重要的意义。对于色彩或任何其他领域的感官印象，我们都不可能觉察到质料之间的某种永久性的、独立于这些成分的同时具有几乎是数学的精确性的确定的关系。不属于我们的音列的音程是刺耳的；我们会感到它们是绝对"错误的音符"，而不仅仅是由于演奏者的意图而出现的错误音符。音乐的"错误"这样一种观念，在色彩领域或任何其他感官印象中是不存在的。这是某种和两种"抵触"颜色的难看的配合不同的东西。某些艺术家完全忘记了这一点，而企图创造一种和音阶相似的"色彩的阶梯"。

只有在音乐形态中，我们才有可能确定各种成分之间的相同的质料关系。音程成了一种空间关系那样的结构手段。音乐组织是一种抽象的关系安排，一种质料的"格式塔性质"；无论是旋律还是和弦，都可以从一套成分移到另一套成分，正像纯节奏或者我们无视其成分的质料的空间形态那样。当然，这并不是说，特定的绝对质料的选择对作品的审美价值没有影响。我们知道，由于转调，一种音乐安排就可能失去它的某种美，就可能改变它的某种性质，尽管我们可以感到它还是同一种安排。

每一个音程，尽管它可以结合成各种音调；对我们来说都具有一种鲜明的个性，这是不能赋予其他音程的。然而，在这里，所有和数学关系的相似性却不再适用；一个六度音程并不是一个四度音和三度音的和，音程是不能够分解的。

这些音程中的某些音程具有优越性，因为它们容易被抓住并且乐于和声，此外，也乐意和其他音程和谐。在音乐安排中它们有着特殊的结构意义。既然正是这些音程（第八度音程，第四度、第五度音程，大三度和小三度）受到物理学的认可，以作为和谐声调的音程，[①] 在这些音程中，物理刺激同那些可以用最简单的数字关系来表示的部分是一致的[②]，所以，指出下面一点是正确的：在传统的欧洲音乐中，基本音程的选择是正确的，这不仅已由历史所证明，由欧洲传统所证明，而且对于某些"异国"民族建立在其他原则基础上的音乐系统，具有一种天然的、客观的优越性。

2. 旋律的结构

旋律是在节奏的框架中表现出来的音程连续。节奏可

---

① 指伴随基音的那些音，它们赋予个别乐器的声音以独特的音色。

② 第八度音程——1：2，第五度音程——2：3，第四度音程——3：4，大三度——4：5，小三度——5：6。

以脱离旋律而存在，这就是为什么我们对它进行了单独的讨论。旋律却不能离开节奏而存在，它总是一种双重的组织，一是音程的组织，一是节奏的组织。二者又都是具有许多层次的组织。最简单的旋律形式通常是和简单的节奏形式相一致的，并且服从于一个主要的节奏重音，从而依次组成基调，而基调的成分就不再是单个的音调而是音调的形态了；更高级的安排是在这种基调的基础上产生的。

在简单形式的旋律中，音程的组织可以或者同节奏组织相一致，或者同它背道而驰。我们可以用一个极为简单的图解说明这一点：

就高级形态而论，旋律的结构的丰富性，整个说来在我们的音乐中要比音乐的结构的丰富性大得不可比拟。节奏结构的封闭单位很少同旋律结构的较为复杂的单位相一致。例如，人们所熟悉的波兰歌曲《战争多么愉快》的副歌，就是一种闭合的旋律组织，但是并没有组成一个单一的封闭的节奏组织，而是由四个封闭的完全同一的节奏周期组成的。

简单的旋律基调，无论是合成的片断还是完整的作品，都可以有规则或无规则地组织起来。就完整的作品的风格而言，只要拿莫扎特的奏鸣曲的有规则的结构以及瓦格纳的《无穷的旋律》——同一些基调在其中出现，但它们的反复却没有固定的形式——和某些最时髦的作品在这方面作一比较就够了，后者的特征可以说是绝对的不可重复性。

旋律结构中的规则印象首先是由周期性确定的。对称（形状的可颠倒性）这种在造型艺术的结构中如此重要的因素，在传统音乐中的意义却是相当有限的。除了巴赫的赋格曲的结构以外，我们最为经常地在从低音到高音的规则过渡及其回返中看到对称。这一点极可能同下面的事实有关：我们在时间的通道上返回的能力是很微弱的，如果我们不进行专门训练的话；而另一方面，在造型艺术中，我们却可以对即使很复杂的对称安排一目了然。在复合的音乐安排中，相同的或者变化了的基调的所有类型的重复、交替、周期性的返复都是适用的。作为最普通的音乐形式之一的例子，我们可以举出所谓的"音乐对称"，在这里"对称"一词是在和以前不同的意义上使用的；它不是指一个基调的颠倒，而是指两个几乎完全相同的乐段的联结，它们由于独特方式的结尾而不同。这样两个乐段所形成的安排，在某一方面很接近于诗歌当中两个押韵的诗句，或者像是一问一答。当较高级的形态产生以后，就为基调或较长插曲的丰富性开辟了广阔的天地。基调以从不相同的形式出现，而这些变化可以以各种方式受到形态结构的制约。较大型的音乐作品的规则性，当它是在某种确定的或我们所熟知的体制（例如古典奏鸣曲的体制）上结构起来的时候，就可以特别清楚地表现出来。

形式可以颠倒意义上的对称，在十二平均律的音乐中使用相当广泛。在二十世纪后半叶的最现代化的实验中，和所谓的电子音乐相结合，磁带被应用于这一目的；① 通过使磁带倒转，我们可以得到即使是最复杂的结构的一种观念上的对称。这样一种"镜子式的"结构，在什么条件下以及在多大程度上能够被听者的耳朵抓住，还应当通过心理学的试验来考察。

音乐作品的结构常常同言语的结构相比，因为它们都可以划分为段落、小节、句子和句子成分。例如，克劳森就曾作过这种比较。② 形态的多重渐进性和强调的方式（声音的强度，休止）事实上确实会令人想到某些相似性。当将一个旋律配上歌词来演唱的时候，只要可能的话，我们就力求使旋律的结构划分同歌词的结构划分相一致；休止和重音在演唱中于是就同时完成了两种功能：歌词和旋律相"吻合"。然而不应当忘记，一种音乐安排的各组成部分之间的结合，是同语言各部分的结合完全不同的。在音乐中，每个片断的结构价值仅仅依赖于它的"物理形态"。而在言语中，则是组成部分的习惯意义起着决定作用。而且，句子同句子成分之间的关系并不是整体同部分的关系，像在音乐形态或者建筑中那样。一部音乐作品去掉某些成分，有时还可以是一种有联系的东西；通过适当的强调，就能够区分出或多或少的乐段和基调。不仅是演奏者，而且听

---

① 参见H.H.斯图肯史密特（H.H.Stuckenschmidt），《评布雷（Boulez）、诺诺（Nono）和斯道克豪森（Stockhausen）的音乐作品》，1957年阿尔普巴克（Alpbach）（油印）。此处所提到的三位作曲家都生于1925—1928年之间。

② 克劳森：《音乐美学》，第127页。

者在这方面也有一定的自由。在一部文学作品中，章节或段落的划分在某种程度上也可以是任意的，但是要在其中划分句子或句子成分，则毫无疑义地是由普遍的语言习惯决定的，除非我们面对的是一些双关语。

3. 音乐形态中的和音

我们曾经指出，同造型艺术中的组织相反，听觉组织只有一个方向供其支配，这就为它的结构手段带来严重的限制。从根本上说，这仅仅同单声部的旋律有关。在有一个客观方向即时间供其支配的情况下，通过在听众的知觉中同时引入一些声音，或者把这种知觉分离成几个同时的过程，音乐就能够取得"二向性"。这种"第二方向"于是就成了意识领域的扩展。当然，在这里同空间的第二方向并没有相似性，因为同时的声音并不构成一种形态，而且也不存在位置关系。但是，同时性声音的引入无限地丰富了音乐的组织。

和音的特殊音调在音乐的安排中可以起不同的作用。在某些情况下，一个和弦的所有音调，作为这种安排的明显成分，有着大致同等的价值。在另一些情况下，它们则完全从属于和弦的一个音调，而且只有这一主要和弦，才同形态当中它前后的和弦的主要音调相联系。

依据和音的音调在音乐组织中的一种或另一种作用，我们区分出两种基本类型的形态。

第一种类型是建立在和声基础上的旋律（这种风格被称为主调音乐）；在每一个和弦中我们可以区别出主要音调，这些主要音调共同组成一个旋律线。伴随这一旋律音调的所有音调都从属于它们，赋予它们一种特有的音色，确定旋律音调之间的某些联系（调性判断），但它们本身并不构成形态的明显成分。

第二种类型是复调形态。在这里所有和音中的音调都是形态的独立组成部分。这样，它们就一起组成两个或更多的同时性的旋律线。在古典复调音乐中，这些同时性的旋律线，是由各旋律线的和谐成分所形成的和弦连接起来的。同以和声为基础的旋律相比，复调音乐是一种更为丰富的形态，因为它使那些不再是和声关系的成分的音调产生了新的结合。尽管复调音乐在欧洲音乐的发展中代表一个相对较早的时期，但它提供的这种审美愉快却是非常精细微妙的；欣赏复调音乐需要把注意力同时地而又平行地分成两个或两个以上的过程，而且还需要将这些过程进行某些综合。

在听复调安排的音乐的时候，和音的音调的平衡便被打乱了；一个旋律线、接着是另一个旋律线可以走在前面。然而，这样一种听音乐的方式会使复调音乐失去它特有的价值；甚至当我们只跟随一个旋律线的时候，我们对于特定作品的态度也总会受到这样的影响：伴随主旋律的音调可以产生一些具有它们自己的"音乐意义"

的联结。①

一个复调形态的个别旋律线的不同可大可小，并且具有不同的意义。例如，非同时性的旋律可以通过和弦的持续跳动而结合成一种内在联系的安排；而在另外一些时候，这样一些跳动则仅仅偶尔出现在需要强调的地方。在一种极端情况下，同时性的音调之间还可以完全没有跳动，可以只用一种"旋律的和音"来代替这种"音调的和音"组织。复调安排的个别旋律线，还可以通过旋律的一致结合在一起；在古典赋格曲中，一种音乐倾向走在同一旋律基调的前面，而第二种倾向则在另一种音高上追随着它；在一首四部"重唱"中，我们可以随时听到同一旋律的不同成分。② 在另一种类型的复调安排中就没有这种一致性，或者同一些基调在不同的时间沿着不同的旋律线行进，另一方面，调性的统一则被保持着。在更现代的音乐中，我们甚至还可以看到这样一些安排，其中调性的一致性也不存在了。这样一种形态，即"多调形态"，使单个的旋律线有了最大限度的独立性，③ 至少在理论上是如此。在实践上，个别旋律的区别就可能不复存在了，从而这种形态也就失去了复调音乐的性质。

---

① 参见克劳森：《音乐美学》，第116页。
② 关于这种轮唱曲我们可以举《雅克兄弟》为例，它曾一度在几代青年当中流行。
③ 这一术语似乎是由达琉斯·米劳德（Darius Milheud）引进的（见《当代音乐》中亨利·普鲁尼埃尔［Henri Prunières］的文章，第91页，1926年华沙版）。

4. 调式

在这里我们第一次遇到调式的概念。实际上，关于调式的解释问题在讨论旋律的时候就已经提出来了，但是那时我避开了它，以便单独地探讨音乐形态中这一重要而又非常特殊的结构因素，即传统的欧洲音乐基础上的调式。

欧洲音乐的特点不仅在于节奏、音程的连续以及和声，而且还有调式的组织。除了绝对音高和从相邻音调的关系来看的相对音高之外，对于音高的第三种评价又随着调式的组织一起出现了——一个旋律中的音调的音高，通过离开构成特定音调系统的支持点的某个音的距离，以一种特殊的方式表示出来。

这样一个音就是主音。说得更准确些，就是有一连串的支持点，因为被一个八度音程分开的音，在调式价值方面都可以看作等同的。大体上包括全部乐音的七个十二音体系的不同体系的音，都是从属于一个主音的。这样，每一个音就可以属于许多体系。我们一般不注意某个音到主音的音程，但是我们却可以随时这样做。正是这种潜在性使得声音安排有了一种独特的调式特性。根据我们所判定为主音的那个音，音程及和弦的性质才能够改变。音调和和弦具有等级形态和不同的结构价值。同一个音，当它占统治地位的时候有一种价值，而当它变成下属音或者一个音列的保留级的音的时候，就有另外一种价值。这就好像主音在潜意识中一直在响，正如古代拜占廷歌唱中的同音齐唱那样。

还不仅此。不仅是主音在潜意识中响着；在听传统音乐的时候，好像以某个主音为基础的一系列的音都存留在背景的某个地方。如果我们一定认为只有一种音列的话，那么，那些在我们的潜意识中作为参照点的声音是主音或者是以它为基础的一系列的音，从结构的观点来看就是没有区别的了。但是并非如此，不止一个系列的音可以以一个主音为基础。在传统的欧洲音乐中，我们除了使用大调音列之外，还使用小调音列。我们知道，在过去有更多的这种音列类型——古希腊有八个类型——而现代音乐的某些代表人物又想复活它们。但是，正是将音列类型限制在传统的类型上，才形成了这种心理倾向，由于这一点调式才能够在我们的音乐中起着这样一种作用，无论是在希腊还是在印度音乐中，它都不具备这种作用。

"调式"一词所表达的概念，实际上是两个更为简单的概念的产物，例如在法语中，就使用两个不同的术语——"tonalité"（调性）和"mode"（调式）。一方面，这里的问题是决定于某个主音（C大调和D大调）；另一方面，是决定于一种或另一种类型的音列（大调或小调）。

调式（具体作为这两种音素的产物）决定音调的选择和安排。某些音程的连续，甚至某些和弦的连续，都是以一种强制的方式选择和安排的。然而，看来毫无疑问的是，不管我们的音列对于声音的其他体系的优胜在多大程度上是由这种音列（特别是大调音列）①的"自然"结构决定的——传统的或偶然的因素除外——调式的听觉根源还在于习惯。归根到底，这是可以由试验加以证实的，但是我不知道这种系统的研究是否有人进行过。

在调式方面的听觉习惯是很强的。如果一段音乐不符合一种系列的框架，已经习惯于传统音乐的听众就会把它分成更小的部分，从而把它们从属于各种调式，并且通常是不自觉的。当这样一种有意识或无意识的从属活动，在一个长时间内还不能奏效的时候，听众就会产生一种晕头转向的感觉。现代音乐使我们的调式倾向变得更加精细，但是我们不会忘记，一个常去听现代派音乐会的人同时还是一个莫扎特和贝多芬的听众，此外，他和民歌中的传统体系，和宗教音乐、军乐和轻音乐中的传统体系也经常接触，它们也足以养成调性习惯。

5. 变调

在旋律进程中的调式改变，当从听者的角度来看的时候，是一种顷刻之间就安排好的变化。旋律音调的支持点

---

① 阿·沙艾佛纳（A.Schaeffner）特别指出这样一个事实，即在有些民族中间，他们的旋律是建立在和大调音列不同类型的音列基础上的，或者说大调音列只是它们许多平行的音列系统之一，那么他们的旋律实际上就不存在和声，因此他们的音乐就单调乏味。和这一事实相联系，沙艾佛纳还指出大调音列在欧洲音乐中的主导地位是和声发展的自然结果。（阿·沙艾佛纳：《和声的演变和定调》，《心理学报》，1926年）。

发生了改变，或者是音调体系的结构——其成分就是旋律的单个音调——发生了改变，或者二者都可以发生变化。这便是从心理学的观点来看两种变调情况的意义。

我们在前面曾经谈到作为音乐形态中的结构因素的个别声音和和弦的调式价值。变调也是这样一种结构因素。它们的结构作用首先在于，当一个音乐形态不需要同节奏的划分保持一致的时候，变调可以形成转折点。然而，还不仅此，某种质料关系也发生了。正如在音高或个别音调之间存在着独特的质料关系一样，调式之间也存在着这种关系。它们之间有着关系的等级和距离的等级。调式之间的过渡可以有不同的特点。例如，在由主音的改变所引起的变调中，转换到属音就同转换到下属音或距离它的音列更远的另一个调性，有着不同的特点。调式的改变可以影响个别片断的独特关系。赋格曲的结构就是这方面的经典范例。

变调不是由声音的物理特性表现出来的。当发生调式转换的时候，并不产生音列中所本来没有的新的音程或新的音调。客观上存在着一系列不同音高的音调。当然这并不是说，转调不能够客观地表现出来；但是这种客观表现不可能由形态的音调之间的"内在"分析来说明。问题只是在于，对于一个习惯于欧洲音乐的听众来说，音调或和弦的特定连续在个别时刻会引起调式态度的改变。音乐理论有着严格的规则，它们决定着某些类型的音调连续同调式改变之间的依赖关系。然而，变调的变化只不过是听者态度的变化。

可能有这样的情形，即一个作曲家为了得到一部音乐作品的合适的结构，他不仅利用声音质料的关系，而且还利用听众态度的关系，关于这些态度，我们可以这样确定地设想：即作曲家在构造一个音乐形态的时候，几乎可以把它们当作音调的客观特性来考虑。这也是一种不乏哲学兴味的现象。

在语义判断的对象领域，例如在文学作品中，我们也常常遇到这种利用接受者的态度的情形。音乐形态的特别之处只是在于，听众态度的这种变化可以作为某种安排的现成的结构因素，即被当作一种直接的现实材料，而不管它的含义或用语。

和弦音和变调的音调判断条件，同旋律结构的判断条件是不同的；作曲家或演奏者可以通过适当的客观强调（强度的不同，休止）来突出旋律的结构，一个作曲家可以通过作用于我们的习惯而启示一种音调的判断，但是他不能够制造出一种可感的音调体系。在这方面，音乐的目的性和造型艺术领域没有相似之处，而"理解"的概念，在音乐中要比在造型艺术中使用得远为广泛。

对于一个确定的持续音调的感觉，并不一直是或在同等程度上伴随着对于一个旋律的听觉。会有这样一些时刻，这时对音调的感觉是不确定的，甚至在以传统音列构成的作品中。但是这种不明晰性，在某些情况下，可以有目的地用来作为一种结构因素。正是因为这一点，这样一些效果作为前面那种不明晰的情况下的音调确定才是可能的。听众期待着声音的这样一种进展，这些声音将决定所听到的基调以哪个主音为基础，而在某一时刻，这种潜在的调性就让位给一种清晰的确定的调性了。在这里也有着听众态度的变化，尽管是某种和在变调情形中不同的变化。

6. 多调性

多调性是态度变化的顶点。在讨论复调音乐形态的时候我们曾经提到这一点。最简单的多调安排是一个旋律同时由两个声部来演唱，每个声部又由五度音或三度音分开。在理查德·施特劳斯的歌剧（《萨劳姆》《埃尔克特拉》）[①] 中，已经可以看到这种具有能够看作多调方式的丰富声音的片断例子。但是，多调性的系统的使用，则似乎只有在某些法国作曲家的作品中才能见到。而且，多调性的这种运用还常常带有试验的性质。

变调依赖于它所引起的调性态度的改变，而多调性则要求同时保持几种彼此冲突的态度。在听多调性音乐作品的时候是否真正产生这样一种复杂的心理状态，还需要更加细致的心理学的检验加以验证。不管怎样，有一点似乎是可以肯定的，即这样一种心理状态没有专门训练是不可能达到的。我认为，多调性的安排大体说来不是导致听众对于音调的更加细腻的感觉，而毋宁是在削弱这种感觉。其极端便是——多调性导致无调性。

---

① 参见雷斯：《音乐史》，第525—526页。

7. 传统音乐和其他类型的音乐形态

我们曾经提出一个问题：音乐有哪些供其支配的结构手段？我们不难指出那些同我们在视觉形态中所遇到的因素相似的因素——节奏和音调质料之间的关系，同时还有作为基础组织结构中的重要因素的音高、强度以及音色。然而，我们同时还可以确认音乐形态拥有重要的、相当独特的结构因素——质料性的音程的可转移性（限制在作为形态成分的严格的质料定性上），形态音素的调性价值和调式的变化（变调）。

或许有人会认为，我们在这里所谈的只是我们这种使用精炼过的十二音音列的传统欧洲音乐，即巴赫和贝多芬的音乐，卓宾和瓦格纳的音乐，因为并非所有的音乐都有这样一些因素供其支配。东方民族的音乐形态是由完全不同的原则组成的。除了没有和声和变调以外，他们有时会有更多的音程系列，因而就可以在旋律和装饰领域提供更大的可能性。[①] 印度音乐则将这些可能性利用到最大的限度。

现代无调性音乐，在保持这种精选过的音程系列的同时，却有意地抛弃了调性组织这样一个强有力的结构因素。一个人如果力求以调性态度去听无调性音乐，他就会感到

---

① 印度艺术理论家库马拉斯·瓦米（Coomaraswamy）向欧洲人指出，欧洲和声音乐的发展和管弦乐作曲法的成功是由于将乐音集中为十二个连续半音的结果，这是通过去掉像高音D和平音E之间的微小的、通常是感觉不到的差别而实现的。照他看来，"钢琴可以说是在乐音之外的"。《湿婆舞蹈》，伦敦1924年版，第74页。

这是一些最古怪的旋律的堆积，感到不和谐，而力图从这种混沌当中探索出某些可以为调性判断所接受的片断。这样，他就不能够根据作者的意图去判断这些作品。我们是以一种多重态度去听传统音乐的，我们对许多互相联系的体制有所准备，而将所听到的音调纳入一个"可能的"体制的框架中。而无调性音乐却总是要求一种单一的态度；它只有一种声音体制，而这种体制却包括了我们音列中的所有声音。为了真正保持始终一致，我们就应当将调性体制改变为无调性音乐。我们的音乐乐谱强调变调，并且一般是使调性易于定位，由谱号表示的升音和降音确定着这种体制。旋律进程中的升音、降音和自然音表明体制的变化。在无调性音乐中这些体制都不存在，其音列由十二个均匀的音程组成，每一个半音在乐谱音列中似乎都有固定的位置。对音乐乐谱的这样一种改革方案，是由某些现代音乐的代表人物提出来的。

无调性音乐，既然破坏了我们的调性态度，难道就不需要其他可以起类似的结构作用的态度了吗？难道更长时间地听某种固定形式的现代无调性音乐（特别是无调性音乐是以固定不变的音程系列为基础的），就不能够导致创立某些根本不同的安排吗？由于这些安排，就可能在所听到的作品的背景上，产生某种下意识的伴奏或某种下意识的系统化。在这种情况下，我们在音乐领域对于调式——在我们的意义上的调式——的听觉能力，难道不可以是一种能够纳入某种更加普遍的范畴的现象吗？如果不进行更加细致的心理学研究的话，这些问题是更加难以回答的。对于调式的听觉能力本身就是一个有趣的现象。直到现在，这一现象还很少被心理学家探讨过。潜意识理论的支持者们可以在这里找到有力的例证，据我所知，这些例证直到目前还没有人利用过。我们还应当记住，一个听众有时会把某些现代作品归入无调性形态，对他来说，这些作品从调性的观点来看是相当难以理解的，然而，这些作品是有调性基础的，甚至可以是这方面的一种异常微妙的表现。斯特拉汶斯基（Stravinsky）的某些作品可以作为一个例子。①有意识地利用听众的多重音乐态度的概念是由欣德密斯（Hindemith）在他的题为 Ludus tonalvs（1943）的有趣作品中揭示出来的。这是一组十二首带有插曲的赋格曲。听众只要依次陷进不同调式的磁场，很快就会沉没在无调性组织的声音混合之中。

正如我们曾经看到某些现代造型艺术的代表人物努力使绘画接近音乐——例如通过创造所谓的"色彩键盘"——那样，我们也可以到处看到绘画在现代音乐中的影响。丢开音乐中的模仿主义不讲，以后我还将讨论它，这些影响在对于传统调式的破坏中已经可以看到，其次就表现在某些作曲家在器乐中赋予音色一种前所未有的地位，从而导致将一些新型的乐器引进乐队。[在这里我们应当提醒一下，不能够在名称的偶然巧合——声音的"色彩"（音色）和视觉意义上的色彩——的基础上得出所有结论。]②再进

---

① 阿·玛沙贝（A.Machabey）：《不谐和无调性，多调性》，《音乐杂志》1931年。

② 视觉意义上的色彩音列，不仅包括那些和音高相对应的性质，而且还包括那些和音色相对应的性质。

一步就是打破确定的音列和引进固定的和谐进行，这样音高就会失去它的特殊地位，而它在音乐形态中的作用也就变得同音色相类似了。实际上，这对于音乐形态的一致性大概是一种决定性的突破。这种打破以前的半音阶音列的尝试，早在两次大战之间的时期就发生了，这表现在那些力求创建四分之一音阶的音乐（半个半音的音列）的人们的作品中。[①] 四分之一音阶不是连续进行的引入，而且也不破坏确定的音程的概念；它甚至可以看作在音程方面更加细致入微的表现。然而，它也可以看作"绘画精神"在音乐当中的表现，是走向一种没有音阶、没有严格音程的音乐的第一步。但是四分之一音阶音乐一直停留在理论试验阶段，而且从审美经验的角度来看，这种尝试在今天看来似乎是没有意义的。这种试图将绘画和音乐结合起来的双方的倾向，尽管从美学的角度看起来是有趣的，但更多的是出自理论家，而不是出自艺术家。最近曾有所谓关于电子音乐的"点彩主义"的谬论。今天还很难预见这种音乐在形成新的音乐手段中的作用。

8. 关于判断音乐结构的任意性

关于音乐的结构因素的独特性，我们可以这样肯定，即除了音乐之外，再没有别的作品要求这样一种多重的非语义判断。在音乐中，下述因素依赖于听者的判断：

---

① 参见《当代音乐》，同上，第55页；雷斯：《音乐史》，第570页。

（1）成分的等级划分；旋律的核心同构成装饰、倚音和进行的音调的区别；在没有客观重音的地方引入有意识的重音（例如在切分音当中）；（2）对于所听到的声音质料的修正，将不正确的音调和其他错误纳入适当的音列，将所听到的声音的特性分为"相关的"特性和"不相关的"特性；（3）旋律线的逐级分解（基调、乐段等）以及这些旋律片断的相互关系；（4）同时性和连续性的联结组织（和声和复调）；（5）音调的所有调式价值，和弦和作品的个别片断。调式的判断同上述因素不是没有关系的，特别是对于旋律分解和成分的等级划分有影响。

个别作品正是在这种多重判断——这是一个音乐形态所要求于听众的——的基础上才被看成是容易理解的或难于理解的。当然，容易与否还不仅仅决定于这样一些客观因素，例如安排是否复杂，结构是否表示得清楚；而且还决定于特定听众是否已经习惯于某种类型的音乐安排。一方面，容易的安排可以是一种简单的安排；另一方面，一种安排对于某个听众来说所以容易，则是由于这种安排能够自动地将关于它的判断强加于这位听众。这样一种"强制"判断的强制性，不仅决定于客观的标志，而且还决定于听众的习惯。同一形态的不同的判断可以以一种强制的方式强加于不同习惯的听众。克劳森曾经写道：阿拉伯或爪哇音乐中的全音阶片断，"在我们的耳朵听来都是不正确的音调，但由于将它们纳入最接近于我们的半音体系而得到修正"。① 同样的情形也适用于印度音乐，它的八音度是由二十二个音组成的，阿拉伯人、印度人或爪哇人从同一种音调混合中会听到一个和欧洲人不同的旋律，为且听到的是纯正的音调，而欧洲人听到的则是不正确的音调。

然而，甚至在和听众的习惯最相适应的形态中，听众在判断细节方面仍然有着某种自由。在有说明范例的情况下，我们将只限于进行调性判断。那么，在某些情况下就可以有这样的任意性，即或者我们在某种安排中区分出两种或两种以上的同类调性连续，或者把整个形态当成另一种音列基础上的形态。旋律进程中的升音、降音或自然音，也可以或者被判断为转调的标志（在参照这个或另一个主音的意义上），或者被当成另一种音列的标志，或者最后，在某些情况下，被这样标示出来的音调可以被认为没有调性意义，而只是偶然的装饰（请注意它们不是同主音相参照，它们的全部意义在于同邻音的音程上，例如在一个半音音程中）。② 在这样一些情况下，听众可以采取任何一种可能的态度。变调的不确定性特别经常地出现在现代音乐中，而现代音乐有时又引入异国的或全新的音列类型，即同听众所已经习惯了的那些音列不同的音列类型。

总起来看，这种判断的任意性在受过古典音乐熏陶的人的身上表现得更为突出。不和谐的和音可以被当作音调秩序的一种暂时混乱，而后他便期待着平衡的恢复，由于这一点，追随着它的这种和音的调性就被强调得更加厉害。

---

① 克劳森：《音乐美学》，第70—71页。
② 同前书，第44页。

但是在现代音乐中，不和谐的和音虽然也可以被看成一种特别的和弦，而它们也决不同和谐的和弦相对立，但是却并不要求和谐的解决。现代作曲家经常使用五度和弦和四度和弦，这或者可以被看作一连串无调性的声音，或者可以被当成一系列多调性的四度音或五度音。而多调性的形态有时又会被听众当成无调性的形态，如此等等。

听众在形态的分解和旋律的组织方面，在复调的联结等方面也有着某种判断的自由；越是"困难"的作品，就越有更大的自由。

9."理解音乐"意味着什么？

按照上述分析，我们对于"理解音乐意味着什么"这一问题应当采取什么态度呢？关于这一问题，在不同时代有着那么多奇谈怪论，似乎都想从最具体的方面来接近这一问题。

所以，当在最具体也是最基本的意义上使用"理解音乐"这一用语的时候，我们指的是这样一个人，他可以妥善处理这里所讨论过的各种非语义判断，当他听一部音乐作品的时候不会感到晕头转向——当作品作为一种声音的组织在他面前出现的时候，对他来说，音调是以各种方式结合在有组织的曲调之中的，每种曲调都有其特点，这个人才可以说理解音乐。我们还可以说，不管这种声音组织对他来说是独立地或者甚至是下意识地成为明白易懂的，还是在听的过程中他有意识地努力理解的结果，他都是在理解音乐。对于一部音乐作品的这种理解，当然是有深浅不同的程度的，而且对作品越熟悉，也就理解越深。如果在音乐进程中没有抓住整个作品的结构，即使是因为忘记了，仍然可以找到理解这些作品的通道。从心理学上来看，判断第一次听到的作品同判断非常熟悉的作品是相当不同的事情。

这样一种"理解"的概念，还常常依赖于同创作者的意图的关系。在"理解"的这种意义上，听众理解一部作品就是"准确地"判断它，也就是说他的判断完全符合创作者所追求的判断。在这种情况下，"理解一部作品"实际上就意味着在这方面"理解创作者"。在更广泛的意义上说，可以"以每个人自己的方式"来理解一部作品。

正如前面所说，旋律的逐级分解可以使我们想到言语的结构。音乐同语言表达之间的这种相似性，只要我们进一步加以思考就会更加明显；对于听者态度的依赖性，特别是调式态度以及这些态度对于判断作品结构的影响，看来好像同我们在语言表达方面所采取的态度是十分相像的事情。（甚至同音词和双关语也可以在音乐中找到它们的等同物，这便是调性"模糊"的一组组音调。）

冈巴里约认为"音乐是用声音思维的艺术"，并且力求说明为什么音乐思想不能够翻译成词语。①

他认为这同诗歌的情形很相似，即诗歌也很难译成另

---

① J.冈巴里约（J.Combarieu）：《音乐及其规律和演变》，巴黎1920年版，第7、8、23页。

一种语言而不受到相当损害。我感到这样含混地使用"思想"和"意义"这些词语，对作者是一种损害。在这方面冈巴里约并不是孤立的；音乐理论家和批评家，特别是那些对于音乐中的创造功能的可能性不感兴趣的人们，是经常使用"音乐思想""纯粹的音乐意义""逻辑联系"等等词语的。然而，在谈到音乐的时候使用这样一些词语是应当十分小心的。我们不应当让表面上的相似把自己引导到歧路上去，音乐的声音在这里并不具有任何语义学的功能，在判断一个音乐形态时，我们是将注意力贯注于它的形式的。因此，当我们谈到"理解音乐"的时候，正如我刚才所指出的那样，我们是在和逻辑、语法或思想的心理学中不同的另一种意义上使用这一用语的。我们对于音乐的理解是一种"非概念的理解"。这是一种特殊类型的进入所直观的现实的通道。这就是为什么一个具有显著音乐才能的小孩，尽管理解概念的能力是微弱的，但理解音乐却可以比一个受过教育但却是"音盲"的成年人强。

这里所谈的理解音乐的概念，同日常直观并不完全相符。它太片面了。当我们用普通语言谈到理解音乐的时候，我们会想到比对于音乐形态的这样一种非语义判断更多的东西。有时候会首先想到这些东西。希望理解一部音乐作品的听众必须明白作者所想表达的情感状态，而对于所谓的"标题音乐"，语义判断也是必要的。最后，在谈到理解音乐的时候，我们有时甚至会想到听众的情感反应（"他太木头疙瘩了，他完全不懂卓宾"），尽管在另外的时候，我们把"理解"音乐同"感受"音乐区别开来。

我们将进一步考察在听音乐当中所经验到的一切因素。尽管理解音乐的概念在普通谈话中也会涉及这些因素；但是我认为，上面所谈的"理解"的概念还应当是基本的，因为一个音乐形态的非语义判断，似乎应当是任何其他意义上的"理解音乐"的必不可少的条件。另一方面，这也是使一种声音混合成为音乐，并且能够使听众理解一部作品——甚至在日常直观的意义上（可能有这样的情形，即听众没有懂得"作品的主要意思"，没有正确地感受它，等等）——的充分条件。

为了得到充分的审美满足而需要的对于音乐的这种理解程度和非语义判断的明确程度，决定于听音乐的方式。我们知道，音乐，甚至是同一部音乐作品，可以提供非常不同的审美经验。我们知道，从审美角度去听音乐可以有许多不同的方法：从理智地进入作品的结构开始，通过对于表面上一片混沌的声音的组织的积极探索，直到完全被动地屈服于音乐的情绪，而丝毫没有自觉进入他所听到的一组声音中的意图。

在所有其审美价值直接在于感性质料的形态上的艺术类型当中，音乐占有一种完全特殊的地位，这不仅是由于它所唤起的情感特别强烈，而且还由于它在文化史上的作用。曾经有九位希腊缪斯，她们是各种艺术创造领域以及天文和历史的保护人。但是，缪斯的领地正好变成了音乐，正像这名字所显示的那样。我曾经力求发现可以解释音乐形态的这种优越地位的客观论据。例如，我们曾经指出，由于我们对于音高之间的关系——它们在视觉印象领域是没有等同物的——的特别感受能力，由于音乐传统所赋予我们的气质，音乐就具备了供其支配的完全独特的结构因素。关于这种结构可能性范围的说明，可以解释音乐同不可语义判断的视觉形态领域相比，它所具有的高贵之处，还可以解释为什么在作品和风格的丰富性和多样性上，音乐史并不亚于那些以语义判断为基础的艺术的历史。然而，这还不是对于这样一些问题的心理学的解释，这些问题就是音乐的审美情感强度的源泉，音乐影响人类灵魂的力量，这种力量反映在古代传说和关于音乐的现代形而上学当中。

10. 关于审美形态的规则

我们将不试图去制定某些普遍的原则，这些原则能够确定音乐形态或视觉因素形态的哪些特征决定着一个形态的审美价值。即使我们必须只把那些已有定评的作品选来作为我们进行普遍化的材料，那么我们将会遇到的各种不同类型的作品也委实太多了，而且当完全新型的形态不断出现的时候，每一类型将同另外的原理相适应。在不同民族之间存在着爱好的巨大差异，而且在同一个民族当中也常常存在着差别很大的偏爱。

然而，提出一些可以说明个别类型的音乐或美术形态的审美价值在于什么地方的审美规则，也是可能的，而且事实上，这一点是由艺术理论的个别分支来做的。但是，当我们试图制定可以包括所有种类的具有审美价值的形态的法则的时候，问题就不相同了。

那条被费希纳——他继亚里士多德、德斯卡尔茨（Descartes）、海姆斯特劳易斯（Hemsterheuis）和莱布尼茨之后——叫作"寓差别于统一"的古老原则（Prinzip der einheitlichen Verknüpfung des Manigfaltigea），那条经过许多翻译而在所有美学论著中广为传播的原则，[①]当它作为普遍公式并似乎能够经验地检验它的时候，就不能够提供任何标准了。另一方面，如果我们将这一原则更加具体化，例如像维特维奇所做的那样，那么它的普遍适用性就不复存在了。维特维奇提出适中的单纯性和清晰性的结构原则，以作为空间和时间形态的普遍的审美原理。一个形态如果是容易感知的，就是美的；但是又不能太容易，因为那样就没有兴趣了。[②]（这条原理正如费希纳的原则一样，不仅仅涉及非客观判断的形态。）

事实上，我们可以想到大量的例证来支持这种立场，并设想出各种好的用意来解释"适中"这一用语。但是，相反的例子也很容易找到。在我们所赋予审美价值的作品当中，除了那些我们认为是单纯的和清晰的之外，我们还可以看到清晰但是复杂的形态，单纯但是并不清晰的形态，最后，还有复杂而又不清晰的形态。可以看到，单纯和容易的概念都是相对的，对于一个人是简单的和容易的，对

---

① 屈尔佩（Külpe）译为"Prinzip der Zusammengehorigkeit"，有的人译为"Einheit in Mannigfaltigkeit"，还有其他一些译法。

② 乌·维特维奇（W.Witwicki）：《心理学》第2卷第91—94页，1930年耳弗夫版。

于另一个人就可能是困难的，而每一个人都会喜爱那种同他的观赏能力相适应的形态。但是，这样一种回答是不充分的。同一个听者或观者，在某些情况下喜爱一种形态的单纯，而在另外的情况下则可能为一种复杂形态的丰富而感到心旷神怡。同时既是巴莱斯特里娜（Palestrina）的明晰的复调音乐的爱好者，而又喜爱德彪西的作品的人，决非是一个；尽管后者的结构是不明晰的，是没有固定体制的，是没有明确的分解和确定的调性的。

　　问题的焦点在于，各种类型的结构不仅仅是满足相同需要的各种手段，而且还依赖于智力的水平和其他情况。不同的需要和相当不同的气质可以使我倾向于不同类型的结构，所以，这些不同的类型不能够按照相同的、甚至是最普遍的原理来构成，就不足为奇了。因此，即使在倾向和音乐才能方面具有同样水平的人们中间，趣味的差别还是存在的——如果我们只局限于音乐领域的话。他们每个人都可以在音乐中追求某种不同的东西。那些在音乐形态方面能够采取不同态度的听众就有比较广泛的爱好，而且能够感受完全不同类型的形态的美。这个对于感性因素的形态、特别是音乐形态的态度的问题，在我们将来论美学中的表现问题的时候，还会更加鲜明地提出来。

第六章 现实事物的外观

1. 感性质料的形态和客观判断

在我们对于所直接觉察到的现实事物的审美评价中，有两种组织经验材料的类型。在某些情况下，我们评价视觉或听觉因素的安排——即色彩斑点或声音的安排——是考虑它们的质料及在空间或时间中的位置，因此，也就仅仅是那些直接给予感官的东西。在另外的情况下，感性质料则被组织成为现实的事物或具体的现象，而对于直接看到的现实事物的感性形体的评价则是对于这些质料所组成的事物的外形或构图的评价，在音乐当中，则是对于同现实事物相联系的现象（钢琴和小提琴的二重奏，一位著名艺术家的演唱）的评价。所以，对于具体事物的审美评价也就是对某个现实片断的外形的评价；但是这种外形的价值是相对的，正如感性质料的价值在对于它们的安排的评价中是相对的一样。相对性发展了一步；在后者，我们是将感性质料的价值同它们的安排作为相对物，在前者，我们则将这种安排的价值同它们所从属的事物作为相对物。

对于确定的事物的知觉是我们观看现实事物的自然方法。如果在某些艺术领域，只评价感性质料的形态而无视这些质料所从属的事物成为审美评价中的主导因素的话，那么，所以如此则是因为，在这些情况下，这一事物从审美观照的观点来看是或几乎是无关紧要的。这种情形经常在听音乐的时候出现；声音提供我们审美满足，我们则无视它们的来源。我们可以被音乐所癫狂而毫不想到乐器和艺术家。但并不总是这样，当有一位杰出的演奏家在场的时候，而到达我们耳朵的声音正是这位艺术家的小提琴的音调，这对于审美经验就不是无关紧要的了。合唱队的美感吸引力肯定要受到听众的这种信念的重大影响，即听众想到这种高超的声音组织是从许多歌唱家的喉咙里和谐一致地发出的。在贝多芬的《第九交响乐》中，在斯特拉汶斯基的《婚礼进行曲》中，或者在斯季马诺夫斯基（Szymanowski）的芭蕾舞《哈尔娜茜》中，这种把乐队和合唱队结合起来的音乐作品，就不仅仅是通过嗓子和乐器的听觉价值来影响听众了。

然而，在这些情况下的审美愉快的主要源泉仍然是感性质料的形态。我们可以无视一切客观情况而音乐并不失掉它的美。有时我们会听到，当一个人想表达他对于某个音乐作品的赞赏的时候说："它真美，我们几乎完全忘记了音乐厅，甚至忘记了演奏的音乐家。"这样一种态度——听音乐而离开了现实——在听广播书目（没有电视）或听音乐唱片的过程中无疑是极为常见的。

在建筑当中情形就不同了。我们也从它们的感性外观来评价建筑作品，正像评价音乐和某些类型的装饰艺术或者现代绘画那样。但是，尽管非客观判断的形体和色彩的变化在建筑中也是审美经验的一个源泉，然而，我们对于建筑还是采取一种不同的态度。一座宫殿、一座桥梁或者一座教堂，对我们来说一般首先是一种建筑物——即一座宫殿，一座桥梁，或者一座教堂，而我们对于它们的外形的审美评价则通常依赖于建筑物的目的，依赖于构成它的材料以及其他客观情况。

客观判断具有不同的级别，这些级别是由关于特定对象或与之类似的对象的知识以及关于它同其他事物的关系的知识来限定的。当我发觉自己是站在罗马广场的提图斯凯旋门前面的时候，我可以将我视野以内的这种色彩斑块的混合看成是一个具有确定形体的块状物，看成一个用劈开的石块垒成的建筑物，看成一座凯旋门，看成一座用没有黏结的石块建成的罗马凯旋门，等等。

在更高程度的客观判断中，还会出现审美评价的新因素和质料形态的新原则。

2. 客观判断对于想象感性质料形态的影响

客观判断，甚至当我们力求完全避开它的时候，通常仍会影响我们对于一个感性质料形态的想象。当我们希望考察那些类型的审美评价，是受对于作为具体事物的整体的那些现实事物的直觉限制的时候，我们必须区别两个问题:(1)客观判断何以能够影响对于感性质料形态的知觉,进而,它在这些类型的审美价值——这是我们在前面三章中所讨论过的——的评价中起什么作用;(2)当所察觉到的感性材料对我们来说成为一个事物的整体的时候,在审美评价中会出现什么新的因素。

在对于感性质料形态的评价中,客观判断可以在因素的分解和等级划分上发生影响。

按照感性成分的关系或者质料不同,或者按照在空间或时间中的可见断面来分离它们,不一定同这些成分在它们的客观依附关系基础上的分离相一致。因为我们的想象从来不是完全由直接感觉材料来确定的——我们可以在同一些材料中看出一种或另一种稍有不同的形态——所以,客观判断还可以向我们启示关于特定感性质料形态的某种观念。当我们听一首同一种乐器的二重奏的时候(两个声音,两把小提琴,两架钢琴),对于这种声音安排的结构的知觉,在某种程度上是会受到将这种安排的个别部分从属于个别乐器或演员的影响的;旋律从一个乐器到另一个乐器的进行,于是就成了这种安排的联结。在这个例子中我使用的是同一种乐器,因为在一首不同乐器的二重奏中,声音按照乐器的划分(即在客观判断的基础上)就同按照质料的划分一样了。

赋予某些事物——它们是以感性质料的特定形态出现的——这种重要性,可以很容易地以同样的方式转移到这一质料形态的相应成分上去,并进而转移到对于它的想象中去。形态成分于是就有了这样一种等级形态,即它们的相对重要程度并不取决于它们直接影响感官的那些特性。例如，在这里不是生动性决定着特定成分的重要性，而是某些独立于外形和美学之外的客观标准。当我们听一首有乐队伴奏的小提琴协奏曲的时候，在整个声音形态中我们赋予独奏部分以特别的重要性，而且这甚至是同它的声音价值无关的，而通常正是声音价值将它区别出来。乐队中的小提琴也发出同样的声音，有时甚至比独奏者的声音还要强，但是尽管如此，它们还是不能成为形态的优越部分。我们对于音乐会的判断受着这种意识的影响：这些音调系列是独奏小提琴发出的，而其余的声音是乐队发出的，它们是作为背景而为它服务的。

我从音乐领域中举了两种客观判断影响我们对于质料形态的想象的例子。因为在其他领域找到同样的例子更加困难。在装饰艺术或失去再现功能的现代绘画中，客观判断可以在这方面具有某种审美意义，但这仅仅是例外，而在观看建筑或城市建设的时候，或者在观照自然的时候，客观判断则是我们常取的态度。一片美丽如画的风景对于我们来说，决不仅仅是一幅色彩缤纷的镶嵌图案；我们看到面前的天空、大地、岩石、树木，我们看到"事物的整体"，它们具有不同的情感意义，具有不同的重要程度，并以各种方式连接在一起。但是，由于我们这种正常的客观态度，感性质料的组织在这种情况下就从属于这些事物的形态了，而形态的审美价值对于这些质料所标志的事物来说，则是相对的。

当然，我可以把一件建筑作品看成是一个形体、光线和明暗的抽象形态，我可以"用画家的眼睛"来观照一片风景或一组墙壁，从而将它们看成是一种色彩斑点和线条的美丽的构图，这时，我们就可以谈到客观判断对于想象这种视觉因素的形态的影响了。然而，如果我们一旦允许客观判断在这里出现的话，那么在我们对于一个新的形态的审美关系中，我们就很难使自己从这种完全不同的审美标准中解脱出来；而这一标准正是这样一种判断所必需的。

3. 不仅是外形决定的

当我们客观地判断某些现实片断的时候，我们从中所看到的事物的混合不断地作为一个感性质料的整体而将自身显现出来。事物的这种关系并不使形式和质料关系失去它们的结构意义，而毋宁是同它们交织在一起。结构于是就变得更为丰富了，因为现在成分之间的联系更加多样了，而且新的结构效果也增加了。当我们听一首二重奏的时候，下面这些情形不是无关紧要的：这些声音不是发自一处，钢琴在响应着小提琴，或者小提琴在追随着由钢琴刚刚奏出的基调，音乐作品所支配的这一系列关系在这里就增加了某种新的东西。同样的情形也会在一首合唱歌曲或一部由交响乐队演奏的作品中出现；正如已经说过的，审美评价是受到下述事实的影响的：这是一些在社会上演出的作品，除了声音的和谐以外，我们还会看到演奏者的和谐。

某些现实片断所以具有审美价值，不仅是作为感性质料的一种形态，而且还作为某些事物的一种形态，而作为这一形态的成分的这些事物必须是经过适当安排的，这不仅从色彩和形式的观点看是如此，而且从其内部关系——即那些不直接表现在外形上的关系——看也是如此。一个从审美角度安排的商店橱窗展览，不仅仅是一种形体和色彩的审美组织。例如，在它的结构中，物理的考虑也起着某种作用。轻东西不可以放在重东西的下面，即使这些轻东西似乎不会被压坏；在食品当中，鲱鱼不应当和巧克力放在一起。总之，其间有着各式各样的联系，由于这些联系，某些东西——不管其外形如何——似乎彼此非常接近，而另一些东西就相差很远或者完全相反，例如奢侈品和必需品。

在许多情况下，客观判断的审美世界还存在着这样一种现象，即所看到的事物赋予感性质料形态一个重量，重量越大，这些事物所呈现给我们的情感价值也就越大。一片风景的美感魅力和广阔的幅度有联系，人们还有这样的执念，感性质料的美的安排不仅仅是色彩的自由变化，而且还是某些现实事物的混合的创造。当这种客观判断发生变化的时候，风景的魅力便会受到破坏。有时候我们会认为我们在这里是单纯评价色彩和形式的变化，而事实上我们的审美趣味也是由关于所看到的事物的知识决定的。

大海和山峦上面的云彩，是产生奇妙的色彩和光线效果的永不枯竭的源泉；在狂风大作或微风轻拂的日子里，有时会叫人对所看到的景象流连忘返，它们变换不停，色彩和光线又极为丰富。但是，大海和山峦的出现在这里是必要的，这不单是为了色彩学的原因；我们在不断变幻的色彩斑点的混合中看到了相反因素的出现，正是首先由于这一点，才赋予风景一种特别的迷人之处。在这种光线和明暗的变幻当中，不祥的事件正在那里发生；这不是一场游戏，而是一场搏斗的壮观。屹然不动的山峦在这一场景中有着飘动的云彩所没有的重量。海面，波动不息而又总是回复原状，也另有它的意义。因此，在翻腾的云海中出现的黑色背景是山峦的峰壁还是浓厚的雨云，这对于观者并非是无关紧要的。

由于海平面上的蓝色轮廓是丝带一般的云彩或是远处海岛的山头的不同，大海上的同一种景观就会改变它的某种构图和审美价值。在不同的情况下，将天空和大地分开的地平线也会形成不同的形状。山峰上的积雪和风景中的云彩有着不同的价值，尽管悬崖峭壁上的白云，有时从远处看来极像是雪块。这样一种景象——一种翻动不息的黑色阴影在顶部消散，而在底部却更加浓烈，它的细长的圆锥体同维苏威峰顶相连——当我们将它看作是云彩的时候可能具有一种风景形态的价值，而如果我们把它当成是从火山口喷出的烟雾的时候，它就会有不同的价值了。所以如此，不仅仅是由于情感色彩或第二种情况下的不祥联想，而是因为，烟雾具有不同的结构价值——它属于维苏威火山，是它的顶点，是它的羽毛般的装饰；在船帆一般的烟雾和火山口之间有一种天然的联系，正由于这一点，维苏威火山伸展到比它自己的顶峰还高。但如果这不是烟雾而是云彩的话，那么这种联系就不存在了；云彩"属于"天空，个别形态的界线于是就发生了变化，维苏威火山也就蜷缩于它的创造者的重压之下了。这样，我们在这里也就有了一个例子，它可以说明对于一片风景的客观判断，是如何将它的特点带进形式和色彩的组织中去的。

巴黎圣母院教堂是用石头建成的，观赏者对这一点不会不感兴趣，尽管是为了其他原因。一座钢筋混凝土的教堂可以有它的特别价值，但是它决不会具有石头教堂的魅力。罗马万神殿如果是用木头建成的话，即使形体不变，也要减少它的审美价值。（在写了上面这些话几年之后，我在约克参观了哥特式教堂，这是一座灰色的盖满绿锈的石头教堂，有一个庄严的正面。直到现在我还记得，当我发现这座教堂高耸的拱形圆屋顶是用木头——染得像是石头——制成的时候，我很有一阵不快。）图斯岗教堂的正面是用多种色彩的大理石砌成的，如果观者心想那是染成的，它们也将失去美感效果。在这方面，如果有人认为只有事物的外形决定它的美，那么他就错了。

我们可以在一个最现代的领域证实这一点。当我们知道某件物品的制作材料是代用品的时候，我们的审美经验就会有否定的效果，这一点是人所共知的。只要提一下这样一些事实就够了，例如人造皮革原来是凹凸纸；看起来活像是真宝石和真金子的，却是假的珠宝。在实用艺术美学中，在第二次世界大战以前的那些年代里，所谓"和材料相一致"这条不甚明确的原理被看得很高；木工技术不能用于金属，而皮革技术也不能用于纸张。这是合理性和忠实性所要求的；在这种情况下，它们便是审美满足的条件。在装饰壁画的着色上追求所谓"自然的"染料（即植物的而非化学的），其目的也不是为了追求外观的感性美，尽管这也被看作一条美学原理。植物染料并不一定比化学染料美，但是从它们的天然来源上看，它们却更为"高贵"。

"赝品""忠实""高贵""同自然和谐"，难道我们不能从中悟出某种伦理学和美学的标准吗？

4. 个别事物的美

当我们将个别事物不是看作简单成分的形态，而是看作有机整体来考察它的美的时候，客观判断在美学中的独特作用便最清楚地表现出来了。

关于个别事物的外观的普遍的审美标准是不存在的。除非我们去钻牛角尖，像费希纳评论齐麦尔曼的原则时所做的那样。齐麦尔曼认为那些较大或较强的事物比那些较小或较弱的事物对我们更有吸引力，而费希纳则说，如果按照这条原则，较小的事物也可以比较大的事物更有吸引力，因为它的这种"小"的特征的程度是大的。①

在否认这样一些普遍规则的时候，我们似乎应当承认，当我们不考虑线条和色彩的抽象价值的时候，个别事物的美是由特定的外观同特定种类的事物之间的某种特殊的"适当性"标准决定的。对于它们的审美外形的审美要求是紧密地依赖于我们所观察的事物的种类的。

在美学问题所涉及的领域里，存在着这些事物的两个

---

① 费希纳：《美学发蒙》，第43页。

基本范畴，我们已经习惯于把它们看作是两个客观的、紧密联系的整体。这就是生物和人的创造物（不一定是艺术品）。

在有意识的存在物的有目的的产品——它们是为某种目的服务的，它们是某个存在物的技巧和能力的表现——当中，人的创造物在美学中有着特殊的意义。当我们在所看到的材料中仅仅评价形式和感性质料的混合物的时候，我们所面对的是一个人工产品还是一个自然片断，还可以是一个无关紧要的问题。另一方面，当我们在所看到的现实当中评价具体事物或者外部世界具体事物的形态的时候，这一问题就成为思考的主题了。根据这些事物是人的产品还是自然的"产品"，就会出现不同的审美评价因素。

人的创造物世界有它自己的美学，甚至同语义判断无关。我们还将进一步讨论这一点。

至于活的存在物的美，我们还必须弄清楚在这方面的审美评价因素的多样性，而不仅仅是有关偏爱的多样性。在我们的审美经验当中，在某些方面我们会把生物和人的创造物同样看待。在两种情形下，我们看到的都是紧密的有机整体。我们可以将一个生物看作是一个有目的有秩序的创造，于是这一生物的美的（从这种观点来看）组织就可以成为这样一些审美经验的源泉，这些审美经验就同我们从最精巧的人工产品当中所感受到的审美经验一样。

然而，除了这种目的论的观点以及线条、形式和色彩的直接和谐的观点以外，在我们对生物——它们同我们对于人的产品的评价没有直接的相似之处——的外观的审美反应中还有其他因素可以区别出来。在对于生物的美的评价中，我们好像直觉地使用着某种特殊的生物学的观点。

如果一个动物是某种生物类型的优秀代表，它的外观很接近于我们对这一种类的理想的外观，那么我们就会感到它具有吸引力。实际上，要把评价生物的这种观点同目的论的因素区别开来是相当困难的，因为一个"高贵出身"的生物通常也是一个形式的目的性在其身上表现得更为显著的生物——一匹好看的纯种阿拉伯马或英格兰马都被认为是出身"高贵"的。但是这样一种表面上的相互关联并不总是存在的。如果没有某些更为广泛的研究，我们似乎不可以说一头绝种公牛的形体是否特别具有目的性，但是不管怎样，公牛的外观肯定不会引起这样一种目的论的想法，正像一匹马的形状适宜的细腿所引起的那样。我们在公牛的相貌上也决不会发现什么优美的线条，也决不会发现像马或天鹅颈背上的那种弧形。但是我们也确实没有必要去特别有意地认定一头纯种的公牛是一个美丽的动物。毫无疑问，我们可以假定这个动物的身体所表现的比例和谐会深深地影响这种评价。然而，我不能不怀疑，我们觉得这头公牛吸引人，首先不是由于作为符合某种比例的体积，而是作为一个显眼的动物。在我们的审美满足中，起主导作用的是我们认为我们所看到的是这一种类的一个杰出的代表这种信念呢，还是我们受到这个动物在它的外观上所表现出来的强大力量的更大吸引？整个说来，我们感兴趣的是健康的、发育良好的动物，是充满力量和生命的动物。很有可能，心理学的分析并不能够包括某些其他的特殊因素，即那些构成我们对动物外观的审美评价的因素。

可以肯定的是，那些关于美的生物学的标准既不是单纯的，也不是统一的。在这里我特别提到动物，因为在对于植物的审美经验中生物学的原理似乎并不明显。一些古树之所以迷人是有多重原因的。

性的因素在对于人体的审美评价中起着不容忽视的作用。有一种理论认为，一切关于人体的审美评价都来源于性欲。按照这种理论，便是男人创造了女人形体美的标准，而女人则创造了男人形体美的标准；后来，通过潜移默化，这些标准又被异性所接受。男人形体的理想，因为是由希腊雕刻家创造出来的，他们又都是些男人，所以经过最终的分析，就似乎同希腊人的同性恋有关。人体美类型的多样性似乎是性欲的同样的多样性的结果。①

这种理论的片面性是有害的。然而，性欲同人体美之间的联系却是不容置疑的。我们所不能同意的只是，这种联系成了一切情况下的唯一的决定因素，同时也没有必要假定这种联系是单向性的。如果性欲可以成为某些审美标准的根源的话，那么在另一方面，以某些其他方式建立起来的审美标准就可以决定某个人的性欲倾向了。在这里我只是以一般的方式注意到这些依赖性，因为更详细的讨论需要对关于性的经验和倾向的心理学进行专门的研究。②

对于某些类型的人体形式的普遍喜爱不是永恒不变的。这种喜爱在相当大的程度上依赖于各种联想的结合。这也就是说，我们不同意那些人的论据，他们企图把人体

---

① 除其他人外，舒尔茨（Schultz）也宣扬过这种理论。
② 参见本书附录部分《关于艺术起源的探讨》。

的美仅仅归结于某种生物学的完善。这种生物学的标准的武断性和下述事实也不相符，即除了流行的观点以外，人体美的标准并不总是符合于自然天性的，而且和健康以及身体适度的原理也不是总相适应的。在几乎所有的民族当中，我们都可以看到为了整容的目的而产生的身体变形。在古代墨西哥，小孩的脑壳是变形了的，即把前额弄平，这在某些前哥伦布人的雕刻中可以看到，中国妇女的人为的"裹脚"也是为了美，正如黑人妇女的嘴唇要扩展到盘子那样大一样。欧洲妇女直到最近还为了同样的目的而用特制的工具（紧身胸衣）改变她们的躯体。

然而，人体美的问题将使我们越出本章的范围，因为要讨论人体美，就不得不讨论表现问题，不得不考察在心理经验方面对于人体的审美评价，因为人体的外观，特别是人的面部外观，正是心理经验的表现。

我们考察了各种类型的对于现实事物的审美观照。我们明确了对于外观的直接审美评价不是一个统一的概念，同一事物的外观可以成为从完全不同的角度进行审美评价的目标。正由于此，不仅评价的标准，而且还有它的对象都是可以改变的，只有这种评价还一直涉及这同一感性事物这一点除外。

客观判断是美学中直接评价的最高阶段。至此我们已经掌握了世界的整个外部的美，即这样一个世界的美，其中每一个片断都是一个东西或另一个东西，但在这一世界中没有任何片断意味着什么、表现着什么或代表着什么。

第二编

关于再现现实的艺术

第七章　艺术中的两种现实

1. 再现的概念

在本书的开始我们区分了这样两种情形，即一种是审美评价的对象同时也是审美经验的对象，并在审美经验的基础上作出这种评价；另一种情形则是审美评价的对象不是审美经验的对象，或者至少不是审美经验的首要对象。在阅读密茨凯维支的《克里米亚十四行诗》的时候，占据我们的意识的是克里米亚的景色、诗人的思想和感情，而不是我们所看到的一行行的字母单字。但是，我们对于作为一组组单词的十四行诗也赋予一种审美价值。于是，在这种情形下，这种审美价值便是因为这一对象代表着某种另外的现实、一种在所看到的这一对象中出现的现实而赋予它的。

分析这种审美经验是相当复杂的。我们必须至少抽取出两个同时性的过程：对于对象的知觉和语义判断，也就是"我读"和"我理解"；我看一幅水彩画而且在想象为画家所捕捉到的现实。被表现的对象并不将被知觉的对象完全从我们的意识中赶出去，而是以某种方式同它结合成一种单一的感受。我们还可以将注意力从知觉对象转移到表现对象,反之亦然。我们可以把二者互作比较。正是这种两种现实的相互作用,使得我们在看某些人类产品的时候所产生的审美经验具有一个特点。对于这些作品,我们说它们"再现现实"。在美学所研究的对象当中,它们占据着首要的地位。现实在艺术中的再现,不仅仅取决于在观赏者的头脑里另一事物的概念和所再现的事物相符合。手帕上的一个花结并不再现一个事实,但能使我们记起一个事实。只有当我们在看到一个特定作品时的思考是由这一作品的组织以这种或那种方式来决定的时候,我们才谈到再现现实。涉及被再现的现实的思考内容是由再现出来的事物加于观者或听者的,而与他是否了解或记得被再现的对象无关。对于所有能够正确地对这一类作品进行语义判断的人来说,这种内容是客观地确定了的。正是因为这些思考不是偶然的,我们才能够赋予判断对象一种审美价值,而这种审美价值是要求某种客观性的。

毫无疑问,每一个《克里米亚十四行诗》的读者,由于他自己的想象和过去经验的积累不同,可以从中看到不同的画面,然而,不同读者的这些个别画面又是同诗的内容相一致的,在他们之中又有着某种共同的东西。正是由于这一点,才使得这些十四行诗对于所有懂波兰语并受过适当教育的读者具有一种价值。

再现现实的作品对于观者或听者的思考的决定作用,可以以一种双重的方式产生,这取决于我们所看到的是

"形象"还是"描写"。① 所谓"描写",是指一切文学创作,所以,我是在更为广泛的意义上使用这个词的,而一般文学理论则把描写同叙述对立起来。

2. 形象

如果被再现的对象的确定,是靠了客观关系的相似性的话,那么再现出来的对象就是一种形象。然而,与此相关联,这里的相似性仅仅是外观的相似(在音乐形象中则是声音的相似),而不是其他方面的相似。一幅波涛汹涌的海浪的图画可以挂在房子里而不必担心会把房子淹没,正如一个诗人所描写的里图亚尼森林可以进入一个画家的画面,而不必考虑是否再现了森林的整个面积。一座大理石雕像只是一块某种形体的石头,而决非一个有血有肉的创造物,如同它所代表的那个人那样。

如果我们说舍尔蒙斯基②高度地再现了雪中的鹧鸪或者四匹奔马,这是因为我们在看过这幅画的时候所感受到的感性印象的总体,和我们在看真实的鹧鸪和真实的奔马时所感到的印象混合是相似的。

然而,以这种方式或那种方式判断的外观上的相似,还不是再现关系(亦即形象和所想象的对象的关系)存在

---

① 参见本书作者《符号概念的分析》一文,见作者《作品选集》,1987年华沙版。

② 约则夫·舍尔蒙斯基(Józef chelmoński, 1849—1914),现实主义时期的波兰画家;擅长风景画和风俗画。

的充分条件。所以如此，不仅是因为相似关系是对称的，而再现关系则是不对称的，即一幅肖像可以再现一个人，而一个人却不能再现一幅肖像。外观相似的事物之间的非对称关系就是抄本同原版的关系，然而抄本的概念是同形象的概念不一致的，而图画再现的概念也是同模仿的概念不一致的。按照一个模型制造出来的一把椅子不是这个模型的形象，一只圆珠笔或一只自来水笔，尽管同它的模型完全相似，但是却不是形象；一幅肖像的复制品并不是再现这幅肖像，而是所画的这个人，尽管这正是抄本同原版之间的最大程度的相似。

再现关系并不是由形象的客观面貌和再现对象所决定的，尽管它们可以作为这种关系出现的必要条件。这是由于形象是一个代表性的对象，并完成着某种语义学的功能。① 我们知道，任何语义情态都依赖于观者的立场，对象只有对那些能够恰当地判断它的人才起语义学的功能。这样，我们在把再现的概念同形象的概念相比较的时候，就必须注意观者的判断。当然，创作者本人首先就是这样一位观者。如果一个人对对象采取语义学的立场，那么对象就是一个形象；而观者脑子里所转移到的另一对象则是由外观的相似性决定的。

我们对于形象所取的语义学态度同对于言语符号的语义学立场是不同的。在对于一幅图画的消极的观照过程中，图画和它所再现的对象在我们的意识中不是区别得很清楚

---

① 参见第一章开头部分。

的。这里所发生的情形,很像众所周知的那种做梦一样的"万事杂陈";在看一幅肖像的时候,我们的意识中不是产生两种清晰的印象———一种是帆布上色彩斑块的知觉印象,一种是所描绘的那个人的第二性的印象;而毋宁是只有肖像的印象,而同时又是所画的那个人的印象。尽管维度不同,或者说所画的人是立体形式,而肖像只是一个平面,但这并不能成为障碍。在一幅很小的肖像画中,我们"看见"一个正常人的脸,而且是在同样的位置上。在一张明信片上我们"看见"一望无际的山脉。我在构成图画的这些色彩和形体中看到所有这一切,但是我把这些色彩和形体看成是图画所再现的对象的特征。当我从一幅小画像上试图从中看到缩小了尺寸的正常人的肖像的时候,同试图将它们看作小人国的自然大小的人时,情形是不相同的。(形体和色彩没有发生变化,但是所再现的事物同真实事实的关系,例如同我们的身体的关系,却发生了变化。)

列奥波尔德·布劳斯泰因(被纳粹所暗杀)在他的《想象的再现》一书中,对图画中所再现的对象的局限进有了有趣的和细致的评论。[①] 照这位作者看来,图画中所再现的事物,对于观赏者来说是"类似空间"的事物,它们好像是存在于一个空间当中,但那是属于它们自己的空间,而同环绕观者的空间是没有任何空间关系的。我认为这种看法是准确的。正是由于这一特殊空间,尽管是建立在另外的维度上的,我才能够在一张很小的明信片上看到

---

① 《想象的再现》,耳弗夫1930年版,第16—22页。

一望无际的山脉。更正确的说法应当是，在明信片上我们"看见"的不是山脉，而是某种清晰的、特殊的空间的出现，只有这时和在这一空间中我们才看见了这些山脉。通过这种方式，一幅图画——不仅是一个画家的两度空间的画——才在我们的空间中形成了一个某种类型的小孔。所以，由于一幅图画所表现的空间总是以做梦一样的混乱形象的形式将自己同图画所占据的空间缠绕在一起，内省就不总是能够对这样一个问题提供一个清楚的回答：我们所看到的再现对象是在图画所在的地方呢，还是在一个特殊的空间，这一空间在图画所在的地方向我们打开。

3. 艺术中的形象

在说明再现关系的特点的时候，我讨论了外观的相似性，但是我决没有把"外观"的概念限制在视觉特征的混合物上；在这种再现关系中，问题是所感知的外观的相似性，而不问在获得这些外观时是什么感官介入。然而，我们所最为经常地面对的还是视觉形象。不管怎样，正是艺术才成为提出形象化地再现现实这一问题的领域。绘画，雕刻，戏剧——这些就是形象的功能具有本质意义的领域。这些就是"bildende künste"（"造型艺术"）。

在艺术中，形象和它所再现的对象之间的外观相似性可以有各种客观的相似性作为它的基础。在绘画中，外观的相似性是由于在图画因素的安排中和转移到所再现的现实表面的因素的某种类型的相似而取得的，通常还由于色彩关系的相似，或者至少是两个系统的因素的光线关系。此外，由于图画的个别成分的色彩同再现对象的与之相应的成分的相似，图画的外观也可以和它所再现的对象更加接近。转移到一个表面并不一定要有透视感。根据作品的风格，一幅画的许多成分——它们是从属于再现对象的成分的——可以在极其广阔的范围内变化。在这方面，我们可以区别一下袖珍画家的技巧和"总体印象"的技巧；在前者，几乎每一个可以辨识的成分都是和所再现的对象的特定成分相适应的，反之亦然，而在后者，这些组织的主要成分也要互相适应它们构成可辨细部的大体的复合，而这些细部就不再具有相似性了。我们可以在各种时常是相反类型的绘画中看到这样一种总体印象的技巧，例如，一方面是速写的技巧（图画由很少的部分构成，它们都从属于再现对象的最重要的成分），另一方面则是点彩法（图画由许多可以识别的成分构成，但单抽出来则和再现对象毫无相似之处）。

对于外观相似性的主观印象和二者之间客观上相似的程度并不是一致的。一个简练的速写，有时可以比一幅彩色照片引起更加强烈的相似感。一个画家，甚至一个自然主义者，只要能使总的印象是"真的"，也会毫不犹豫地使用"假的"色彩，甚至在相邻的色彩斑块中间引入"假的"关系。我们不久将在关于现实主义的问题中有机会更加充分地讨论所有这一切。

在雕刻中，我们不仅可以熟视一个侧面，而且可以熟视所有侧面，我们可以从空间的各个角度来比较作品和它所再现的对象。许多外观上的一致是形象的三度形式和再现对象的客观相似的结果，这些形式是既可以被视觉印象、也可以被触觉印象来感知的。如果我们看到的是彩色雕刻的话，那么色彩又成了一种额外的相似因素了。

相似性的更高一级的形式，即不仅仅是外观和立体形式的相似，我们可以在哑剧、特别是在戏剧中发现。戏剧艺术和哑剧中的再现问题是复杂的，因为在这里是人构成了再现的因素。这里的形象是通过言语符号的方式（戏剧中富于音调的言辞，哑剧中的动作）而形成一个整体的。这并不涉及作为各种文化水平上的再现艺术的舞蹈——从原始民族到现代芭蕾——如果对于真实事件的艺术模仿不使用具有概念内容的象征的话。

4. 音乐中的形象

除了视觉印象领域以外，我们还可以在音乐领域遇到形象——在这种情况下则是听觉形象。

音乐作品的娱乐功能问题，或者音乐的文学内容问题，是一个比音乐中的形象问题——在我们所已规定的"形象"一词的意义上——广泛得多的问题。关于这一点，同"标题音乐"这一用语相联系，有着非常浩瀚的论著；但是在我看来，不带任何一种预先假设、而在对具体经验材料的全面分析的基础上所进行的研究，似乎还是不够的。

在这里我们将局限于进行某些一般性的考察。

全部欧洲音乐是由有标题的作品组成的,其标题具有两重性质。某些标题只表明作品的结构和乐器,例如:B小调钢琴协奏曲,G大调交响乐,大提琴三重奏,小提琴奏鸣曲,D小调赋格曲,G弦乐咏叹调。另外一些标题则引入一种超音乐现实的关系,就像绘画和雕刻的名称那样:《一个农牧之神的下午》《该死的鞋匠》《卷发的姑娘》《蓝色的城堡》《牛棚里的公牛》《图欧耐拉的天鹅》或者《海洋上的小船》。在古代音乐中,文学主题通常和歌唱或文学歌词结合起来,巴赫的《圣·马修的狂想曲》或海顿的《四季》就是这种情形。纯粹器乐作品的文学标题在后期浪漫派和现代音乐中是相当典型的,尽管正是从十九世纪中叶开始,人们对标题音乐进行了许多不满意的批评。

如果我们今天要在大量的带有文学标题的作品基础上来评判音乐的话,我们就不会把它看成是一种同绘画和雕刻相对立的抽象艺术,像艺术理论领域中许多研究著作所作的那样,它们极为经常地把音乐同建筑相并列。然而,如果我们将一些从形式角度标明题目的音乐作品同一些标有文学题目的音乐作品相比较的话,那么这两种类型和绘画之分为客观的和抽象的,无疑地是不相一致的。文学标题或评注可以在听某个作品时具有重要影响,因为它提出了一个理解的范围并且提供了某些关于作者的传记性说明。不论怎样,可以向每一个音乐作品提出文学的判断。直到现在我们还可以看到解释贝多芬的第三、第四和第七交响乐的文学内容的评论,更不用说《田园交响乐》

和《第九交响乐》了。相反地，许多人听德彪西或拉维尔的作品而对它们的文学标题不感兴趣，或者听博里约茨的《狂想交响曲》而对这些年轻人的悲剧命运——但瑟和他的情人，加罗的远征和女巫的安息日——却一无所知。我们通常以同样的态度来听卓宾的练习曲和他的拟叙事曲，尽管练习曲不启示音乐世界以外的任何现实关系，而拟叙事曲却启示。

作为其再现功能在于同知觉表象相似的客观关系的作品的音乐形象是相当稀少的，即使是在所谓的标题音乐当中。好像音乐在这方面占有特别优越的地位，即当它需要再现一个真实的发声片断的时候，这个真实的发声片断和它的形象可以相距很远，因为没有必要逼真到这样的程度，就像在绘画中可以没有第三度空间那样。不管怎样，忠实地模仿自然的声音没有进入音乐领域，但整个说来，这并非是美学所研究的题目。在使我们感兴趣的意义上，只有当声音形态中的某个特别组织自己显现出来的时候，我们才把它看作音乐，这一点在本书第一部分已经谈到。这种组织是不同于自然的。自然只给艺术家提供范例，只给音乐家提供创造新的现实的刺激。

除去少数其音乐价值尚成问题的例外，在音乐形象中再现出来的声音过程都是一种相差很远的模仿。特别地忠实于音调片断的美妙的再现的作品，无论如何是非常少见的。这样一些好奇的作品包括十八世纪的再现动物叫声的少数器乐作品（例如法里纳的《斯特拉瓦冈特随想曲》），我们不仅可以从中听到夜莺、黄鹂和斑鸠鸟，公鸡的啼叫，母鸡的叫唤，甚至还可以听到狗吠。保尔·米埃斯在他的《关于音画》一文中收集了一些这一类的有趣例子。另一方面，自然声音的形象通常只是包含在大型作品中的少数片断中，《田园交响乐》中牧羊人的歌声，小溪的鸣溅，小鸟的啁啾以及雷的轰隆声；里姆斯基·高尔萨柯夫的《不朽的卡斯科奇》中一群蜜蜂的嗡嗡声；《女武神》或《玛吉巴》中一匹奔马的急驰声；《巴尔席法尔》或卓宾的《葬礼曲》中的钟声，等等。在音乐形象中，一种常见的基调是水的鸣咽声、飞溅声或怒吼声（德彪西的《大海》，杜加斯的《魔术师的徒弟》，斯季马诺夫斯基的《阿秋莎的泉水》，雷格的《海浪的游戏》，拉维尔的《水泉》，等等）。赫奈格则提供了对于火车的撞击声的音乐模仿（《太平洋》）。

音乐形象所支配的一系列手法不仅仅限于声音的相似性。在音调过程和另一种完全不同的过程——例如在空间的运动——之间，我们可以发现一种动力学上的相似性。速度，音调强度的变化，强度和速度的关系，休止，和缓的或迅速的过渡，成分的单调性或多样性，某几组成分的重复，外国基调的突然闯入等等——这些就是可以使一部音乐作品不仅成为音调过程的形象而且还是任何其他物理过程的形象的所有特征。例如，在莫尼乌奇科①的《纺纱工人》中旋转的轮子的音乐形象就是这样，这是一种并不复杂的形象，但在穆勒寒尔的钢琴演奏中却是非常著名的。舒曼把一个醉汉在酗酒之后回家路上的蹒跚不定，东摇西

---

① 斯坦尼斯拉夫·莫尼乌奇科（Stanislaw Moniuszko，1819—1872），波兰作曲家，教师。作品多为民族和民间题材。

歪和时行时止，都搬进了音乐。

音高的音列也可以提供某些和空间运动的相似性，而且实际上可以和有明确方向的运动相似。我们已经习惯于把向上的运动和一个向高音上升的旋律联想在一起，而把向低音的运动和在空间的下降联想在一起。就这种相似性的根源来说，当然它们毋宁是习演的结果，但是不管怎样，它们却可以用在音乐形象上并有或大或小的效果。例如，雅克博·汉德尔在十五世纪末，当他企图再现灵魂堕入地狱的深渊的形象时，就使用了一种两重轮唱，其中由八个声音通过小字组从高音到低音依次排列，背诵着这样的词句：Ceciderunt in profundum（堕入深渊）。[1] 在《女武神》中，热情的基调突然高出六个音出现，然后又慢慢地降到最低音，这一基调由不同的乐器在不同的高度上重复，其意图在于形成一种火焰扑向天空的形象。

在讨论形象的概念时，我们只是局限于所再现的对象是一个物质对象的情形当中。然而，在音乐中，我们有时会遇到以某种方式重现精神过程的尝试，这种方式在各方面都是同再现物理过程相似的。这便是通过某些相似性而实现的。当然我们不能说在音调过程的因素和精神过程的因素之间存在着相似性，但是我们却可以说在这两种因素的处理上有相似性。

如上所述，由于过程的动力学特征，我们可以在音乐中再现空间的无声的运动。正是这种动力学的相似性使我

---

[1] 此例取自保尔·米埃斯（Paul Mies）的文章，见《美学和一般艺术学杂志》，1912年。

们可以把音乐过程同思想过程相比较。情感过程特别适宜于这样一种动力学的再现。人们注意到这一点已经很久了。音乐的动力主义——无论是速度动力主义、强度动力主义还是质量动力主义（因素的质料变化的程度）——当然就形成了这些一般性的限制，而这些最富于变化的内容，无论是物理的还是精神的，就都可以安置在这里了。这样，听众就获得了判断的充分自由。然而，正是因为同一种音乐手段既可以用来再现物理过程，也可以用来再现精神过程，而这又都是通过同样的相似性，所以在讨论音乐形象的概念的时候，就不能不把它扩大到"精神过程的形象"上去。在听个别形象化的音乐作品的时候，情形就更是如此。我们很少能够确定我们所听到的是一种物理过程的形象呢，还是重现了发生在堂吉诃德或者可恶的猎人灵魂中的事情。① 我们将在讨论音乐的表现问题时再回到这些问题上来。

我们还会遇到这样的音乐作品，它们可以成为绘画、建筑或自然符号的"音乐解释"。穆索尔斯基写了著名的《展览会上的图画》，雷格以博克林的绘画为基础写了四首交响诗（《拉小提琴的隐士》《戏浪》《死者的小岛》《巴克莎那丽雅》）。德彪西则通过声音解释了月色下的美景（《月色》），美国作曲家克博兰德写了一首管弦乐《墨西哥沙笼》。这些音乐阐释当然不是我们通常意义上的"图画"。这里的阐释有赖于艺术家在绘画作品或自然符号的内容同

---

① 《堂吉诃德》——理查德·斯特劳斯的一首交响诗；《可恶的猎手》——凯撒·佛朗克（César Franck）的一首交响诗。

某些音乐基调之间的想象联想，或者是相信在由艺术作品或自然景色所激起的情绪和引起相应情绪的乐曲之间有着相似性。像雷格的交响诗这样的作品，从其题材来看，是包含着现实片断和形象的（隐士在拉小提琴，翻腾的海浪，巴尚特的声音）。但是这些片断不是事物的形象或视觉形象，它们也不是"可见内容转换为音乐"。

5. 音乐的图解作用

在谈到欧洲音乐中的形象的时候，我指的仅仅是这样一些作品，即我们赋予它们一种完全独立的再现功能。但是我们在伴有词语或动作的音乐中（歌曲、歌剧、哑剧，配有音乐的话剧），也会遇到上面刚刚讨论过的这种动力学的相似性。在这些情况下，音乐便常常失去其再现功能。如果我们不看它的直接审美价值的话，那么它就成了语言描写或视觉形象的辅助因素；其作用是使观者或听者易于理解词句或动作所表达的内容。在这种情况下，我们看到的不是音乐形象，而是音乐的图解。和美术图解不同，音乐图解的作用通常仅仅限于唤起适当的联想或者赋予已经唤起的形象以更大的生动性，其特定片断不会成为由它所联想到的过程的图式表现。例如在歌剧中，器乐的"形象性"可以影响幻想的生动性并使联想丰富，但是构成歌剧内容的事件的形象，大体说来，却只能是那些发生在舞台上的过程，而不是由乐队所产生的那些东西。

在某些情况下，图解性的音乐并非是在同它相联系的事件过程的听觉或动力学的相似性的基础上构成的；我们在这里听到的不是对戏剧事件的自然声音或动力学特点的模仿，而是对于声音的语调表情的模仿。这是某种和复述相近的东西，但是音调却是不熟悉的。

我们还可以在诗歌当中发现一种和音乐的图解相似的现象，当然这只是在很微小的程度上，我所指的就是拟声法。

埃德加·艾伦·坡的《钟》这首诗中的节奏模仿，恰好可以看作伴随着诗篇的声音的图解，但只有一点不同，即这里的声音既构成了诗篇，又是对诗篇的图解。

> And he dances, and he yells
> Keeping time, time, time,
> In a sort of Runic rhyme,
> To the paean of the bells,
> Of the bells:
>
>   Keeping time, time, time.
>   In a sort of Runic rhyme,
>   To the throbbing of the bells,
>   Of the bells, bells, bells.
>   To the Sobbing of the bells:
>   Keeping time, time, time,
>   As he knells, knells, knells,
>   In a happy Runic rhyme,
>   To the rolling of the bells,

> Of the bells, bells, bells,
>   To the tolling of the bells,
> Of the bells, bells, bells,
>   Bells, bells, bells—
> To the moaning And the groaning of the bells!

（1849）

6. "不为自己说话"的形象

并非所有的形象都能向我们启示一种语义学的声音，即把我们的思想以一种特别的方式传送到所想象的事物上去。对于其中的某些形象，我们必须从另外一种根源去发现它们所表达的某种东西，才能够取得语义学的立场。然而，在这里我们也不是总能找到所想象的事物。外观的相似有时会相差得如此遥远，以至于某个艺术作品，在一个人的心目中可以成为完全不同的事物的形象。在这些情况下，想象的联系不是没有歧义的。只有某些外加的解释（例如题目或者评论）才能确定它。因此，我们可以区别两种类型的形象，即那些"替自己说话"的形象和那些如果没有某些辅助符号同时出现就不能实现其功能的形象。这样一种区别当然是相对的。这不仅依赖于外观的相似性，而且还有赖于观者，有赖于他在这方面的敏锐程度和专门训练（"知觉能力"，对某些一般艺术传统的熟悉程度）。一个人可以看一幅画而对这幅画所再现的内容却一无所知；

而另一个人则可能立即就察觉出所表现的真正内容。有一个关于贝都因人的故事，人家让他看一幅自然主义的绘画，画的是一片沙漠，他在那里度过了一生。这位贝都因人围着油画转了一圈，最后还是问道：这画什么意思？对于这块帆布需要采取语义学立场的念头甚至根本就没有在他的脑子里出现。

在视觉艺术中，在许多世纪的欧洲传统的基础上，大体说来，绘画对于每一个只要一般地同油画或雕刻有点关系的人都是可以理解的。问题是在音乐形象中就不同了。由于音乐的模拟性，在听觉形象和它所再现的对象之间的相似性是相差很远的，而形象的动力学特点又不足以确定所再现的对象。强度和速度的同样变化可以表现一股洪流、一场风暴、一场逃跑、一场战斗、一场火灾，同时还可以成为某些情感过程的相当的内容。

在音乐形象中，不同的概念的相似性往往和这些动力学及声音的相似性混合在一起；它们通常只有对于作者才是可以理解的。这一切重叠交织成没有形象的象征主义，而象征主义又很难从形象因素中分离出来。施特劳斯是借助于突然的不和谐来"说明"堂吉诃德的错误的。印地的汶森特（Vincent D'Indy）表现伊斯他尔脱掉七个斗篷，是用了七次连续的越来越简单的变化，直至最后只剩下了"赤裸的"基调。让奇埃尔的协奏曲，在密茨凯维支的《庞达都兹》中的确使用了音乐形象和"不祥的突然停弦"的象征，然而他的音乐故事的过程之所以能够被理解，还是靠了引入听众所熟悉的歌曲。瓦格纳在他的《波罗尼亚》

中使用了同样的方法。我们宁肯将这样一些音乐基调——其文学意义已为听众所熟悉，并被用来作为一种理解手段——同描写的方法联系起来，尽管在这里理解的工具不是词句，正如使用象形文字的叙述也会出现的那种情形。

音乐形象几乎从来不以一种没有歧义的方式"替自己讲话"。当我们在剧院外面听瓦格纳的歌剧的管弦乐的时候，或者听李斯特（《玛色巴》）、凯撒·佛郎克（《该死的鞋匠》）、杜加斯（《魔术师的徒弟》）或者理查德·施特劳斯的交响诗的时候，这些作品作为音乐形象来解释就总是一种任意性的解释，如果我们不使用某种超音乐的说明的话。在这方面，甚至音乐中的"自然主义"形象，也和现代绘画和雕刻中的极端反自然主义的作品非常接近。这种形象，如果没有评注来指出往哪里或怎样去想象所再现出来的现实的话，则是不可理解的。

7. 通过描写再现

让我们看一幅再现里图亚尼森林内部地区的图画，例如哥洛特格①的《环行里图亚尼一周》的第一幅速写，接着让我们再读密茨凯维支的《庞达都兹》中的一段关于里图亚尼森林的描写。

在哥洛特格的图画中，我们会看到一行稠密的粗大而

---

① 阿尔图尔·哥洛特格（Artur Grottger，1837—1867），波兰雕刻艺术家和画家，作品多表达爱国主义主题。

又古老的树木，布满了苔藓，有一条小溪将它们隔开，晨曦从下面照射进来，而树梢却还隐没在黑暗中，在前景我们将看到一棵大树盘绕的根部，一半树冠在景外，一半和小溪对岸的另一棵树相挤压，我们还会看到一只山猫偷偷摸摸地跑到水边，同时用它那锐利的眼睛看着这树木丛林。

在读密茨凯维支的描写时，一系列关于里图亚尼森林的片断印象就出现了，或者是一些同树林有关的印象，只要我们读得不是太快，在个别的句子上停一下。这些印象的生动程度取决于读者个人的幻想，但无论如何，它们在这方面一般是不能同看一幅画时所得到的印象相比的。 ①

我们曾经说过，在观照形象时，想象对象和形象的一种特殊的熔合会在我们的意识中发生，我们的想象变得好像是知觉的补充和改造而被现实地接受了。不仅视觉形象是如此，听觉形象也是如此。在描写中，这样一些在知觉基础上的幻想是根本不会出现的；这是因为，在这种情况下，再现的主体和被再现的对象之间的关系不是建立在外观相似的基础上的。言语的字母或声音，总起来说，同被描写的现实对于我们是没有任何共同之处的。我们在描写的位置看不见被描写的对象，我们在《庞达都兹》的书页上看不见里图亚尼森林，如同我们在哥洛特格或里斯兹奇维兹的绘画中所看到的那样。

---

① 关于诗的描写和绘画形象之间的关系问题，可参看乌·达达尔凯维奇（W.Tatarkiewicz）的《形式的两种概念》，《哲学杂志》1949年。（以及他的《六个美学概念的历史：艺术，美，形式，创造，模仿，审美经验》，1975年华沙版；英文版即出）。

再现的内容的明确程度的不同，是和描写同形象之间的差别同等重要的。通过阅读所提供的形象再现，是不能够和由哥洛特格的绘画所给与观者的印象一样明确的。读者可以在想象再现的对象方面有较大的自由，因为诗人只把注意力放在所描写的景物的某些细节上，并不是把我们从绘画中所看到的都严格地标志出来，仅仅是把对象的特征用词语揭示出来，而词语又不是和个别特征相符合的，只是或多或少地相似于特征。① 在想象现实主义的绘画中所再现的现实事物的时候，观者只有在绘画所没有直接再现的那些特征方面具有自由，一般说来，即在非视觉特征方面，例如树木的芬芳，雪的冰凉和松脆，或者风的怒吼声，而这些则由观者补充到他看绘画时所得到的印象上去。

另一方面，绘画则可以在另一角度给观者更大的自由，这就是不限制我们的思考或者想象的联想。在这方面，观者几乎拥有和面对被再现的现实时同样大的思想自由。而在阅读一段描写时情况就不同了。诗人只从和所描写的现实相联系而浮现于脑子里的无限丰富多样的思想和表象当中挑出某一些来，然后把这些启示给读者，这样就显示出他心灵的过程。他使我们陷入关于里图亚尼森林被毁坏——这是由"商人"或管理人穆斯考维特的斧头造成

---

① R.茵伽尔登（R.Ingarden）在其《文学作品的认识》（1931年版）（1976年新版；参见1973年伊万斯顿英文版）一书中，根据几个具体例证，将表现对象的现实化和具体化过程看作是阅读过程的一个特征。他强调这些过程既依赖于读者的类型，也依赖于描写本身的类型。

的——的苦恼的思考，或者迫使我们去看在那白桦和修长的枥树当中的十对新婚夫妇，他们被参加婚礼的人们包围着，而在池塘那边的矮小树丛中，一群女巫"在靠着一口大锅取暖，她们在锅里煮着一具死尸"。

此外，由描写所唤起的再现从一开始就是在概念的精心制作中出现的；事物都是被取了名字的，它们的特征都是用词语表明的，因而是被分了等级的。诗人在他的作品中通常是力图限制这种理智的作用的。他力求不直接说出他作品中的最重要的东西，"不按照它的名字叫每一样东西"，而是借助于熟练地挑选联想来向读者启发形象和情绪，正像作曲家在一首音调的诗歌当中所做的那样。不过，即使这样，诗人也不可能取消概念，因为概念是读者和描写对象之间的必不可少的中介。

实际上，当我们直接面对现实事物的时候，我们对于它的态度也不可能摆脱概念的重负；事物的名称及其特征的浮现在我们的知觉中起着某种作用。可以这样认为，在这方面描写只不过是取代了描写对象的存在。但是，在同现实事物接触时所产生的概念是不易进入肤浅的内省的，只有更细致的分析才能够揭示它。只有当我们开始思考我们知觉中的客观事物，即当我们力求向我们自己描写所看到的现实事物的时候，它才呈现出清晰的概念形式。而在读一段描写的时候，概念的形成则是初步心理活动的产物，只有通过它的中介读者才能接近现实事物。同时，不是读者自己将概念加于现实事物，而是由描写作者加于它的。作家只有通过他的概念的中介才能让我们同现实交流。他从描写对象的特征和关系的模糊联系中只挑出一小部分，从而把读者的注意力引向它们，并且是按照他所确定的次序。他从事实的无限多样的可能形式中只选出每一事实的某些形式。他以他自己的理智制作而把现实呈现在我们面前。

既然描写并不受描写对象的相似关系的限制，所以在内容方面它就不受任何局限。既可以描写事物，也可以描写事件，既可以描写外部事物，也可以描写心理经验和气质性情。可以以这种或那种方式把不同种类的现象糅和在同一个描写当中。可以通过描写对现实事物的感受来再现外在事物。这便是所谓"描写的抒情诗"的领域。我们也可以在小说和史诗当中发现这些类型的描写。自然界常常通过这种非直接的方式被描写出来，即通过某个人的感受或者甚至通过"非人格"的感受被描写出来。

8. 描写的形象性和非想象的思维

由描写所唤起的表象不一定是形象的表象。如果形象的再现功能只是在唤起对于再现对象的想象的话，那么唤起对于所描写的现实的想象就决不是描写的再现功能的必要条件。

在阅读的时候，我们通常会有大量的想象活动，但是它们的主体，它们的清晰程度以及它们的数量不仅仅决定于描写的内容，而且还决定于读者的幻想以及阅读的方法，其中阅读的速度起着非常重要的作用。另外，这些幻想也不一定是对于所谈到的事物的想象。它们和描写内容的联系可以有较远的距离。例如，在理解一段词句的时候，我们所产生的想象同整个表达内容并没有联系，而只是同个别词语有联系。我懂得"白马"这句话的意思，但是在读到这些词的时候，我可能首先想到的是白雪，而后才想象到一匹栗色的马。最后，还可能在阅读时根本没有经验任何想象而已经理解了描写，甚至把注意力都集中到描写本身上了。

我们将不是一般地讨论对于非想象的思维的心理分析。指出下面一点就够了，即不经验对于对象的任何知觉或者想象，就能够了解它，能够明白它同其他事物的关系，以及它的符号所唤起的印象和情绪。我们正是以这种方式来同所读到的事物进行交流的。不是通过对事物的想象，而是通过把握它的特性。可能会有这样的情形，在这一时刻唯一的想象表象就是事物的名称；但是我们并没有想到这个名称，而是想到它所涉及的东西。杰库博·席加尔（Jakuwb Segal）几年前在波兰同这种观点——即阅读诗歌作品时的审美愉快的必要条件在于"排除再现和创造想象中的感性成分（诗句的节奏和韵律）"——进行争论的时候，曾经写到这一点。在分析他在阅读密茨凯维支的诗歌《我纯洁的眼泪在大量流淌》时的经验时，作者发现在知觉中只有作品的这些词语的声音和运动的表象以及对于这些词语的理解，而没有想象的成分。①

这就真的够了吗？我们能够把描写的再现功能限制在唤起读者对描写对象的这种非想象的理智过程吗？那些其主要魅力似乎在于它们的生动如画的作品又是什么情形呢？就艺术描写来说，我们非常清楚这种描写的任务不仅在于使我们了解对象，而且首先在于"把它塑造出来"，亦即使读者可以生动地想象描写的对象及其环境。而且，大体说来，我们所以赋予艺术描写以价值不是因为它所包含的说明——因为一个艺术描写的对象经常是一个侧面——而正是为了对于读者想象力的唤醒价值。所以，如果画家维特凯维奇②写了一系列关于《庞达都兹》的色彩学的论文的话，这并不是因为密茨凯维支曾经对里图亚尼自然景物的色彩作过准确的说明。

这是一种奇怪的现象，即《庞达都兹》的读者可以充分评价其描写的生动形象性而实际上却没有体验到想象。这就意味着，不是这种描写实际上所唤起的那些幻想，而是这种描写所应该唤起的那些幻想，对于特定读者来说才决定着这种描写的价值。我们赋予《庞达都兹》异乎寻常的"造型"价值，不是因为我们在读这首诗的时候经验到的那种想象活动，而是因为当我们常想思考出诗人所写的内容时所可能经验的那些幻想。问题只是在于读者经验中

---

① J.席加尔（J.Segal）：《关于美学基本问题的心理特征》，《哲学杂志》1911年。

② 斯坦尼斯拉夫·维特凯维奇（Stanislaw Witkiewicz, 1851—1915），波兰文艺批评家、作家、出版家和画家。

的某种想象的潜在性。一个受过适当训练的读者可以在这种潜在性当中为自己开辟道路；他感到这种描写的唤醒价值，即使他丝毫没有借助过它们。他不仅感受到它们，而且它们还是他审美情感的源泉。甚至在极快的阅读当中，一个有训练的读者也会意识到他是否在每一时刻都能够生动地想象，而正是这一点构成了描写的内容。我们不应当为了评价那些描写对象的词句的价值而去体验想象，而应当明白想象活动在什么程度上是由这些词语——这些词语使我们更加靠近当对象在我们面前时我们所可能体验到的感受——唤起的，也就是说在什么程度上描写可以代替对于描写对象的观照。词句从与其相联系的联想取得价值；我们可以把这些想象活动看成过程中被遗忘了的联系，它的第一个因素是对词语的知觉，接着的因素是作为想象经验的结果的那些感受：明白了描写对象的特征以及它同其他事物的关系，还有所描写的环境气氛，总之，正像面对现实本身时所可能出现的那样一些情感活动。

描写的生动逼真，并不和认为由这种描写所唤起的显现可以不经过想象相抵触。艺术描写，正如一般的对具体事物或事件的描写一样，并不总是应当唤起对所再现的现实的想象活动，但是，在所描写的对象的非形象显现的同时，它却必须引起对于它们的想象可能性的感情。我们要求艺术描写应有更高的想象可能性；在这样的时刻，当读者希望想象描写的内容时，形象便毫不费力地、生动地和准确地自己显现出来。

如果我们说经验想象活动不是感受到描写的审美价值

的必要条件的话,这并不意味着想象活动在阅读时的审美经验中不起重要作用。阅读比仅仅真实地经验到形象能够提供更充分的审美满足。在读过或听过这些词句之后,试图想象和这些词句相联系的内容的倾向至少要出现,而且不清晰的幻想也通常会涌现,就好像是意识之门的一种伴随物。某个形象,冲破可以感知的语言符号所造成的锁链,不时地在前景出现了。我们不能同意克里斯蒂安森的主张,他说:"一部诗作很少同这样一些形象片断发生关系,例如,像听音乐作品时所呈现的幻觉形象"。[1]毫无疑问,每一个艺术描写的作者都力图在读他的作品时尽可能地实现这样一些倾向,而且是在最生动的形式中,诗人尽力将某些幻想加于读者,尽力以这样一种方式来构成他的内容,即让读者不仅感觉到它的想象潜能性,而且还要基本上感受到色彩鲜明的、清晰的形象,即使这并非出自读者的意愿。

正像我们已经说过的,这一点不仅仅决定于文体。快速阅读的习惯,以及随之而来的思维过程的自动化,特别是同读者的想象力的有限生动性相联系,这些都是可以将阅读最富于表现力的文体变成某种毫无形象的东西的因素。但是我们知道,某些表达形式适于唤起生动的想象,而另外一些形式则较差一些。例如,已经用滥了的陈腐的用语就很少具有什么唤醒价值。它们不能够吸引读者的注意力,而要明白它们的意义也不费什么困难;因此,在这些情况

---

[1] 克里斯蒂安森:《艺术哲学》,见前。

下，我们就习惯于跳过作为思维过程中的浮面联系的想象。相反，新鲜的用语，新颖的和出人意表的并列词以及新鲜的比喻，则能唤起描写的"表现力"，作为一种规律，含有许多比喻和隐喻的文体，总是被认为最富于形象的。独创性的比喻或隐喻，不仅能够更确切地描绘出所想象的对象的特点，而且一般说来，还可以刺激读者的想象，这种比喻因为对我们来说还没有可供理解的固定的意义，为了找到比喻中项，在许多情况下我们就必须想象被比的双方事物。当一个人第一次读到游泳的天鹅"像一个白色的问号"这样的诗句的时候，如果体会不到这种想象的恰切，那么他一定是有一个异乎寻常的抽象头脑。（波丽科夫斯卡：《魔术精华》）。[①] 当然，不只是词语的选择影响描写的生动性，而且内容的选择和安排，细节的某种连续，以及某些效果的集中都会影响描写的生动性。

9. 表象的连续

描写是一种单向性的组织；我们依照一定的顺序连续看到描写的各个部分。于是，描写在读者身上所唤起的感受也就有了某种确定的顺序。在形象当中，对于形象因素的知觉连续的问题也就取决于我们所面对的是事物过程的形象呢，还是事物状态的形象。绘画和雕刻构成静态形象

[①] 玛丽亚·加斯诺尔婕夫斯卡－波丽科夫斯卡（Maria Jasnorzewska-Pawlikowska，1893—1945），波兰诗人和戏剧家。

的领域，表象的连续性在这里没有新的意义。当然，在看一幅图画的时候，表象也需要排成某些系列，特别是当看一幅大型油画的时候，而雕塑就更是如此，我们根本不可能一览无余；但是，这些表象的顺序并不是艺术家安排的，而且也不决定对于图画的理解和评价。我们评价它时就好像我们已经把它一览无余了。另一方面，动态的形象，即过程的形象——戏剧、哑剧、电影、音乐中的形象——是在时间中展开的，而且其中的形象因素向观者或听者显现的连续性，是将形象因素服从于再现的过程因素的结果。

所以，在图画中成分的连续性只是形象的内容的结果，也就是说只有当再现对象是在时间中发展的某种事物的时候。另一方面，描写则总是因素的一个系列，而同描写的内容无关，表象总是按照作者所安排的顺序向我们显现，而不管我们所看到的是"动态"的还是"静态"的描写。在"动态的"形象中，形象因素的连续性是由所再现的事件的进程确定的。而在描写中，则是由关于所再现的事物或事件的思想进程来确定的。在时间中展开的思想是无视它们的对象究竟是事情的过程呢，还是事情的状态的。

表象的连续可以产生审美评价的特殊因素。令人愉快的表象系列不一定是一些令人愉快的表象。一部精心结构的小说的组织可以提供审美满足，而不管个别表象是否令人愉快。作者可以通过给与读者一种适宜的情感连续而取得特殊的效果。这可以是一些非常微妙的效果；也可以是由"惊心动魄的故事"所引起的兴趣，例如当读者在焦急不安地期待着达达尼昂的未来命运的时候。据说雪海尔扎德则是靠了她在一千零一夜当中的故事的这种效果才挽救了她的生命。

在谈到作为静态形象的一个领域的绘画的时候，我们当然没有考虑到中国的传统，在那里图画和描写之间的距离要比在欧洲文化中小得多。中国人可能不会同意说绘画属于静态艺术，它们"不在时间中展开"。因为他们很清楚，著名的绘画应该到卷轴中去发现，观看它们应当用和读诗同样的方式；它们应当这样逐渐地展开，以便使图画在我们的眼前连续地移动，而在每一时刻我们则只能看到它的某个片断；而这种"图画在时间中的展开"便产生了特殊的构成问题。①

10. 用图画叙述

在视觉形象中，结构是建立在将形象的个别因素从属于再现对象的个别因素基础上的，以便在这两种形态之间出现某种外观上的相似性，形象因素的这样一种从属性不会在描写中出现；尽管描写中的某些因素，例如名称，在被再现的现实事物中有它们所指示的东西，但是，在名称形态和它们的指示物之间并没有一致的地方。我们知道，再创造出来的现实的某些形式可以看作描写和形象之间的某种中介物。我们可以把它叫作"图画的叙述"。我指的是

---

① 参见本书作者《美学和艺术社会学》一文，见本书的波兰文版，1966年华沙版，第315页。

包含着某个故事的一组图画,例如,哥洛特格的某个组画。这种再现事件的方式是中世纪艺术的一大特点。几乎每一座古老的法国教堂都拥有这样的组画,或者是在染色玻璃窗上,或者是在它们正面的浅浮雕上。那些时代的教堂,同时也就是一本书,那些不识字的普通群众可以从中看到圣经故事;它不愧被称为"穷人的圣经"。我们在中世纪的意大利壁画中,或者在装饰圣坛的浅浮雕的构图中,我们都可以发现同样的组画。例如,以《三个殉道者》著称的比萨的冈波·桑多的伟大的十四世纪壁画,就是一首包含道德意义的完整的诗。格尼菲奴教堂的著名的大门,或者表现圣·斯坦尼斯拉夫的故事以及他同国王的冲突的普劳诺的三联画,也代表着这一类的叙述。

有时候,叙述的个别场景结合在一起而成为一种造型构图;这样,我们就好像只有一幅图画,但是它的片断再现的却是既清晰而又不是同时的场景。这样,在同一幅图画上的同一个人物,不论这是亚当、缪斯还是基督,就可以出现好多次。佛罗伦萨洗礼堂(西面)声名赫赫的吉伯尔蒂大门,或者西斯廷教堂的十五世纪大师们,树立了造型叙述的典范,在那里造型作品可以同文学作品相抗衡。在现代艺术中,我们在超现实主义者的作品中看到一种新型的图画叙述。不过,在这些作品中,作者不讲外部现实,而只讲他对于这些现实的感受,于是就在帆布上或者纸上抛出全部属于他个人的又是最奇幻的联想。在这些情况下,将这些联想综合进一幅构图当中是为心理学所认可的,这很像梦境中同时产生的形象。毕加索关于西班牙内战的著名壁画《革尼卡》就是这种主观的叙述。

电影提供了丰富的用画面叙述的范例。在这里，单个的场景也仅仅是故事的一些场面。观众自己必须创造出它们之间的连续性，填补缺口，才能得到再现的整个过程的表象。作者应当选取这样一些画面，它们可以指引观众的想象。那种只有画面作为结构材料的电影——即没有文字说明的影片，至少是这种情况。

用画面来叙述，在某些方面接近于描写的再现，而在其他方面，则接近于图画的再现。它的内容的揭示，如同在描写中一样，是通过一系列清晰的语义学的因素，而观者则必须将它们结合成一个整体。当然，这些因素不是语言表达，而是画面。同描写所给予我们的东西相比，我们可以在观察中直接得到我们的表象材料，但和图画相比，我们则不能在观察中得到被再现的现实事物的一整列表象材料。用画面叙述所再现的主题并不是组画中的图画所描绘的场景，而是整个过程，只有它的个别时刻才在这些画面中重现。这些时刻有时甚至是以这种方式被再现出来的，即这时画面的作用也成了第二性的了。例如，电影戏剧中的某些片断让某一列画面起着描写的作用，尽管它们是某些事件的图画。当一个人物的关于他自己的梦境在银幕上显示给我们的时候，那么我们宁肯把这看成是对于这些梦境的描写，而不是看成关于它们的图画。不管怎样，在想象一个有我们自己参加的情景的时候，我们一般是看不到我们自己的，或者至少是看不到自己的面孔，因为事实上我们也是看不到的，除非是在镜子里；而在银幕上我们却可以在人物的梦境中看到他，正像人们从外面看到他一样。① 这同一种方法有时也用在舞台上。

我们当然可以把构成这样一种叙述的组画分成单个的画面，同时又不把我们自己牵涉进它们的联系中去。在这种情况下，那些使得我们的叙述相似于描写的特征就消失了；于是我们看到的就只是现实通过画面的一种普通的再现。而这时再现的主题也就不是作者所力求告诉我们的事件的过程了，而是每个画面都有了它自己的主题。我们所关心的故事这时也就不复存在了。相反的情形也可以发生；如果单个画面的再现功能都完全从属于描写的目的，这些画面都只是某种图解的符号，只有象征思想过程的任务，而画面同再现对象的相似性只是达到这一目的手段，那么画面的叙述也就成了一种象形文字作品的形式了。

正像描写中的情形一样，画面的叙述也是一种形态，其成分是在某种确定的顺序中被知觉的。因此我们不把卡纳罗托的绘画一类的作品纳入"图画叙述"的范畴，尽管艺术家从中"告诉"了我们那么多关于他那一时期华沙的生活。叙述的顺序可以由再现的事件的过程描画出来，如同在动态的图画中那样；也可以由关于这些事件的思想过程来决定，如同在描写中那样。在这方面画面叙述一般更接近于描写；它的个别画面可以看作叙述事件的某个过程的舞台，而不是事件本身发生的舞台。过程中这些时刻的选择本身在很大程度上是决定于作者的思想，而不是决定

---

① 这在二十年代的电影当中经常出现。

于事件的过程。这些时刻的连续性一般是和事件的连续性相一致的，但是这种一致性并不总是存在的。在电影中，画面的连续性就常常同事件的进程不相符合，为了解释某些事件，我们有时会看到闪回；同时发生的两个过程，而在银幕上就成了一先一后，等等。电影中画面的连续性毕竟不是按照年表排列的，而是根据电影脚本确定的。

11. 对再现作品的审美态度

我们考察了最重要的再现现实的类型。我们到处都可以遇到它们。所有绘画和雕刻的画廊，所有图书馆，所有剧院、庙宇、电影院，有时还有某些音乐厅，形成了一个再现对象的领域，同时也是大量的审美考察材料的来源。追求再现是艺术创造史上最原始的倾向之一。我们可以在所有国家，透过许多世纪发现它的踪迹，从原始社会的年代开始，穴居人已经在刻画动物骨架的轮廓，或者用彩色黏土把它们画在洞穴的墙壁上。

再现现实在艺术中占着这样一种统治地位，以至于艺术理论家常常把一切形式的艺术创造都归入"再现创造"。因此，再现的概念就成了一个基本的概念，为了分析审美评价的因素，就必须从所有方面对它加以考察。

再现现实给美学带来了一些专门的问题，而且还使有关审美评价对象的其他功能的问题更为复杂。再现现实的对象同时成了一种新的特殊的现实，从美学角度看，有着被再现的现实所没有的某些重要特点。尽管柏拉图认为，艺术家在他的作品中不能提供一种代用品，象农夫用硝石代替粪肥那样；诗人还是不会宣称他讲的是遥远国度的事情，以便让读者省下一张火车票的花费。但费希纳似乎愿意相信这一点。[①] 从美学的观点来看，再现出来的对象是服务于和被再现的事物不同的另外一些目的的。这就是唤起被再现的事物所不能唤起的某些感受。在这些感受中，涉及另一对象的特别条件出现了。在再现出来的对象中，被再现的现实同这一艺术作品所形成的新的现实混合在一起。而当我们的注意力单独地指向被再现的客观事物时，那么，客观事物的表象则不是直接被唤起的，不是以某种其他方式，而只是在同再现出来的对象的对比中被唤起的，这一点对于审美经验来说不是一个没有兴趣的问题。

正如我们已经谈到过的，观者或者听者对于具有再现功能的作品可以从一种立场转移到另一种立场；在一个时候，是再现出来的对象吸引着注意力，而在另一个时候，注意力则专注在被再现的事物身上，而再现出来的对象则只起一块窗格玻璃的作用，透过它我们窥见一片遥远的风景而无视这块玻璃本身。因此，审美经验可以有不同的源泉，甚至于对于同一部艺术作品；而且表面上是关于同一部艺术作品的不同的审美判断，实际上也可能是关于不同对象的判断。

从审美的角度，我们可以在再现作品中评价：

---

① 参见费希纳：《美学发蒙》，第150页。

（1）作品本身，亦即再创造出来的事物，无视它的再现功能而只考虑它的外部特征；

（2）被再现的对象，我们把再现出来的事物只看作另一个现实事物的代表；

（3）最后，评价可以涉及被再现的对象和再现出来的事物之间的关系。

换句话说，对于再现作品的评价，或者是对于再现关系的第一部分的评价，或者是对第二部分的评价，或者是对联结二者的关系的评价。在评价再现出来的事物（即第一部分）的直接审美价值的时候，我们可以完全无视它的再现功能，因为它是脱离这种功能而直接呈现于我们的感觉的。另一方面，对于被再现的对象的评价（对于第二部分的评价）却受到再现出来的事物的再现功能的限制，这就是说只有当我们明白作品的再现功能的时候，这样一种评价才是可能的；然而，在评价的时候，在这种情况下，我们还不去考虑联系这两部分的关系。

由于在不同的时刻，三种观点中只有一种观点占主导地位，对于艺术作品就提出这一类或另一类的要求。艺术理论家在论争中的许多误解，以及各种艺术倾向的代表人物之间的论战中的误解，都是由于对这些对待作品的不同态度的区别不够而引起的。我们将依次考察，在具体情况下，这些态度中的哪些因素可以构成对再现作品的审美评价。

第八章　现实主义问题

1. "描述对象"与作品的"指示物"

我们将从考察这样一些价值来开始我们的分析，这些价值的根源在于再现出来的事物同被再现的对象之间的关系。"再现美学"的特殊问题就集中在这里。我们将拿出最多的时间来探讨艺术作品中的现实主义这一名称所包含的价值。这些价值成为许多世纪以来专家以及外行当中热烈讨论的题目。

现实主义被认为是形象的外貌或描写的意义同它们所再现的事物之间的某种一致。然而，问题决非如此简单。首先，这种"一致"在图画中就和在描写中完全不同。其次，这里也最为复杂，"被再现的事物"这一用语实际上是一个包含许多歧义的用语，我们可以用这样一些说法来替换它，例如"再现对象"，"描述对象"，"形象或描写的题材"等等，它们也都是包含有这种歧义的。当谈到"被再现的东西"的时候，我们想到的或者是形象所引起的观念内容，或者是描写，或者是表象所涉及的一个真实的或者甚至是虚构的现实片断。

例如，当我们问"马特义科的《雷依坦》这幅画，描绘的是什么"的时候，我们的问题既可以指我们从这幅画上所看到的场景，而无视任何历史的解释；也可以指1772年发生在格罗德诺的那个场景，它同马特义科的图画所启示的无疑是有相当地不同的。① 在斯特利金斯卡②的波兰国王的肖像画中，这些人物是马特义科所早已画过的同样一些人物，但是她所画的这些人物却和马特义科画的完全不同。关于杰罗姆斯基③的剧本《苏尔科夫斯基》中的主人公的形象同苏尔科夫斯基的历史面目符合到什么程度的讨论，也是一种关于"被描述的对象"是一种意义、而"描述对象"是另一种意义的关系的讨论。

为了避免误解，让我们确立下述术语概念，当我们语义学地判断再现出来的事物而成为我们的表象对象的东西，将被叫作"描述对象"，并且只能如此；另一方面，描述对象成为其代表的另一事物则被叫作图画或描写的"指示物"。

这样，再现关系就可以转变为三个组成部分之间的关系了，第一个组成部分是图画或者描写，第二个组成部分

---

① 让·马特义科（Jan Matejko，1838—1898），著名波兰画家，擅长历史题材。他的《雷依坦》一画表现的是在格罗德诺举行的塞义姆会议期间的一个场面：为了抗议波兰第一次被分割，雷依坦会议代表之一——扑倒在地，裸衣痛哭。

② 左菲亚·斯特利金斯卡（Zofia Stryjeńska，1894—1976），波兰画家和雕刻艺术家。

③ 斯蒂芬·杰罗姆斯基（Stefan Zeromski，1864—1925），小说家、剧作家和散文诗作家。最著名的波兰作家之一。

是描述对象，第三个组成部分是指示物。例如，在上面提到的马特义科的图画中，作为帆布上色彩斑块总体的油画就是第一个组成部分，而当我们将这幅油画判断为一幅图画的时候，我们从这块帆布上所看到的场景就是第二个组成部分，最后，二百多年前发生在格罗德诺的塞义姆会议则是第三个组成部分。当法国人将马特义科油画中的雷依坦判断为被勇敢的波兰人赶跑的土耳其大使的时候，那就是描述对象没变（"他们看到的和我们看到的大致相同"），而指示物却完全改变了。

这三个组成部分在图画中和在描写中是不同的。当我们观看图画的时候，如前所述，我们就把描述对象直接安置在图画上，或者安置在图画的边框可以使我们达到的某个具体空间，这和指示物是相当不同的一个电点，我们通常是靠关于这画的外部说明（标题，评注，以及关于指示物的预先知识）才发现指示物的。另一方面，在描写中，描述对象则没有固定的明确的限定地点，而指示物则通常是由描写文句本身直接指明的。因此，描述对象和指示物的并列关系在描写中是不如在图画中清楚的。

记住关于再现关系的这样三个组成部分的解释，要在图像中一眼就区分开再现出来的事物和描述对象便会遇到某些困难。这与绘画无关，因为在这里我们面对的是一个视觉幻象（一个二度平面上的三度空间），而这一点本身就使再现出来的事物不可能同描绘对象混淆。在绘画中，所有这三个组成部分都是表现得最清楚的。另一方面，在三度空间的图像中，特别是在有活人作为再现材料的地方，要区分再现出来的事物和描述对象就需要某些思考；提香油画上的一个美丽的妇女实际上只是涂在帆布上的一薄层油画颜料，而我们在舞台上所看到的一出戏中的美丽的女主人公，实际上是一个美丽的女人，不过她并不是戏中的女主人公，而是一位演员，只是她能够真实地体验她所扮演的人物的情感。

如果我们只注意事物的外貌的话，那么我们就可以说作为某种色彩斑块的总体的油画是某种像是"活的图像"的东西，它能够被安放在油画边框的后面，而这活的图像也就成了指示物的形象。另一方面，在戏剧图象中，我们是从外面看到这幅活的图像的。所以在戏剧中我们同再现的关系就好像失去了一个组成部分。然而，因为在剧院里我们的兴趣不仅仅在于对象的外貌，因为我们并不把演员当成他所扮演的人物，所以这里的情形是和绘画在这方面的情形同样复杂的。

图画或描写的指示物，不仅可以是某种现实片断，也可以是一个虚构的事物，我们把它看作好像是一个现实片断，好像这一事物在某一时间和某一地点曾经存在过。[①] 如果想象这样一个指示物的唯一基础就是描述对象的话，也就是说指示物没有其他方式的说明，那么指示物同描述对象之间的区别就仅仅是一种语言习惯上的区别；它只对说明我们对于图画和描写的态度有用，而对说明或评价一部艺术作品是没有意义的，因为比较这两个部分是不可能

---

① 参见博劳斯泰因：同前书，第28—29页。

的。另一方面，如果这种虚构的指示物同时又是由某种方式加给我们的一些印象的指示物，或者是由先前的文艺作品，或者是由传统或其他渠道，那么再现关系的这种三重性质就不只是一个理论问题了，描述对象同指示物相符合的问题对于观者或听者就会成为一个有趣的问题，就像指示物是一个我们所熟悉的现实片断时那样。以宗教或神话为题材的绘画或文学作品，诗歌作品的插图等等，都可以作为例子。我们问某些现代画家的神话题材的绘画是否符合希腊传统所给予我们的观念，正像我们问某些"取材于生活"的绘画是否符合于现实一样。我们比较许多画家或诗人所描绘的堂吉诃德的形象，正像我们比较许多艺术作品和文学作品中的贞娜的不同翻版一样。有多米埃的堂吉诃德和德尔·卡斯提罗的堂吉诃德。

既然我们讨论的是现实主义问题，因此我们现在所感兴趣的是这样的情形，即我们所探求的指示物是在真实世界当中的。在这里判断指示物的双重方式，或者说判断，描述对象对于现实的关系的双重方式，是可能的。对我们来说，描述对象可以个别地服从于某些真实的指示物（例如，可以是某个人的肖像），或者可以表现整个一类的真实事物，于是我们就把这种描写或图画看作一种"风俗画"（风俗小说、风俗绘画）。

一部作品对于某个指示物的个别服从决不排斥这种风俗的处理。一切都取决于观点；个别地服从于指示物的描述对象可以看作某一类事物的代表。在绘画中，一个艺术家可以把一个流浪者用作模特儿，但是我们并不关心肖像同模特儿的相似性，在这种情况下，这幅图画对我们来说就不是这个流浪者的肖像，而是再现了一种人的类型，即流浪者的类型。艺术家本人，当他忠实地再现他的模特儿的时候，也可能是以一种"风俗"的方式对待他的。

2. 现实主义的两种基本概念

我赋予现实主义问题一个非常广阔的范围；只要能够在作品和被再现对象之间的某种一致关系中找到某些艺术价值，我们就要涉及现实主义问题。这种一致关系可以有多种解释，我们评价其现实主义的作品可以符合于不同的原理。这样，对我们来说，现实主义就决不是艺术中任何个别风格的标记。

在讨论我们所要考察的问题的时候，"自然主义"这一术语会经常随同"现实主义"这一术语出现。自然主义的概念通常是从属于现实主义的（例如自然主义被规定为基本的现实主义），但是我也遇到这些术语之间的对立关系（作为更广义的自然主义）。有时候，"现实主义"和"自然主义"之间的关系的规定是不同的；最后，这些术语还可以用作同义语。[①]

在本书中我将限于对"现实主义"这一术语作最一般

---

① 参见勒菲波夫尔（Lefebvre）："正当狄德罗预告现实主义（表现本质）的时候……"他已经在形式主义（表现事物之间的抽象关系）和自然主义（表现暂时的真实）之间动摇不定了。"《对于美学的贡献》，1953年巴黎版，第23页。

的思考,而使用"自然主义"这一术语则是在历史的意义上,即作为十九世纪下半叶某个艺术倾向的名称。

从我们总的观点来看,可以确立两种关于现实主义的基本概念。提纲挈领地说,就是我们可以区分为从作品同描述对象的关系出发而赋予艺术作品的现实主义和从描述对象同前述第三种组成部分、即客观现实的关系出发而赋予艺术作品的现实主义。在这第二种意义上,我们是从它们描述了什么这一角度来考虑它们的现实主义的,而在前面一种意义上,我们是从怎样描述这一角度来考虑的。前者我们将称为内容的现实主义("什么"),而后者则叫作手法的现实主义("怎样")。

在这两种情况下,"现实主义"都保持其语源学上的意义;在第一种情况下,一部作品是现实主义的,因为它所表现的和现实相一致。在第二种情况下,一部作品也是现实主义的,因为在某些方面它产生了这样一种效果,好像描述对象对我们来说直接就是特定的现实。

3. 内容的现实主义

作品必须符合什么原则,才被认为在内容方面同现实相一致呢?它必须仅仅再现那些真实地存在着的——这便是在这里可以直接得到的最简单的回答。但是,这一原则可以有各种不同的理解。这首先取决于我们是在个别的基础上还是在类型的基础上看待我们所再现的现实。

4. 个别的忠实

在第一种情况下，如果存在着一个具体的指示物，而这个指示物又正是作品所描述的那个样子，那么这部作品就是符合现实的。所以，如果我们面对的是一个描写，那么它关于指示物的每一句话都应当是真实的；如果作品是一幅图画，那么在这幅图画的基础上所可以作出的关于指示物的判断也都应当是真实的。当然，只有那些关于足够重要的特征的判断才可以加以考虑。例如，我们不能够要求一个想画一幅关于华沙的某些片断的忠实图画的艺术家，必须把街道上的铺地石块数清楚。

然而，这种对于现实的在这一方面的忠实，在美学问题中意义不是很大的。个别描写的忠实是一个有关科学专题论文的原则，而不是关于诗或小说的原则。在文化的初期时代，当科学和艺术之间的严格区别还不存在的时候，诗也要考虑忠实的原则。《玛哈哈拉塔》或《伊利亚特》的读者似乎都不怀疑这些史诗的内容是真实的，不怀疑希腊人为了美丽的海伦真的打了十年仗，而这种信念毫无疑问对于作品的魅力有重大影响，因为这提高了它的意义。今天也是如此，当一个未经训练的读者知道一本书的内容是想象出来的时候，它的主人公并不存在，或者同作者所呈现给他的完全两样，对于他这本书有时就会失去其价值。然而，今天没有人会要求一个艺术家必须是一个编年史家了。

然而，在现代文化的基础上，在文化功能分化过程的同时，我们还可以看到相反的过程，即在一部作品中各种功能结合在一起的过程。在最近几十年中，文学形式发生了相当广泛的变化，可以看作是向古老类型的文学作品的复归，从它们的目的来看具有综合性的特点。我指的一方面是报告文学，另一方面是自传体小说（Vies romancées）。今天的读者对这种类型的作品所采取的态度同古代希腊人对待《伊利亚特》的态度很相近，他从中同时看到作品既具有文学的价值，又具有编年史的价值，在评价它们的时候，他考虑的是对个别指示物的忠实。在文学作品中，这样一种个别忠实的原则产生了一种异常的艺术任务，这是荷马也很少遇到过的，而今天的通讯作者和自传体小说作者却经常遇到。

在视觉艺术领域，绘画和指示物的个别一致，在今天有时也是审美评价中的一个因素。除了那种认为肖像的忠实性不影响一幅画的审美价值这种广为流传的观点以外（其中有立普斯的声音），在某些情况下，一幅肖像所以能吸引我们不仅是由于它的"内在的"品质，而且还由于我们认识它所描绘的那个人，看到了他被怎样忠实地表现出来。然而，这种个别的忠实在编画中很少具有重大意义，除非是在肖像画领域。在肖像画中，情形更加复杂，因为我们通常总会看到一种对于某个人进行心理上的重新构造的尝试。

5. 类型的现实主义

我在这里对和现实相一致所作的解释，同日常所用的"现实主义"一词是不相符合的。当我们考虑一部作品和它的个别指示物的一致性的时候，我们谈的是"忠实地再现"，而不是现实主义。即使最极端的现实主义倾向也从来不对艺术提出这样的要求。他们总是向艺术家要求"真实"，但是从来不是指的这种关于特定具体指示物的真实。"审美的真实"——它在各个时代都被谈论得如此之多——在本质上应当是更少一些奴隶性而更多一些高贵性。我们应当从类型的基础上，而不是从个别的基础上来对待它。

如果多少从根本上看问题，内容的现实主义正是在于类型的忠实。现实主义者没有必要一定再现"是什么"，或者"曾经是什么"，而是再现那些"存在"的东西。在某种意义上说，他比讲述真实事件的人或者准确地描绘具体指示物的画家更加接近于现实，因为他不是再现现实的偶然片断，而是抓住那些特征性的东西，那些典型性的东西。为此目的，他也同样可以从周围的现实事物中选择同现实没有具体矛盾的偶然事物。无论如何，一个特别组织的环境比某种真实事件具有更加典型、更加独特的特征。

这样解释的内容的现实主义，作为再现艺术的一项原则，在十九世纪后半叶以"自然主义"著称的艺术倾向中表现得最为清楚，最为彻底。我们在艺术史的各个时期都可以看到相似的倾向（例如在中世纪后期的雕刻中），但是自然主义者的这些原则却有着理论上的证明。它们和对于自然科学的崇拜，和对于归纳科学的崇拜是联系在一起的。一部艺术作品在某种意义上也应当具有科学的价值；它应当是多种观察得来的结果，应当是某些普遍规律的图解说明。按照这些观点，"艺术真实"不在于个别语句的真实，而在于对由艺术作品所再现和揭示的现实的总体判断的真实性。

自然主义者不一定是一个摄影家，但是他必须更深刻地了解生活，必须知道什么是偶然性的，什么不是偶然性的，他的作品所显示给人们的不应当是偶然性的东西。例如左拉，他在虚构的基础上能够表现出矿工的"真实"生活。别人也可以虚构一个主人公，以便分析他的心理状态，这是我们每个人在某些情况下都会体验到的。一个自然主义的画家可以再现出一个小酒馆的典型场面；屋子乱七八糟，桌子上啤酒乱溅，到处是喝醉酒的农夫的富有特色的姿态和呓语。观赏者不会关心艺术家是否真地看到过这样一个场面和这样一些人，或者这是千百次观察的一个综合，是他从幻想中演化出来的。但是在上面我们所讨论的意义上，这幅画却是真实的，因为我们在生活中经常会看到这样的场面和这样的人物。艺术家应该是非常仔细地观察现实的，即使他是从他的幻想中演化出这一场面的。

从"只再现那些存在的东西"这一口号，很容易过渡到"首先再现那些经常出现的东西，那些普遍的东西"这一口号。因而，内容的现实主义有时会带有一种崇拜平均数的形式，这在自然主义时期还有其他哲学上的原因，而不是艺术上的原因。

另一方面，自然主义者还赋予这样的作品一些特殊的价值，即它们的某些生活细节具有一种普遍的意义，而这是其他艺术家不曾注意到也没有抓住过的。这才是一部完美的自然主义的作品，因为它的内容是其他艺术家或作家所没有揭示过的，但却是作者从观察自然中直接汲取到的。这样一部作品，由于抓住了自然中某些平常的事物，就可能成为艺术中的某种新的东西。于是它就会有某种具有科学发现的价值的东西。在这样一种情况下，自然主义者就要和对立倾向的代表人物为争取观念的新颖而斗争。

甚至"从日常生活中发现普遍主题"这种作为对于浪漫主义的一种反抗的如此具有意义的说法，尽管不被看作是一种对平均数的崇拜的说法，却被认为表达了这样一种倾向，即其目标在于在艺术中揭示生活中的那些前所未闻的、被忽略了的方面。这一点无疑就是这种爱好——这正是许多自然主义者的显著特征——的根源，即爱好那些不仅普通而且庸俗和刺激的题材，或一般看来反美学的或不道德的题材？扎保尔斯卡（Zapolska）称之为"人们所难以出口的东西"和"人们甚至不愿意想到的东西"。① 企图在真实的名义下消除幻想，驱散浪漫的迷雾，使巨人现出本来的面目，揭露最崇高的时刻的平庸动机，都可以看作这同一种倾向的表现。浪漫主义的爱情就这样被从受人尊敬的宝座上拉了下来。在雨果的《九三年》中被描写得如

---

① 扎保尔斯卡（Gabriela Zapolska，1857—1921），波兰剧作家和小说家，其作品具有自然主义倾向和尖锐的社会意义。

此激动人心的大革命的图画，这同一场大革命却"毫无光彩"地出现在阿那道尔·法郎士的小说《诸神渴了》之中。直到今天，现实主义者或自然主义者的名称一般还是奉送给那些专门揭露生活的丑恶或平庸的作家。于是就假定这样的一个艺术家才是完全严格地忠实于现实的，不然就是他不想提供这样一些令人不快的图画，而是想美化他的题材并使它迷惑人们。

然而，正是这些企图"不带幻想"地呈现世界的作家，却常常在他们自己的自然主义偏见的镜子里歪曲它。如果一部作品的价值在于丰富我们关于现实的知识的话，如果我们不带任何偏见地看待现实的话，那么就没有理由将我们自己局限于普通的主题。为什么那些平均性的东西会比那些特别性的东西更能表现现实的特点呢？特别的东西并不就少一些真实性，而且有时它们甚至更有教育意义。

这样一种推论，可以导致关于内容的现实主义的另外一种更加广泛的概念，不仅当艺术家再现那些存在过的，或者通常存在着的事物时是忠于现实的，而且当他再现那些可能存在过的事物时也是忠于现实的。在这种意义上，如果一部作品和支配现实的规律不相抵触，即使再现的人物或环境不像我们所遇到的那样，这部作品也还是具有现实主义的内容的。

在内容的现实主义的这样一种概念中，实际上是不承认和现实的一致的；只要它所呈现的东西在我们看来不是不可能的，它的内容就是现实主义的。然而，这种如此宽泛地解释的现实主义可以从属于扩大我们关于现实的知识的原则；这种意义上的一部现实主义作品，如果不能教给我们关于那些普遍发生的东西的话，就应揭示出新事物的远景，即真实的可能性。在特殊情况下，至于在什么基础上我们可以确定这些可能性的实现，这已经是一个不同的问题了。说到底，某种直观的原则将在这方面起决定作用。

6. 内容的个别组成部分的现实主义

内容的现实主义的概念，无论是广义的还是狭义的，只能用于评价具有足够丰富内容的作品，即那些再现了相当复杂的，有意义的或有趣的现实片断的作品。首先是人和人类的事业组成了现实的这样一个方面。有时候，我们也评价再现超人世界方面的作品中的现实主义内容，例如在康拉德的小说中关于大海风暴的描写。但是对于画着一束花的画，我们就不会谈到它的内容的现实主义。只有当一位植物学家看到这幅画的时候，描绘对象同现实的关系在他的眼里才会有意义，当从内容的现实主义观点来批评这幅画的时候，这位植物学家可能会向画家指出他放错了雌蕊或者雄蕊，正像他决不会饶恕密茨凯维支在《庞达都兹》中在一棵橡树上放上了一个槲寄生一样。对于一般的普通观众或读者来说，内容的现实主义问题只限于文学、戏剧和风俗画中。在这方面文学占着第一位，因为在文学中内容可以最丰富，并且可以以各种不同的方式表现出来。

然而，为了正确地考察这样一些拥有丰富内容的作品，我们可以区分内容的特殊组成部分，并分别就它们之间的关系提出是否符合现实的问题。于是我们就可以谈到这些或另一些细节的现实主义或反现实主义。依照这种方式，内容的现实主义概念甚至可以用于那些其内容可以打动我们的作品，另一方面，它却缺乏现实主义。十六世纪后期的某些意大利艺术家，在步米开朗琪罗的后尘而去追求"解剖学的现实主义"的时候，构造了一些最不自然的场面，并且给他们的人物安排了一些最不自然的姿态，而这只不过是单纯地为了产生人体的结构和显示他们的解剖学知识。在《哈姆雷特》中有不真实的东西（例如鬼魂的外貌）出现，但是我们却赞赏这出悲剧的精神上的现实主义。亚瑟克·马尔杰夫斯基[①]的《吐火女怪》这幅画的内容的所有组成部分都是来自生活的，只有神话人物吐火女怪自己除外，它的非现实的身体和整个作品一样是现实主义地画出来的。这最后一个例子把我们带进了手法的现实主义问题。

7. 手法的现实主义

在内容的现实主义和手法的现实主义之间存在着某些相互关系。

内容的现实主义（在类型中）在于选择那些应当再现

---

① 亚瑟克·马尔杰夫斯基（Jacek Malczewski, 1854—1929），波兰象征主义画家，曾名噪一时。

的东西，而手法的现实主义则在于选择在一幅图画中或一个描写中适合于再现的方法。完全清楚地界定一种或另一种的因素是难以做到的。在为一幅图画或一个描写选定主题之后，艺术家就必须接着选择再现对象的因素而在他的作品中加以集中。这首先与描写有关，但是美术家也决不会把特定现实片断的所有觉察到的因素都搬到画面上去。他也要选择，他或者从中选择少量的因素，或者选择大量的因素，这取决于他在创造他的图画时所采取的风格，正如我们将要进一步讨论的那样。这些要在图画或描写中加以集中的因素的选择，既可以是对于"再现的是什么"这一问题的回答，也可以是对于"它是怎样被再现的"这一问题的回答。一切都决定于观点。如果我们问，通过那些细节现实的特定片断被再现出来了，那么那些特定片断的因素的选择对我们来说就是再现的方式。而如果我们问，哪些细节被再现出来了，那么这些因素的选择构成了图画的内容。某种大型作品的个别组成部分的内容的现实主义，同时也就决定整体的手法的现实主义。

另外，当一幅图画的外形同现实事物不相符合的时候，观赏者就不总是能够明白，作者是以一种非现实主义的方式呈现的正常事物呢，还是他所呈现的事物的特征和现实事物不相符合；这样我们就难以确信，我们所面对的是现实事物的再现模仿呢，还是幻想事物的再现。

因此，内容的现实主义和手法的现实主义的区别在某种程度上是相对的。不管怎样，只要不陷入过分的理论上的纠缠，我们将把内容的现实主义的概念使用于评价描写、绘画或雕刻的所有因素中去。另一方面，我们将在那些不能从一个艺术领域搬到另一个艺术领域的因素中探求手法的现实主义价值。

所以，内容的现实主义原则可以以同一种公式适用于一切艺术领域，而手法的现实主义在绘画中和在描写中则有着完全不同的规则。

我们可以制定这样一种普遍的手法的现实主义原则，它既涉及描写，又涉及绘画，一个对象要这样被再现出来，即由再现作品所唤起的印象应当尽可能地接近于由被再现对象所唤起的感觉印象。但是在视觉艺术中，印象是通过感官直接获得的，这样的现实主义依赖于外观的相似性。在描写中，决不存在外观上的相似性，所以整个问题是完全不同的。

8. 手法的现实主义和描写

手法的现实主义在这里是由描写的唤醒价值构成的。这就是所谓描写的生动性。这不仅仅是指事物的外观；这样，手法的现实主义在描写中就比在绘画中具有更广阔的范围。

两个多少日常使用的概念——生动性和忠实性——和适用于描写的手法的现实主义和内容的现实主义是相当的。在绘画中，"忠实性"可以既涉及内容又涉及手法，而忠实性和生动性的概念却不会明显地对立。而在描写中，生动性和忠实性则是完全不同的价值，是完全独立的。描写的生动性不仅不包含忠实性，而且反过来也是这样。我们经常遇到毫无生动性的忠实的描写，这甚至可以是一些关于个别对待的事物的描写，例如，在科学报告中。

然而，内容的现实主义和手法的现实主义之间的相互关系在描写中也可以结合在一起出现。所以如此，不仅因为叙述的生动性有时在再现细节时需要忠实性——我在前面曾经提到过这种依赖性——而且还因为，当涉及更加精细微妙的问题时，例如说明某些心理状态，如果不在某种程度上改变再现的内容，就几乎不可能改变再现的方式。只要使用某些不同的词语、隐喻或者比喻，表现由来的感受也会发生改变。

在前面一章我曾经讨论了在描写中获得造型的生动性的方法。现在，我们将专注于绘画中的手法的现实主义。

9. 幻觉主义

在视觉艺术中，外形的相似可以达到很高的程度。一幅现实主义地制作的图画几乎可以唤起一种对于现实的幻觉；宙克西斯或阿培里兹画的水果恐怕连鸟儿也会当真而聚集于其上。为了在比例上尽可能地忠实于被再现的事物，华拉尔德·杜似乎是使用了凹透镜。十七世纪的其他现实主义画家也借助过镜子。图画的平面和镜子的平面应当是相似的。① 在雕刻中，在被再现的事物和再现出来的事物之间可以得到一个几乎完全相同的形体，每一部分都完全相同，对于现实事物的印象可以熟练地通过多色画法强调出来，就像道那太罗的著名的尼古拉·乌扎诺的胸像那样。现实主义的戏剧可以提供外观上的全面的相似，直至最细微的枝节（形体、色彩、声音、动作）。这种追求模仿现实事物外观的手法的现实主义可以叫作幻觉主义。

这样一种外观上的相似不应当看成是形式和色彩的一丝不苟的机械照搬。在二度空间的图像中，因而也就是在绘画中，始终如一的幻觉主义并不总是追求所再现出来的事物在视网膜上唤起的图像，尽可能地和被再现的事物所唤起的完全相同。对象的知觉不仅仅决定于视网膜上的图像；当我们看到的不是一个三度空间，而是在一个平面上看到它的绘画投影时，外观的某些因素就要发生改变，例如，那些依赖于透镜调节的因素，视觉轴线的会聚，一个视网膜上的图像和另一个视网膜上的不同。最主要的还是我们观看模仿三度空间的平面绘画的习惯不同。由于这些原因，一张照片，即使我们不看它的色彩，不看它的绝对准确性，也常常和实物所呈现给我们的大相径庭。从近处取景的图画，特别经常地产生一种"错误"的透视感觉，精确的摄影透视也同我们习惯看到的空间不相符合。我们看实物不是像照相机那样，是遵循物理学的规律看到的。②同样，在早期文艺复兴时期艺术家的绘画当中，按照透视

---

① 参见瓦里斯：《镜史》，第88—89页，1956年罗兹版。
② 参见海尔莫尔茨：《绘画的物理基础》。

的科学规律而构造的空间，也和后来的艺术家的绘画所产生的深度幻觉不同。

我们还可以找到另外一个例子来支持上面的观点。为了产生一种运动的感觉，画家或雕刻家所表现的就同运动物体在某一特殊时刻所具有的外观不同。在忠实地模仿实物的时候，艺术家可以减弱这种印象，可以抛开实物，因为运动并非静态时间的倍增。罗丹以现实主义的名义指责那些画家，他们"企图表现正在奔驰的马，结果再现出一些快镜头拍摄的姿态"。在看一匹奔驰的马的时候，我们不会看到这样一些姿势，罗丹说道，"照相才是如此，因为时间在实际上是不停顿的。"①

有趣的是，和罗丹所表述的这种意义相反，正是表现奔驰动物的这样一些姿态的绘画——虽是不能看到的，但也不是精确的摄影——在西班牙北部和法国南部的洞穴里被发现了。这些绘画的作者生活在旧石器时代，因而肯定不会懂得摄影。他们是以一种不同的方式来看世界吗？可能是的。无论如何，今天的幻觉主义是不能令他们满足的。

毫无疑问，由图画所提供的实物的幻觉不仅决定于客观的相似性，而且还决定于观看的方法，决定于观者的习惯。为了评价某些绘画的幻觉主义，我们应当学会以某种方法来观看周围的实物或者以某种方法来看绘画；只有在这时，画出来的对象在我们看来才会像是"活的"。

幻觉主义是手法的现实主义的一种基本形式。但是，

---

① 罗丹：《艺术论》。保尔·格塞尔所集《谈话录》，第37页，1924年巴黎版。

我们是否有权利说幻觉主义就是现实主义的最高阶段呢？在这方面存在着不同的观点。

让我们记住一个坚定的现实主义画家或者现实主义雕刻家，他常常很少去追求外观上的尽可能的相似，不力求把被再现对象的外观上的所有可以看到的细节都搬到画面上去，一点也不打算把他的作品变成一种显示全貌的最大程度的幻觉。我们还要记住，我们把用少数线条在纸上勾勒出来的一幅很好的肖像，看成是一幅比一张好的照片更加百倍地现实主义的图画。一张风景速写，比一幅惨淡经营的、在每一细枝末节上都很忠实的绘画，可以更加接近于实物，可以在更大的程度上把观者带到再创造出来的境界中去。图画的这种难以名状的生动性，似乎和作如此简单解释的幻觉主义并非总是一致的。问题最终不在于视网膜上的图像，而在于观赏者的经验；问题在于在观赏者的经验中，尽可能地接近于被再现的实物。幻觉主义者也考虑到这一点，正如我们所看到的，并非坚持不超出对现实的机械模仿，以便产生更强烈的幻觉。然而，我们可以沿此方向继续前进，以求更深刻地进入现实而放弃唤起对现实的幻觉，只有这样，艺术家才能以一种方式——这种方式在幻觉主义者看来可能是荒谬可笑的——把被再现对象的外观改造得正好可以唤起最强烈的印象，使观者感到对于被再现的现实一种更大的移情作用。一个演员的表演的细致入微的现实主义，有时会以一种更加显著的方式出现在莎士比亚或中国戏剧的布景中，从而胜过幻灯和装饰的背景以及完全真实的附属品。

幻觉主义者的目标在于使图画把观者更近地拉向现实，就如同被再现的现实事物的外观本身把观者拉向现实那样。但是在这种幻觉主义的反对者中间，我们可以看到这样一些艺术家，他们所追求的一种现实主义在他们看来是更为广阔的。他们的目的是使他们的图画能够比实物本身更加使观者接近现实。

一个这样的现实主义者意在力求把观赏者的注意力引向对象的外观的最"本质"或者最主要的部分，当然，他相信能如此。他力求显示出一个清除了"不必要"的因素的实物，一个简化了的实物。正像在创造具有一种现实主义内容的作品的时候，艺术家选择现实事物的具有特征的片断那样，在这里他也适当地选择现实的某个特定片断的显者特征。

10. 现实主义在客观标准的基础上建立等级

把现实事物加以简化的最为普通的方式是强调所再现片断中的客观关系；个别的东西以及它们的部分——特别是那些具有它们的名称或者以任何理由而在实际上被区别出来的部分——的轮廓，被加以集中。被描绘的现实片断的组成部分是分成不同的等级的，那些被看得最为重要的东西表现得最为强烈有力，而第二位的细节则表现得较弱或者干脆略去。对象的那些被我的看作永久性的特征将被加以强调，而艺术家将略去任何他看来是暂时性的、偶然性的和非本质的东西。例如，对于一套颜色来说，占据第一位的是事物的所谓永久性的色彩，即这些色彩不是由光线的变化、邻色的反射以及背景来确定的，说得更准确一点就是，不是由特定对象的平均色彩（或者最通常的色彩）来确定的。关于再现对象的知识，而不仅仅是这些对象在个别时刻的外观，将对绘画的外貌产生重要的影响。

这些我们已经变得习惯了的标准往往被看作是客观标准。"恢复正常人的音乐"，支达诺夫在他的"关于苏维埃音乐的任务"（1948）的演说中这样宣称，他要求回到传统类型上来。在绘画中，现实主义的"客观标准"，整个说来是和关于对象的流行知识和观看对象的流行方式相适应的。对于现实事物的这样一种客观的简化是很少使人感到兴趣的。它不能引起对现实事物的一种新的看法，不会使观者的幻想增加魅力，这正是因为它一点也不违反他的习惯。这经常是幻觉主义倾向的表现；作者力求以普通看待事物的方式再现现实。现实的这种类型的再现，当然可以看成是一种幻觉主义的再现，不过要在简化和改造都很有限的情况下。实际上所有的古典绘画，都显示出这样一种简化的现实主义，而同时又带有幻觉主义的倾向。

更大的简化——这就不再属于幻觉主义了——也可以属于观看现实事物的流行方式。那些不模仿绘画技巧的画稿，即不用光线的调子和阴影的画稿，可以看作这方面的例子。这种类型的差距很大的简化可以在儿童和原始人的绘画中发现（只限于最重要的轮廓，不仅略去了对象的表面，而且也略去了在特定社会环境下看来无关紧要的细节）。

11. 主观的现实主义

除了这种现实主义——如果这种现实主义要进行简化、综合或者等级划分的话，就要按照客观标准——以外，还存在着各种形式的主观的现实主义。如果我们在现实事物的因素中进行一种选择的话，如果我们要进行某种等级划分的话，那么，我们就应当承认同对象之间有了一种主观的关系。"艺术作品是通过艺术家的倾向看到的自然片断"，左拉曾经这样说；无论如何，他在自然主义者中间应当是一个领袖人物。

按照上面我们所说过的，每一个现实主义者都应力求使他的作品所给人的印象尽可能地接近于人们从被再现对象所得到的印象。我们又知道，同一个对象可以被不同看待；我们的注意力可以放在特定的外貌上，而现实的特定片断又可以以不同的方式加以表现。一个客观的现实主义者力求表现一个看到的完整的外貌——而让观者自己去作选择——或者拿出一种按照最通行的标准加以简化的现实。而一个主观的现实主义者则给予观者一种特别的看取对象的方法。这可以是他自己看取对象的方法，或者是一种在他看来应当这样看取对象的方法。

手法的现实主义的这样一种扩大了的概念，也可以适用于某些被看作完全是非现实主义手法的艺术作品。

在十九世纪后半叶，一群被称为印象主义者的艺术家，反对绘画中的传统的看待现实事物的方式。印象主义可以从两方面来看。对于某些人来说，它不是一种实现现实主义的任务的倾向，印象主义者毫不关心再现现实的忠实性；对于他们来说现实不过是进行创造的刺激物，不过是一个向他提供材料的色彩缤纷的宝库。"磨坊，天空甚至还有教堂都不过是色彩敏感的凭借物，只有色彩敏感才是印象主义者情感的唯一源泉。"这就是奥藏芳的观点。[①] 而对于另一些人来说，则又完全相反，印象主义是根本的现实主义，因为它力求显示给观众这样一种现实，即未经理智改造过的现实：它力求抓住在特殊时刻的作为丰富多彩的色彩质料的总体的现实，而不管这些色彩质料所属的那些客观事物。印象主义者所再现的世界，是在他还没有给得到的印象安排秩序，还没有对具体对象进行研究和建立它们之间的关系之前所看到的世界。

有了这样一些前提，印象主义者就不承认始终不变的局部色彩，因为这种始终不变的局部色彩是对整个一系列感受的抽象和综合。他也不强调透视，因为透视也是对感觉印象的某种判断的结果。

只要我们不带偏见地观看印象主义者的作品，只要我们研究一下它们的创作者的声明，就可以知道这第二种解释正是印象主义的一般特点。奥藏芳所谈到的那些倾向无疑也会在印象主义者中间出现，只要奥藏芳在这些倾向中看到了形成印象主义的主要的，或者甚至是唯一的动机的

---

① 阿默德·奥藏芳：《论立体主义和后立体主义流派》，《心理学》，1926年第1—3期，第294页。

话。所以如此，是因为他是从他的"后期立体主义者"的观点来看待印象主义。

印象主义者是一些特殊的现实主义者。他们不是不看现实，而是以一种特殊的方式看待现实。如果莫奈能够产生卢昂教堂的某个侧面的十二幅不同的绘画的话，那么这决不是仅仅因为教堂正面向他提供了特别丰富的色彩变化。我认为艺术家的这些图画旨在说明现实事物是怎样地富于变化，它的某个部分在一天中的不同时刻，在不同的气氛条件下是怎样不断地改变着自己，那些认为现实事物总是有着始终不变的形式和始终不变的色彩的人，又是怎样地违反了事实。

和那种简化现实、客观地表现现实的现实主义相反，印象主义者绝对不是局限于对再现对象的照相式的忠实。只要把莫奈的绘画的照片和所画实物的照片对比一下就足以明白了。印象主义者也要改造现实事物，但是他是在和客观表现的现实主义不同的方向上改变现实事物的。他打乱了对象的轮廓，并把对象消融在色彩的海洋里。但是，这种改造可以有一个现实主义的目的：艺术家过分强调事物的"流动性"，是为了克服我们把世界加以"僵化"的习惯，可以使我们对世界的知觉非理智化，从而更加直接，为了促使观者把现实事物看成是一个变化着的色彩质料的整体，而不是一种固定不变的东西的整体。

印象主义者的现实主义不久就在某种本体论的理论、首先是柏格森的理论中找到了支持。甚至有人提出过这种说法：正是法国的印象主义影响了柏格森的世界观的形成。

在二十世纪的绘画中,我们看到许多派别,它们向再现现实的任何传统形式的辩护者挑战,它们把再现对象弄得面目全非,以至于没有评论的话,它们的绘画就完全不可理解。一个事先不明情况的观者会认为这样一些绘画是一些和实物一点也不符合的产品。然而,当我们考虑到创作者的意图的时候,那么这些绘画中的某些作品对我们来说就可以改变它们的性质。

本世纪前二十五年的艺术,以它的创造性的追求和探讨的热情,不停地进行理论上的探索;在这些理论中我们可以看到针锋相对的观点。除了呼吁打破造型艺术中的再现要求的口号以外,我们还可以听到极端现实主义的口号,尽管这种现实主义也是以一种特别方式来看待现实的。

某些立体主义的早期代表就正是以现实主义的名义来反对印象主义者的。在他们看来,印象主义者抓住的只是现实的最微不足道的本质,这是暂时的和易变的,只是表面色彩的变化,印象主义者的世界因而就是一种表面的世界。另一方面,真正的艺术家在表现对象时就要显示出那些最固定的最有意义的东西,因而也就是立体性。作为几何学的热情崇拜者,立体主义者把实物化成规则的立体并以这种方式表现在他的作品中。他把实物归并成一些在他看来是最重要的因素,并且迫使观者以他认为最精确的方式来观看世界。

这样看来,在印象主义和立体主义之间的对立中,我们可以看到爱利亚学派和赫拉克利特学派世界观之间的对立的一种回声。

不仅是立体主义者的这种"非现实主义的现实主义"是真实的,那种在帆布上投射"力量的线条"的未来主义者也希望抓住在他看来是最本质的东西——当然是以他自己的理解现实的动态方式。甚至在表现主义者中间也可以找到类似的倾向,他们不是直接再现外部世界,而是通过观察者的心理反应。对于不少表现主义者来说,这正是通向"比照相型的现实主义更深刻的现实主义"的道路。①

他们当中的每一个人——立体主义者,未来主义者,表现主义者—都在追求再现"事物的本质",但是他们中的每个人都在不同的地方寻找"事物的本质",因为它们一般是从不同的形而上学前提出发的。

12. 心理的现实主义

除了内容的现实主义和手法的现实主义之间的区别以外,我们还必须注意这样一个领域,在这一领域内现实主义在两种意义上都具有一种特别的意义。在艺术的所有现实主义当中,绝大部分再现作品都是再现人或者他们的产品的。人的世界在许多方面使我们发生兴趣。在托玛斯·曼的一部小说(《魔山》)中,他甚至细微地探究了人类的心理,而且又是完全现实主义的。

---

① 参见艾尔·考丽(El Cory):《美学理论中的表现概念》,《心理学报》1928年第25卷,第213期。

然而，无论是过去还是现在，读者和观者在再现人类世界的作品中所最感兴趣的事实是所描绘的人物的心理。在讨论小说的现实主义和戏剧的现实主义的时候，常常或者几乎总是要涉及作品的主人公的情感和心理的形成。在小说中，心理的现实主义比在有关物质对象的现实主义意义要重大得多；特别是在现代小说中更是如此，在现代小说中心理问题常常成为作品的核心。有时候小说家和心理学家之间的界线就是很不明确的，当我们要求小说家应当明了人类心灵的时候，当我们今天要求他应当掌握心理学的最新成果的时候，就是如此，这是一方面；另一方面，心理学的某些方面也同样需要文学的典型，不管怎样，以活泼而又富于色彩的方式阐述出来的心理学材料就总是一种文学作品，如果作者具备观察才能的话。而如果不具备这一点，当然也就很难成为一个好的心理学家。

在绘画和雕刻中，心理学的问题就不像在小说或戏剧中那样成为一种占统治地位的因素。然而不管怎样，它们还是起着相当重要的作用，这不仅是在肖像画中，而且在世俗的、历史的或宗教的场景中也是如此。

当作者用词语再现人物的时候，例如在小说中，他不应当仅仅是通过再现人物的外貌而将读者带入他们的心灵状态；他可以直接地描写它，就像从内省中来进行描写那样。在造型艺术中，由于再现是建立在外形相似的基础上。而且再现的对象又总是一种物质的对象，所以使观者掌握所再现的人物的心理状态的唯一方法就是再现他们的外形。因此，现实主义的艺术家就面临着新的课题。艺术家在这里所追求的现实主义就是一种"表现"（expression）的现实主义。

关于表现的现实主义，或者一般所说的心理的现实主义在艺术中所起的作用问题，在现实主义问题还未涉及表现问题之前是不可能更加深入地探讨的。我们将在本书的下一编中专门探讨这些问题。而在目前，我将只限于指出有关绘画中的心理现实主义的几点标志。

13. 绘画和雕刻中的心理现实主义和表演中的心理现实主义

在由形象再现现实的艺术中，心理的现实主义在戏剧中的表现和在绘画及雕刻中是不相同的。同绘画和雕刻相比，演员有一种非常重要的表现因素供他支配——即运动和变化。这个因素之所以重要，不仅因为它丰富了材料的数量（不是一个外形，而是一系列），而且还因为变化和运动的过程本身还带来某种静态的图画所不能提供的新的东西。此外，演员在再现一个人的感受时所使用的材料具有一种特殊的性质；这种材料就是他自己的身体。演员应当通过他自己的身体的外表把他所扮演的角色的心理状况启示给观众。既然戏剧又是通过词语表演的，艺术家则可以支配一切可能的表达方式。

表现的现实主义在绘画和雕刻中则又是一种情形。肖像只能表现一瞬间的情形，因此要作某种心理说明的困难便无限增大了。艺术家必须为他所描画的人物选择一种姿态，同时又必须努力使这种姿态的特别选择不致被人注意。当仅仅涉及不太细腻的心理状态或较简单、较典型的表情时，则可以赋予肖像一种强烈的和相对明确的表情，而不致损害绘画的自然。古代佛莱米斯图画在表现吝啬鬼或伪善者方面就是现实主义的典范作品，同时又相当清晰地表现了人物的灵魂。对于金钱的持续不懈地贪欲，那种外表虔诚的持续不懈的伪装，通过这些人物面部的特殊表情被刻画出来了，同时也相当清楚地从他们的手以及所保持的姿态当中反映出来。在表现人物经验诸如战斗、愤怒、绝望等强烈感情的那些图画中，也是使用的同一种方法。这样一些通常失去意识控制的情感得到了普遍的模仿。

当再现较为细腻或独特的心理状态时，问题就不同了。在这里为了表现一种不是模棱两可的表情通常就要破坏那些独特的东西，有时则会导致一种僵死的公式化。但是，表现的现实主义决不在于一种明确的心理的确定。对于一幅要表现所描绘的人物的某种灵魂的东西的图画来说，必要的是表情的含蓄性，而不是明确性；问题是我们应当从图画所描绘的面孔上能够猜出人物的心理状态，而不是面孔必须表现出这些状态。在生活中也是如此。一张面孔可以有很丰富的表情，但是却很难以解释。我们知道它表达着某种东西，知道生活在它上面刻画着某种东西，但是我们不知道究竟是什么。我们可以作各种猜测，可以对这样一个人的外表进行不同的解释。所以，在较为细腻的肖像中，大量的各种可能的解释可以丰富生活的印象，增强作品的现实主义。

当一幅肖像不能立刻传达出一种基本的表情的时候，当在和一幅肖像经常重复的熟识过程中，所描绘的人物的灵魂的新的特征不断向我们涌现的时候，当我们关于它的见解犹疑不定或者变化的时候，当我们在某一天开始看它好像我们突然开始从另外一个方面认识它的时候，如果这种逐渐认识的过程，这种充满犹疑和吃惊的过程，很像认识一个活人的某种过程的话，那么，我们就很有可能面对着一件真正的艺术品。为了在一定程度上熟识以赛亚、约耳或者约拿这些西斯廷教堂的人物，需要往那里跑多少趟啊！当我们每一次接近罗丹的巴尔扎克或圣·约翰的时候，我们就好像在他们身上发现了某种新的东西，就好像同以前对他们的想象不一样。

正如每一幅图画一样，一幅肖像也可以向我们提供它所再现的人物的一种充分的或者简化了的外表。这种简化常常是通过对于外表的有意的变形，目的正是为了强调所再现的人物的心理状态。艺术家加强某些在他看来符合特定心理的独特表征的特点，而略去那些在他看来对于所描绘的人物的性格或实际精神状态不是本质的东西。

机智的漫画是这种变形的现实主义的一个极端的例子。在严肃的绘画中，某些印象主义画家所画的肖像可以说就是这种手法。人物外表的变形正是为了获得比外部忠实更高的心理的忠实。这种变形不应当建立在对于现实的简化的基础上。我们可以看到外表的变形相差很远的一些肖像，但是并不具有简化的倾向。艾尔·格海柯无疑可以看作这种倾向的一位先驱。

表现的现实主义不仅在人物的肖像中使我们感兴趣，而且在那些画家企图反映动物灵魂的动物画中也是如此。我们还可以看到把动物、植物甚至无生命的事物拟人化的企图，通过赋予它们一种可以想象到人类的心理状态的表情。例如关于一匹机警的马、一只苦恼的狐狸、一株好看的向日葵的幽默图画，还有我们可以在小儿书的艺术插图（拉可汉姆）、动画电影或者中世纪雕刻中看到的那些图画。

什么是表演的现实主义呢？当我们要求演员的表演应当自然的时候，我们到底要求他些什么呢？详细的回答有赖于对表演进行专门的研究。因此我们就只考虑某些最一般性的原则。

我们在这里所想到的一条普遍的、同时也是在评价表演时通常使用的准则可以用下面的话来表述：一个现实主义的演员应当以这种方式行动和表现，即像他真正经历他所扮演的人物的心理状态时所应当表现的那样。[1]但是问题并非这样简单。戏剧带来某些特殊的条件。戏剧动作通常比现实生活中出现的要更加凝练一些，或者至少观众只看到这些最凝练的时刻。另一方面，观众观看演员不同于

---

[1] 耶夫雷诺夫（Yevreinov）写道："一个演员，当他的行为符合于他在舞台上所扮演的人物的性格的时候，他的表演就自然；反之，当他的行为不是符合于他在舞台上所扮演的人物而是更加符合于他自己的本性的时候，他的表演就不自然。"转引自科沙诺维奇（J.Kochanowicz）：《戏剧知识导引》一书，第86页，1929年华沙版。

观看真实地经历了这一切的那个人的行动，而且是通过一个钥匙孔或窥视孔看到的，如同在巴比塞的小说《地狱》中那样。表演的另一条重要的一般原则是：表演应当是表现的，应当给予观众猜测、想象甚至体验所再现的心理状态的可能性。但是，由于许多心理状态的不可表达性，以及每个正常的人可以在或大或小的程度上掩饰他的感情这一事实，这两条原则就可能互相冲突。为了使表演能够表现，亦即通过这种表演观众可以领会发生在所扮演的人物心灵中的东西，演员必须丰富他的表情，而不是严格地考虑人物是否正是这样行动的。

一个现实主义的演员，于是有时就会在或者是绝对自然的原则或者是表现的原则之间摇摆不定。由此而产生了不同类型的表演，甚至是在现实主义的表演当中。我们不应当否认一个向表现作了某些让步的演员的现实主义，只要他局限于传统的模拟当中，只要他作出的姿态不使观众产生一种故作姿态的印象。在某些情况下，甚至这一条件也是不必要的。在对整个表演作出评价的时候，一个演员可以保持一种清楚的和不加掩饰的姿态，同时又可以追求现实主义的效果。这常常是古典悲剧中演员的任务。当然，这仅是一种从某些方面来看的现实主义，一种程式化的再现的现实主义。

台词所表达的内容可以使追求完全的自然表演的演员的任务变得容易一些。台词可以赋予外表冷漠的面容一种表现，可以明确地确定一种不明确的表情。这样，在许多情况下，演员就可以安全地牺牲表现而达到自然。在舞台上，自然和表现的适当联系问题特别在静场中可以清楚地看到。

14. 现实主义概念的相对性

我们思考的结果必然导致对现实主义概念的相对理解。只有在对现实主义作这种相对的理解之后，关于这一题目的讨论才具有科学的价值。

"忠实于现实"，"符合于现实"，这是一些可以作不同解释的概念。同一部作品，从一方面看可以是现实主义的，而从另一方面看则是非现实主义的。

我们可以在现实主义的手法中看到非现实主义的内容，例如在杰塞克·马尔茨捷夫斯基或保克林的绘画中，或者在表演是自然主义的而内容则是不可能的戏剧中，以及在幻想情节里的现实主义的描写中。而在另一些时候，现实主义的内容又可以通过非现实主义的形式传达出来。我们看到过不止一出用熟练的诗句写成的反映日常生活的戏剧，一出具有现实主义内容的戏剧在舞台上演出时常常是通过非现实主义程式化。习惯于另外一种戏剧传统的中国人曾经开玩笑地指出，欧洲人为了评价演员表演的现实主义和理解戏剧，竟然像小孩子那样需要现实主义的道具。在古典主义戏剧中，时间的统一被看作是现实主义的一个因素；其目的是情节的时间同演出的时间不能相去甚远，在很短的幕间休息时间里不应当是几天或几年的时间已经过去了。为了坚持这一原则，甚至可以作出影响事件进程和心理的现实主义的让步，这一点受到后来的浪漫主义者的嘲笑。现代绘画突破了幻觉主义的透视原则——这一原则从文艺复兴时期直到现代艺术照像主义一直统治着欧洲绘画——而常常在一种幻想的多面透视中显示出所表现的现实，如同在中世纪绘画、外国和儿童艺术中那样。艺术家从不同的角度并用不同的比例来看不同的片断，然后自由地把它们一起组合到一种色彩和形式的结构中去。同时，这些非现实主义的图画有时还通过个别形象的生动性以及它们表情的现实主义而产生出运动细节的现实主义印象（这些姿态有时在物理上是不可能的，但是却被有机体代替了）。

在考察内容的现实主义问题时，我们还注意到这样一个事实，即在那些内容具有或然性或可能性的作品中，我们有时可以评价内容的某些组成部分的现实主义。内容的现实主义的和非现实主义的组成部分的矛盾，最为经常地表现为物质对象和外部事件的描写或图画同人物灵魂的再现之间的矛盾的形式。例如，我们有时候可以赞赏那些幻想的作品，或其故事完全是不可能的作品的心理的现实主义。斯洛瓦奇① 在1834年12月18日写给他母亲的一封信中曾说，在《巴拉蒂那》中他所表现的事件是违反历史真实的，常常是不同于现实的，但是他却力求他的人物是真实的。我们可以在非现实主义内容的绘画或雕刻中看到心

---

① 尤利乌茨·斯洛瓦奇（Juliusz Slowacki, 1809—1848），浪漫主义时期仅次于密茨凯维支的最伟大的波兰诗人。

理的现实主义。罗丹的《桑都莱斯》是一个怪物，它的身体一半是马，一半是女人，但是难道它不真实吗？我们可以看一看整个面部的紧张和绝望的表情。这正是一个活的半人半马女怪企图从绝望的努力中挣脱马的身体对她的奴役时所会有的表情。观赏者的注意力还会被表情的更加深刻的现实主义，一种和罗丹的创造相似的而外部内容却是非现实主义的可怕的现实主义有力地吸引住，例如在都尼考夫斯基[①]的一个关于母性问题的、表现象征分娩的雕塑中。

这种对立也可以出现，我们可以在一般现实主义内容的作品中看到心理的不可能性。但是，现实主义的因素和非现实主义的因素的这种联系却几乎总是受到否定。我们常常严厉地批评一个艺术家，如果他造成一种心理的不可能性的话，即使同外部世界的形象相比，他仅仅是不能令人信服地再现了心理方面。另一方面，外部的或然性却不损害一部具有心理的现实主义的作品的价值。正如我们所已经说明过的，心理的现实主义一般被赋予大得多的重要性。超现实主义者——他们的作品被一般公众看作是非现实主义的——宣称他们是以一种刺激的方式表现的特别的现实主义。如所周知，超现实主义者力求再现"心灵的本能活动"，再现"不受理智控制的联想"过程，在白日梦中

---

① 都尼考夫斯基（Xawery Dunikowski，1879—1964），波兰雕塑家和画家，生前曾享盛名。

追求人的心理的最深处的秘密。①

关于现实主义概念的相对性，我们只考虑这些因素（内容，手法，内容的个别组成部分）还是相当不够的。当我们考虑手法的现实主义的时候，于是就会像我们看到的那样，不仅幻觉主义的现实主义，而且还有等级主义的现实主义和印象主义的现实主义都会要求外部现实主义的名称，甚至立体主义者和未来主义者的某些作品也会提出同样的要求。但是不管怎样，这些倾向在再现现实的方式上是没有任何共同之处的。它们的现实主义是建立在不同的设想上面的。他们不承认有一种既定的假设，他们以不同的方式观察世界，他们已经习惯于在艺术中用不同的方法再现现实，所以他们就不会承认不同倾向的作品是现实主义的。古老流派的代表人物，"社会主义现实主义"的代表人物，不仅把未来派的绘画，而且还把已经受到重视的印象派的作品都当成是明显的非现实主义的绘画。

所以，我们还必须进一步分析现实主义概念的相对性，同时记住艺术家的诺言和他观察世界的方法。在艺术中，没有哪个特别的风格可以垄断现实主义，既然观察者同现实的关系可以是不同的。

正如我们所已经注意到的，习惯在评价绘画的手法的现实主义中起着很大的作用。我的一位朋友曾经发表过一种可以接受的观点。他说，如果一个艺术家企图画一幅

---

① 参见阿·布朗东（A.Breton）：《超现实主义宣言》，1924年巴黎版。

约瑟夫·保尼亚托夫斯基王子骑马的半身像，而他是躺在马下面的地上并以符合于他所看到的现实的方式再现出来，那么他的作品就不会被叫作现实主义的绘画，因为它同我们观察和想象纪念碑的习惯相冲突。佛郎卡斯特尔写道："如果在一个哥特式教堂的十字架的中央放上一个大角透镜，然后再看你将得到的异乎寻常的纪录影片。于是你将发现，我们叫作'正常的'视象仅仅是从这些可能的视象中挑选出来的某一个视象，而且世界在外观上比起我们所认为的要具有无限的丰富性。"[①] "绝对的"现实主义——当然是在幻觉主义的意义上——似乎只会受到与宙克西斯的鸟这样一些绘画毫无关系的某些人的支持。另一方面，公众认为是现实主义地再现现实的那些东西，在相当大的程度上是取决于他们所已经习惯了的绘画类型的；这就是现实被显示在帆布上的方法以及他们被训练得能够在这些图画中立即认出被再现对象的方法。这就是为什么有时会有这样的情形，即当绘画中的某种新的倾向的作品刚一问世的时候，被普遍地看作是非现实主义的，而在一定的时候公众又开始在它们当中看到对现实的忠实再现。

"这整部书的写作是为了说明，在文艺复兴时期的绘画中，造型风格的出现是一种审美现象和社会现象，而不是一种视觉现象；在五个世纪的过程中同某种一般文化和特别的活动领域相联系的这种视觉只有到了我们的时代才

---

① 佛郎卡斯特尔（P.Francastel）：《绘画和社会》，第47页，1951年里昂版。

开始失去它的直接观察的特点，而我们的时代则是一个技术的和社会的价值转变的时代。"① 佛郎卡斯特尔在他的《绘画和社会》一书中写下了上面这些话。

在一个二度平面上产生真实世界的最大程度的幻觉，一种独立于任何判断绘画的习惯的幻觉，由于现代技术而变得是可以达到的了。我想到一种比我们今天（1957）所拥有的形式上更加完善的彩色电影。但是到那时，表面的图画，还有随之而来的图画同描绘对象的关系。对于观众就不复存在了，这些影片的导演也将面临着新的艺术任务。

15. "社会主义现实主义"

从本书的第一版（1933）到现在已经有一个时期了，这期间，用于艺术的"现实主义"这一术语成了一种战斗口号，并且在出版物中得到了空前的普及。这便是社会主义现实主义的时期，它距离我们也有一些时间了。

同这一名称相联系的含义是取决于形势的。"现实主义"这一术语，不仅用于再现艺术，而且还用于建筑，用于音乐，而且还不仅是标题音乐，因而成了一个含混不清

---

① 佛郎卡斯特尔：《绘画和社会》，第84页。"文艺复兴艺术是一个传统符号的体系，这些符号只对这样一些人具有价值，即他们已经接受了某一特定文明的全部基本原理，不仅包括技术问题，而且也包括信仰。"同上书，第43页。

"透过意大利十四世纪的绘画，我们可以检验空间的造型表现的基础，它们在四个世纪当中满足了西方文明的所有再现要求。"同上书，第17页。

的术语。如果向好的方面去理解，我仍可以从政治家、艺术家和官方的政治理论家的谈话中，至少可以发现这一术语同社会主义现实主义原则相联系的三种不同的含义：

（1）现实主义艺术是一种以"真实的"或恰当的方式反映现实的艺术。[①] 这种反映论也适用于音乐。所以，标题音乐和歌剧音乐得到了提倡。由于同艺术所反映的现实的关系，现实主义者就必须不仅考虑内容方面的某些原则，而且还要考虑反映方式方面的某些原则。在绘画、雕刻和戏剧中，他必须遵循符合于印象主义以前的传统的欧洲艺术的习惯的手法的现实主义。关于内容的原则既适用于视觉艺术，也适用于文学作品。为了使一部作品在这方面成为现实主义的，就必须表明（同"庸俗的现实主义"相对照）它是典型的和重要的，强调发展的前景和新社会的价值。现实主义者可以过分强调某些特征，以加重那些同他们所代表的倾向相适合的东西，甚至应当表现那些假定存在的东西，而不仅仅是存在的东西。主题的不同选择和对于现实的不同理念的说明构成了区别"批判现实主义"和"社会主义现实主义"的基础。

（2）在保持前面关于现实主义的讨论中"现实主义"这一术语的含义的同时，现实主义艺术还被看成是一种群众可以理解的艺术。这一原则既包括视觉艺术，也包括音乐。支达诺夫正是以这种现实主义的名义要求恢复"自然的""人类的"音乐的。

[①] "社会主义现实主义确定了明确的党性和艺术的真实。"见索伯勒夫（A.J.Sobolew）：《列宁的艺术反映现实的理论》。

（3）最后，当谈到艺术中的现实主义的时候，社会主义现实主义的信奉者还常常想到另外一条原则，"现实主义艺术"是一种不脱离现实的艺术，不是"为艺术而艺术"，它要考虑社会效果并为自己确定社会目的。社会主义的现实主义艺术应当在作为形成社会主义社会的工具的意义上是现实主义的。在这种意义上，社会主义现实主义就被扩大到建筑中。

考虑到"社会主义现实主义"的宣传以及过去二十年当中〔以上写于1957年〕在波兰关于这一题目的讨论所起的作用，我认为有必要强调一下在这些讨论中"现实主义"这一术语所遇到的混乱。这种混乱超出了关于再现出来的事物同被再现的现实之间的关系的思考的范围。注意到这一点，我认为我们就没有理由担心在我们进一步的探讨过程中对这一问题会有错误的理解。

16. 艺术中现实主义的审美价值

如果我们希望明了艺术中的现实主义的审美价值的话，那么我们就必须回到一般的再现功能的审美价值问题上来。如上所述，当一个特别构成的对象——好像是由于我们的印象——能够代替某一另外的事物出现的时候，我们就会感到愉快；我们由于两种现实的展现，由于在看到一种现实的时候，好像在同另一种现实交流而感到愉快。再现主体通常是一个同被再现的对象完全不同范畴的主体，在实际上很少具有共同性的事物之间表现出来的相似性，这些情况在这种比较中不是没有意义的。例如，一幅绘画的平面引导我们去想象一个三度世界的片断，而一块大理石能够再现一个活的有机体。但忠实地再现"无生命"的机器设备的雕刻，则不会引起欣赏。在戏剧中情况就不同了，这里再现主体同被再现对象属于同一种类，他们都是活的人。但是在这里另外一种审美因素出现了——一个人转换为另一个人——假装。

最一般地来说，现实主义的价值，正是我们所赋予那些很好地完成了它们的再现功能的事物的价值，也就是说它们以令人满意的方式将我们的想象转移到被再现的对象。

正是在这种一般的背景下，我们考察了现实主义在各种特殊形式下的各种特别价值。

内容的现实主义带来了我们可以称之为认识的（gnostic）因素；我指的是关于被再现的现实的一般知识，以及它在再现具体事物时的自我显现。这些认识的因素对于一部作品的审美价值具有重要影响；当某个人以这样一种造型的方式向我们强调出他对于现实的深刻知识的时候，我们就会欣赏这部作品。此外，由于这里所表现出来的一般知识，图画或描写才在观者或读者的信念中取得意义，而这一点总会加强审美经验。心理的现实主义会带来审美价值的某些长远的和有意义的因素，但是，只有当讨论表现问题、而不是仅仅局限于再现现实的作品的时候，我们才能探讨这些因素。

至于手法的现实主义，我们在这里也可以区分出不同类型的审美价值。当再现主体提供给我们一个关于被再现的事物的生动的、准确的和充分的视象的时候，我们就感到一种特别的愉快。这种愉快在描写中和在绘画中就会有所不同。在前者，愉快是由描写的造型性唤起的；当这种愉快是通过词语给予我们的时候，描写就使我们产生一种关于被再现对象的生动表象，使我们的想象产生某种程度的独立性的活动，因为词语同被再现的现实事物并不相似。在后者，则是图画所引起的幻觉使我们感到愉快，正像我们明明知道是一种幻觉、但同时又感到是现实的幻觉时那样。那些在外观上同被再现的事物完全相似的图画就产生这样一种效果。

但是，非幻觉主义的图画，当我们通过外观的严重变形却感到艺术作品抓住了被再现的事物的最突出的特征的时候，当图画或描写给予我们一幅关于世界的新鲜景象，使我们以一种不同于我们已经习惯了的方式去感知现实，从而显示给我们现象的一些新的方面的时候，这些图画也能够向我们提供一种并不弱于前面那些类型的审美经验，而且通常还被看作是更高一级的审美经验。现实的变形所以能够获得审美效果，还有其他的原因，例如现实主义通过风格化的再现手段表现出来，还有，对于现实的忠实同将这种现实服从于装饰性的形式结合起来。

有意识的风格化可以是一个艺术家的倾向性的结果，正像温和的立体主义者的作品中的情形那样。这也可以是由传统所造成，如在民间艺术中，或者是由仪式的需要造成的，例如在古代埃及的宗教和宫廷艺术中，在拜占庭艺术中或者某些亚洲国家的艺术中。拜占庭画家不允许背离传统的形式或求助于自然。

在所有这些情况下，风格上的仿效都是一种反现实主义的因素。但是，甚至在非常严重的风格化的基础上，一部作品仍然可以获得某种现实主义，而这种现实主义可能正是特别的审美经验的源泉。我们欣赏某些埃及绘画的手法的现实主义，而它们是服从于传统形式的，我们谈到再现某些场景的芭蕾舞的现实主义，而芭蕾舞是服从于音乐的节奏和舞蹈的要求的；或者谈到一段对话的现实主义，而它是用诗的形式写成的。

在这样一些情形下表现出来的现实主义给人一种特别的感受；这样一部作品除了满足传统的要求或者严格的规则的要求以外，还可以在这样的程度上符合于现实，这就使我们感到愉快。一个艺术家在强制的形式下竟能抓住被再现的事物的特征，在僵硬的形体里竟能加入这么多的生命，这就使我们感到喜悦。我们在这里遇到一个更为普遍的问题，对于它我们将在另一个地方探讨。这个问题就是：审美价值是一个艺术家的自由呼吸同强加的或自愿接受的限制斗争的结果。

现实主义和非现实主义因素的联系所以成为审美效果的根源，还有另外的原因。当我们在某种幻想世界中，发觉环绕我们周围的现实的一些因素被忠实地再现出来的时候，并且由此我们能够在这个形体异常的新世界中找到我们的道路的时候，就会产生一种特别的魅力。

那些将剧本搬上舞台的人们就面对着这些问题，这首先是因为，戏剧是一种色彩最为斑驳的再现现实的工具。演员或者导演必须考虑，在具体情况下，一出特定的具有非现实主义内容的戏剧（例如一出幻想的或者象征的戏剧）应该现实主义地搬上舞台呢，还是最好把它冲淡在色彩缤纷的暗影中，把它置于一个有着几何的或幻想的装饰的背景上，使所有演员都呈现出神圣的姿态和动作；或者相反，把一出具有现实主义内容的戏剧搬上舞台时，却被加以严重的程式化。现实主义因素和非现实主义因素的巧妙结合可以使表演生动活跃，并且增加它的魅力；如果结合得不适当，就会降低表演的水平，造成一种不和谐的印象，或者更糟，使一部应当严肃对待的作品产生一种喜剧的效果。让我们回顾一下某些歌剧的天真的现实主义的舞台表演，例如，让希格佛里德的龙喷出"真实的"滚滚浓烟，让劳汉格林的天鹅充满真实的怨气并且真正地摇头。当企图把一种庄严的风格给予日常生活的主题的时候，有时也会出现意想不到的喜剧效果，如在一部歌剧中一位男高音演员唱到："请把门关上，因为有穿堂风，你会着凉的。"或者诸如此类的情况。这并非是说日常生活的主题不可以被熟练的和严肃的程式所采取。

将现实主义的因素和非现实主义的因素结合起来的问题，在喜剧当中则有着不同的表现。在这里，有趣的不和谐可以成为一种特别的审美因素。

在我们的实证主义时代，那种认为现实主义的价值在造型艺术中即使不是唯一的也是基本的审美价值的观点，在艺术界曾经是占统治地位的。文学也是从这种观点进行评价的，某些人着重强调内容的现实主义，而另一些人在绘画的影响下，则在诗歌中追求一种几乎是唯一的"表象的造型性"。正是从这种观点出发，斯坦尼斯拉夫·维特凯维奇才对《庞达都兹》和荷马史诗这样热情。①

在二十世纪，一种根本不同的立场在视觉艺术中又成为时髦的了，它比文学领域中的象征主义者更加强烈地反对现实主义；现实主义被贬斥为对一部作品的审美价值没有影响的因素，而且由于摄影技术的发展，它也是不必要的了。

1920年左右，当立体主义以及有关倾向在造型艺术中开始发现的时候，当在欧洲的许多国家听到战斗的共产主义的回响的时候，某些理论家，如马克思主义者莫尼克、艺术史家豪森斯泰因，认为非现实主义的艺术作为一种对自然采取更加积极的态度的艺术，是适合于社会主义制度的。除了这些预言以及在革命后的最初年代里苏联艺术中出现的那些倾向以外，一种在那一时期由康定斯基、马尔维茨和查卡尔所代表的艺术，一种对于现实主义艺术的崇拜，在这个伟大的社会主义国家里及时地发展起来了，而且为之辩护的一些实践原则也在巩固新制度的时期被提出来。社会主义现实主义的理论家把非现实主义的倾向——表现主义，立体主义，新造型主义，超现实主义甚至印象主义都给打上资产阶级腐朽产物的标记。而在同一时期的法国，非现实主义的最著名的代表人物，例如毕加索和马

---

① 斯坦尼斯拉夫·维特凯维奇：《波兰的艺术和批评》，1899年华沙版。

蒂斯，却继续留在共产主义的阵营内。至于第二次世界大战后的波兰，某些社会激进主义的代表人物，也没有向占统治地位的教条的要求屈服。

在所有这些关于现实主义的争论中，我们应当记住的是，如果我们抛弃幻觉主义的现实主义的话，这并不意味着我们一般地放弃一切现实主义，因为我们理解的现实主义是所有那些在某种程度上符合于现实的艺术价值。同时还应当记住，"现实主义"这一术语包含着各种概念和各种原则，而且作为文学和视觉艺术中各种倾向的一个口号，"现实主义"就同形形色色的倾向对立起来了，既在手法的风格化和一般的外观变形方面，也在不可能的内容、不平常的内容方面，诸如神秘主义、象征主义以及传统主义。

关于同传统主义的这种对立，最后让我们记住，"现实主义"这一术语，正像"自然主义"这一术语一样，有时候是在发生学的意义上使用的。那么我们想到的就不是某种再现的方法，而是作品的根源，即在直接观察的基础上再现现实。在这种意义上，现实主义就是对于僵死的传统的一种反动，对于通过大师们的作品来评价现实的一种反动，对于在艺术中而不是在自然中汲取形式和思想的一种反动。现实主义者力求和现实直接接触，用他自己的眼睛观察现实；而不管他是力求抓住外形的变化表面呢，还是力图作出某些客观的综合。在这种意义上，视觉艺术史上的几乎每一个伟大的和独创性的创作者就都是现实主义者。在这种意义上，"社会主义现实主义"则不是一种现实主义的倾向。

第九章 阐述内容的方式和同预定主题的关系

1. 文学作品中叙述的结构

我们在上一章一开始就说过,作品同被再现对象之间的关系,首先是一个现实主义的问题。但是无论如何,即使在我们所采取的这样一种广泛的意义上,现实主义也不能穷尽我们可以在这种关系中发现的所有类型的审美价值。当我们面对一些内容更为丰富的作品的时候,作品同被再现对象的关系就常常以一种不同的面貌进入审美评价。同一个内容可以以同一种现实主义出现,但兴趣却可以有多有少。[①] 作者可以以这种或那种次序将它引入读者或观者

[①] 我想提请读者注意,同那些在非语义判断的听觉和视觉作品中也使用"内容"这一术语的人比较起来,我是在一种远为狭窄的意义上使用这一术语的。当谈到一幅画或一段描写的"内容"时,我指的是所表现的事物或过程的全部细节。"主题"则是对作品内容的事物、过程或问题等的总称。对同一主题的不同理解可以使内容不同。

的意识，可以把他们的注意力引向这一系列或那一系列细节，把他们的头脑引向这一些或那一些联系。于是，将一个确定的内容引向读者或观者的方式，就可以相当严重地影响对于一部作品的审美评价，有时候则可以具有决定性的影响。通过这种方式可以获得微妙的艺术效果。

我首先指的是文学。毫无疑问，在这个领域里，一部作品引起的兴趣不仅是由作品的内容和叙述的造型性决定的，而且在很大程度上也是由叙述的结构本身决定的。

在这里我们必须注意，当我们谈到一部文学作品的结构的时候，比如一部小说或一首诗，有必要区别两种情况，内容的结构——当我们从再现题材的角度评价一部作品的时候就会遇到这个概念——和内容的阐明。当内容已经构成的时候，例如一些确定事件的某种安排，我们就可以考虑关于这些事件的叙述的结构。

在实际上区分内容的结构和内容的阐述的结构当然会有困难；内容不能够完全脱离它的形式方式，而且一般很难在改变内容的安排时而不改变叙述的结构本身，反之亦然。然而，在评价文学作品的时候，我们还是可以区别这两种因素的。

故事发展的连续性可以符合事件的连续性，但是也可以采取完全不同的进程——或者为了刺激读者的好奇心，或者为了某些其他的目的。在故事保持事件的进程的那些情况下，在安排内容的叙述时就总是有着任意性的可能（特别短暂的片断，静态的描写，沉思，同时性的过程）。次序的改变可以破坏故事的一个极端的例子，就是一个不幸的叙述者的重述和他过早地给听者以最终的解释。一个故事的结构的特色还在于特殊片断之间的过渡（继续性或者突变），描写成分、叙述成分和沉思成分的相互关系，使用对话的方式和范围，直接叙述和间接叙述的使用，复线的联结方法（围绕主线而集中故事或者同等对待一些线索，等等）。所有这一些都不是被再现的现实的特征，而是再现现实的特征。同时还有这样一些情形，它们虽然与叙述的结构没有关系，但却是叙述的技巧的特点：故事的发展速度，描述人物或事件清楚或不清楚等等。

叙述方式在很大程度上取决于作者在把特定内容引入读者意识时所希望唤起的反应；作者首先希望唤起的可以是一种怀着极大的悬念的兴趣，一种对下面情节的担心（一本"屏住呼吸阅读"的书），或者把读者深深地带入所描写的世界中，更深刻地进入人物的灵魂，或者引起读者的沉思，或者唤起某些复杂的情感过程。

康拉德的小说可以引起许多有关故事的结构本身影响读者的感受的思考。在一个故事中留下间隙，后面再回过头来叙述，因此而与一个编年史的次序不断地碰到一起，使读者本来不理解的事件逐渐明晰起来，而且又常常借助于间接的叙述，通过不同人物的话语把同一些事件讲明，作者分裂成了向读者重述事件的小说作者和一个在情节中起辅助作用的人物，由他来向小说中的人物讲述这些事情——所有这些方法（有时是以不寻常的方式运用的）经常会使读者发问：为什么作者正是以这种方式叙述他的故事，而小说却会因此而失败或者成功呢？作为这样一种结构的结果，会产生什么效果呢？而另外一些为什么结果又失去这些效果呢？（请比较一下《维克托利》《海盗》《吉姆老爷》，或者《诺斯托罗姆》第二部中米车尔的故事所取得的结构效果，在这里，作者在最使人兴奋的时刻把行动的紧张进程切断，再从若干年后的远景，在一个豪华的饭店里的交谈中，显示出事件后来的发展。）

胡克斯莱的《对位法》使结构有意地和音乐配位技术相一致，在托玛斯·曼的《魔山》中，小说的结构本身就反映着时间的相对主义；① 在王尔德的《圣路易·雷的桥》中，五个独立的情节线索却在小说一开始所描写的灾难中找到了它们的共同起点；故意地把个性语言的叙述同一般语言的描写结合起来以造成某些心理上的效果，如同托玛斯·曼在《布登勃洛克家族》中（托玛斯的死）或者斯泰因博克在《受天罚的葡萄》（第一章和第五章）中所做的那样——这里就是另外一些可资说明这一问题的例子。

在戏剧作品中，作为一条规则，作品的进程要符合事件的次序；然而，我们相当清楚的同一些事件可以以不同的方式分为一定的场次，而戏剧的舞台效果以及它的成功有时就取决于阐述它们的方式。

保侬·杰郎斯基② 在他的关于《伪君子》的评论中，曾经注意到莫里哀只有在第三场才让达尔丢夫出场这种安

---

① 参见作者在第四章和第六章开始部分的见解。
② 保侬·杰郎斯基（Tadeusz zeleński—Boy, 1874—1941），翻译家和出版家；以翻译法国文学，文学和戏剧批评著称。

排的某种微妙的结构效果,尽管从剧本的一开始他就是中心人物。保依·杰郎斯基认为,"让主要人物后来入场是一种运用于戏剧的最独特的创造。达尔丢夫本人统治着最初两场,屋子里的每一件东西都清楚地表明是围绕着他的,但是我们仍然不认识他。观众以最大的悬念来等待他;出场就没有什么奇怪的了。"保依写到的这种结构效果仍然是我们这里所讨论的场次构成问题;这是一个再现喜剧内容的行动过程的结构问题,而不是一个组成被再现的主体的事件链条的结构问题。如果达尔丢夫在第一场就已经出场的话,事件的这种链条可以不发生改变,但是由于他在第三场才进场所造成的艺术效果也就被破坏了。

2. 绘画中强调内容的方式

在视觉艺术中,也是可以区分出一种同故事的结构相适应的因素的,不过在这里这种因素对于作品价值的影响相对说来是意义不大的。在谈到把某种具体内容引入观者的意识中的方法的时候,在视觉艺术范围内,首先是在绘画中,我们指的是一个场景的构成,正像观众所看到的那样,以便使图画可以表现什么,也就是说为了使场景中的所有个别组成部分以一种适当的次序逐渐地出现在观者的脑子中。在评价列奥纳多·达·芬奇的《最后的晚餐》的时候,评论家们曾经强调指出,基督这个人物不但构成了画面的中心,而且还作了有力的强调,因为他是出现在一个被辉煌地照耀着的窗户的背景上的，而所有其他人物，即那些使徒们，则在基督两旁分成每三个一组，并不构成图画的这种单独强调的组成部分。拉斐尔在他的《雅典学园》中，也是以一种相似的方式，通过把柏拉图和亚里士多德圈在拱门的中央来突出人物的意义的。拉斐尔的《争执》，如果从同一种态度看，也是非常巧妙地从这方面构思的，三组形成同心半圆的人物是从垂直于画面上圣饼的中心的一点透视地加以构想的。圣坛上的圣礼匣独自突出地放在清澈的天空的背景下，并且是以这种方式被放置的，即闪闪发光的圣饼构成了整个图画的连接点，也就是位于圣坛两旁的几组教堂神父和神学家同几组天神之间的连接点。

自从自然主义时期以来，这样一种考虑则被认为是把文学不公允地引入了视觉艺术当中。从前，在古典主义绘画中，在普桑和大卫的时代，"图画的逻辑，这种构思出来并使观者易于理解的场景，是任何旨在取得较高价值的作品所必不可少的条件"。毛克莱尔写道："如果这个流派（古典主义）创作一幅表现阿加曼农之死的图画，他就不会忘记把整个构图从属于阿加曼农，然后再从属于克里特木奈斯特拉，随后是那些谋杀的目击者，从而得到关于这些各色人物的道德上的和文学上的重要性的一种级别，而把场景的色彩配合和现实主义的价值都服务于这一目的。"①

正如在文学中我们看到不同种类的叙述技巧一样，在

---

① 毛克莱尔（Mauclair）：《印象派》，第40页。

绘画和雕刻中也是如此，用不同的方法向观者表现形象的"文学"内容也是可能的。除了最单纯的构图，我们可以发现有意识地复杂化或精微化的构图；例如，可以使一个场景的主要人物难以觉察，以便造成一种意想不到的效果。

"图画的构图"和"图画的逻辑"这样一些说法，不止在一种场合使用。正如文学作品的结构这个概念一样，我们必须区别从观者这方面来看的图画的构图和它内在的独立的结构，即不管观者在什么地方，也不管场面的"前景"在什么地方。例如，内在结构包括被表现在三度空间中的人物之间的特殊关系，比如，当克里特木奈斯特拉靠近阿加曼农的时候，这场谋杀的见证人由于同他们的关系而被安排的位置，如此等等；在这里观者将从哪个侧面来看这个场面，则未作考虑。在一幅描绘伊甸乐园的图画中，在羔羊中间有一只狼以及在鹿和骆驼之间有一头狮子而不破坏它的和谐，这属于图画的内在结构问题。当一位画家考虑是将关于善与恶的知识树作为图画的中心部分呢，还是把它放在旁边和后景上，他创作这画时是考虑到观者的。用生长在前景上的几枝玫瑰丛把亚当和夏娃的大腿谨慎地遮掩起来也是考虑到观者的一个构图问题，因为这丛玫瑰既不是向着亚当，也不是向着伊甸乐园中四条腿的居民而将夏娃的裸体隐蔽起来的。而在我们最初的祖先来看却不是这样，他们发现在吃了苹果之后他们裸体躺在玫瑰丛后面，是为了不让耶和华看见。列奥纳多的《最后的晚餐》是这种考虑到观众的构图的一个非常显著的例子，因为在这里艺术家把所有参加者都置于桌子的一侧，以便使所有面孔都摆在观者的面前，尽管这样一种安排是不能从内部结构的观点加以解释的。

如果我们考虑到，当谈到一幅画的构图的时候，还可能想到一幅画作为色彩斑点的总体的结构，那么就可以看到，在绘画中"结构"一词适合于三种不同的概念，考虑到与观者有关的描绘题材同被描绘的对象之间的关系的结构，仅仅同被描绘的对象相关的场景的内部结构和同再现的主体有关，而不考虑再现功能的作为色彩总体的图画的结构。

3. 同主题的关系

我们不应当将关于描述具体内容的方式的评价和关于实现主题的方式——即描述对象同以另一种方式强加的表象之间的关系——的评价相混淆。当我们注意一个诗人或者一个画家怎样去接近他的预定主题的时候，我们就会遇到这种评价。例如他赋予某些由传统加于他的一般概念或印象什么具体形态？他描绘的题材同传统观念是相符合的，还是相违背的？在他描绘的题材中是否带来了某些独创性的成分？他对于这一主题的阐释是否同其他艺术家大相径庭？如果是这样的话，他描绘的题材是否还适合这一主题的范围？例如，对于描绘某些希腊神话或圣经的场面的图画，寓言图画，小说或诗歌的插图，甚至某些取自生活的、传统的、一般的主题，都会提出这一类的问题。

描绘题材同一般主题的关系同样可以产生一种特别的兴趣，如果这个题材依然新鲜的话，例如它虽然在戏剧中被表现多次了，而观众或读者还是被艺术家的独出心裁带到他已经熟悉了的这个领域。按照玛丽亚·科诺普尼卡的说法，这正是阿尔波特·凯勒在他的描绘耶稣在十字架上钉死的图画中"强调他的离经叛道"的方法，这幅画1895年曾在维也纳展出。正如她所说：

"在凯勒的《耶稣受难像》中，三个十字架当中只有一个十字架前有一位妇女在哭泣，但这并非基督的十字架……这妇女由于恐惧和绝望而抓住自己的头，在小偷的十字架下面，跪在一个宽大的斗篷里，小偷用手把她的头拉向自己的脚，他的手在十字架上是松开的，向下伸着。

"展出委员会出来反对这一组画。凯勒的基督是被抛弃的，而小偷却成了哭悼的对象。这背离传统实在是太远了；这种'离经叛道'是粗暴的，古老的艺术之宫不想也不能把它保护在自己的院墙之内。凯勒于是作了让步，他重新画了这套组画，但他是这样重画的，即在把哭泣的妇女从小偷的十字架前挪走之后，她的影子还保留着，虽然只是一个模糊的轮廓，但是艺术家的独出心裁的意图还是明显可见的。"①

三十年以后，相似的反应在伦敦发生了，这是由展出艾波斯泰因的基督半身雕像（《看这一个人！》）引起的，

---

① 玛丽亚·科诺普尼卡（Maria Konopnicka）：《当脱离主义者在维也纳展出之际》，*Tygodnik Ilustrowany*，1895年第一卷，第207页。

他无视传统的形象，基督的面孔成为严峻的、带棱角的了，某些国会议员认为这伤害了公众的体面。

当基罗杜给他的剧本加上《昂费托罗因第三十九》的标题的时候，他是怀着勇气这样做的，并含有某种幽默感。"三十九"这个数字表明，基罗杜是第三十九个冒险描写昂费托罗因和他的忠实伴侣的故事的创作者；这样就可以让观众和读者注意作者对待这样一个著名主题的观念上的独创性。

当再现历史人物的时候，特别是当艺术家不是从生活中塑造他的人物，而是企图在他的图画中表现出由以前的形象所提供的各种面貌的一种综合，同时再加上他自己关于这一人物的历史知识或者对于这一历史人物的著作的理解，在这些情况下，同主题的关系都可以是审美评价的一个因素。特殊的历史人物在某种意义上说也是一个一般主题。密茨凯维支或者贝多芬，对于我们来说，比关于普罗米修斯或洪水期的神话——我们每个人都赋予这些题材以各种不同的情感联想——是内容更为丰富的对象，而且可以以更加多样的方式加以表现。杜尼考夫斯基、布尔德勒、斯坦卡尔斯基的密茨凯维支半身雕像，或者华沙克拉考夫斯基·普尔杰德米西那里的那座雕像，就是对于一个一般主题的四种不同的阐述，对于密茨凯维支的四种不同的综合。罗丹的壮观的《巴尔扎克》，使评选委员会成员大为惊恐和震动，因为它同官方可以接受的对待巴尔扎克这一题材——或者更一般地说"伟大人物"这一题材——的方式形成强烈的对照。

当我们在卢浮宫看到肯特的朱斯图斯的绘画中的圣·奥古斯丁那苍白而又神经质的面孔的时候，这个人物由于窥视的眼睛、野心横溢的表情和手指的紧张而显出一种奇怪的外貌，我们就会赞赏这个十四世纪画家的直觉能力，他竟能够把这个《忏悔录》的作者、这个他没有看到过的人物，因而对他来说只是一个传统的"题材"，这样独特地和细腻地表现出来。

第十章　再现出来的对象的直接的美

1. 再现作品的直接审美价值及其再现功能

每一部再现现实的艺术作品，都可以同时以它的感性形体的美影响观众或者听众。它总是专门构成的，因此艺术家可以力求使它具有一种独立于它的再现功能之外的审美的外形。所有各种再现艺术的一个最为普通、同时也是困难的艺术任务，就在于把现实主义同直接的美结合起来。

评价这种直接的美的原则，同我们在本书第一部分所讨论过的，评价那些没有再现功能的现实事物的原则是相同的。然而，再现出来的对象的直接审美价值，又比那些没有再现功能的事物的外观的直接价值多了一点什么；某种新的东西通过再现本身产生了，我们评价其外观的直接审美价值的这一事物，同时还再现着某种东西。感性质料的这种美的形态具有一种外加的意义，成分的选择不仅受着某种色彩、形体或声音的和谐原则的指导，而且还受着它们要服从于被再现的现实的指导。

在本书的第一部分，我们曾经谈到十二和十三世纪塞纳河谷和卢瓦尔河谷的染色玻璃窗，它们给人一种具有奇异的色彩调和并一般包括某种程度的明显可见的几何节奏的强烈印象。它们包含着完整的图画故事，但是和后期的染色玻璃窗比较起来，单个的图画则非常细小。在十步以外或者更远的地方，观者就不能看到这些玻璃窗所描绘的人物和场景，而且也没有必要看清这些场景。然而，这些场景就在那儿，这些色彩调和就意味着某种东西，这种意识本身就可以加强美感。那些再现事件的所谓具有音乐声调的诗歌也可以具有相似的作用。我们评价作品，在这里也是首先着眼于它的直接声调价值。但是在这里，这些音调过程所具有的再现功能，增加了某些听众在音乐方面的兴趣，即使它们基本上不对所听到的声音进行语义判断。

反之也是可能的。再现功能由于分散了对于作品的直接声调价值的注意力，由于常常天真地把这些声音服从于所再现的过程，因而就可以削弱这种印象。无论如何，在这里也是这样，一部作品再现着某种事物，对于审美经验来说不是无关紧要的。

在绘画中，一幅画的直接审美价值在于特定的色彩斑块形态的美。在雕刻中——在于线条的安排和立体的建筑学。在芭蕾舞中——在于运动的美，在于人体的姿态。在戏剧中——在于人物的组织，装饰的各种事物和色彩斑块。在音乐形象中——在于作品的音乐美。在诗歌中——在于节奏，韵律以及词句的一般听觉价值。

在对于一部作品的审美分析中，区分再现出来的对象的直接感性的美和被再现的对象的直接的美，并不总是很容易的。维拉支奎兹的土地神作为人的面貌（被再现的对象）是令人生厌的，但是作为色彩斑块的高超组合（再现出来的对象）则是引人注目的。然而问题并不总是这样简单。站在乔尔乔涅的《田园音乐会》或者安格尔的《春天》面前的观众，相信他喜爱图画再现出来的外观，喜爱妇女的美丽的面孔、和谐的人群或者这片风景。然而，理论家却教导他说，这些仅仅是外观，从根本上说他所喜爱的不是再现出来的事物的形态，而毋宁说是图画的色彩和形式的安排，而不问这种安排是用来描绘什么的，理论家还教导他说，少女的美丽肉体在这里只是作为黑色背景上的一条长长的白色斑块才具有价值。至于古典主义绘画，观者似乎还不会相信这一点，然而印象主义绘画却已经使人产生怀疑，甚至使一个毫无偏见的人怀疑，我们欣赏的是再现出来的事物呢，还是仅仅是图画本身的色彩斑块的变化？

把问题说得更准确些就是，为了在绘画中评价再现出来的事物的直接的美，而不考虑一切其他的因素，就必须把图画作为一个两度空间的现实来看待。以这种方式来看待幻觉主义的绘画是困难的，因为在这里图画的直接价值在观者的经验中是同其他审美因素一起出现的。在其他情况下问题就不同了；例如在亚洲文化的绘画中，在欧洲民间艺术中，前文艺复兴时期的艺术中以及打破了几个世纪的传统的现代绘画中，在这里给幻觉以第三度空间的透视原则是不适用的。风格化使区别再现出来的对象的直接价值变得容易了，如果我们喜爱一幅风格化的图画中的形式和色彩的组织的话，或者一般说来，再现出来的现实事物的外观在图画中是服从于一种更明显的变形的话，那么我们无疑会把这种审美价值赋予图画本身而不是赋予再现出来的事物，既然我们明了在图画中所看到的形式同被描绘的对象的形式之间的差距。另一方面，当观者观看华托的《乘船去西色拉》的时候，如果他想弄明白他所欣赏的究竟是帆布上的色彩和形式的变化呢，还是这块帆布上所描绘的庭园的色彩和形式的变化，那么他就会感到困惑。让我们记住这一点，被描绘的对象的安排决定着图画的色彩和形式的形态，而且被描绘的对象的安排原则在某些情况下也可以是图面的色彩和形式形态的原则（例如对称，根据某种构思而进行的换位）。

所有这些说明都是仅仅涉及绘画的；在这里和现实相对立的问题最为复杂。在雕刻（除了以绘画方式做成的浅浮雕以外）中，图像和被描绘的对象属于不同空间范畴的情形是不存在的。在戏剧中，图像的直接的美和被表现的对象的直接的美的区别，只有在某些类型的舞台演出中才能得到恰当的运用。在其他情况下，表现出来的对象的外观同时也就是被表现的对象的外观。至于说到人物的面貌，而这在戏剧中是最为重要的，这种情形就总是出现；演员的外形同时也就是他所扮演的人物的外形。

2. 绘画中色彩和形式的形态

根据我们以上所说可以看到，在各种类型的再现艺术中，直接审美因素的作用是不同的。在音乐形象中它完全占着统治的地位；如果一部作品在音乐方面没有价值，那么它的再现价值对于它来说就是毫无用处的。在芭蕾舞中也是如此；在这里舞蹈的直接的美主要地决定着它的审美价值，尽管在某些类型的芭蕾舞中再现功能具有一定的意义。从旧石器时代以来，在最不相同的文化中，舞蹈都成了戏剧表演的程式化的形式，有时是哑剧式的，有时则和歌唱相结合。

在戏剧中，再现功能完全占着统治的地位。戏剧首先作为另一种现实的显现而使我们感兴趣。然而，也可以向戏剧要求直接的美，如果剧本的内容可以做到这一点的话。在现代戏剧中，对于舞台的审美外观的要求则特别受到强调。如果在舞台上忽视这些要求，则那只能是一种极端的现实主义。所以，在那些达到最高水平的戏剧中，我们看到它们或者是以极端的现实主义搬上舞台的剧本，或者是一些程式化的剧本，它们强调的是舞台演出的审美外观。在这种情况下，理想就是使舞台在每一时刻都成为一个由视觉因素构成的艺术作品，以便使戏剧同时成为最好意义上的一种"检阅"。至于舞台的美丽外观，甚至还可以同极端的现实主义倾向结合起来。巴黎老鸽笼剧院在本世纪二十年代现实主义地演出《厌世者》的时候，没有任何离开作品内容（场景发生在十七世纪）的程式，却呈现出一系列华美的视觉形象。

正像我们所已经看到的，这一问题在绘画中是以不同的方式出现的。极端的自然主义者对于"真实"的关注常常使他们不关心作品的感性的美。在更现代的艺术中，这种直接的因素变成了前景。如前所述，印象主义者在他们认为的特殊的现实主义中，他们的图画表现出这样一种色彩、光线和明暗的变化，这本身就具有一种美感魅力，因而使得某些人就以此作为印象主义者的主要任务。那些印象主义的追随者在这个方向上走得更远。1890年，二十多岁的莫里斯·丹尼斯在一次后来变得著名的讲话中表达了这些倾向："请记住，一幅画——不是一匹战马，而是一个裸体的女人或者某种逸史轶事——基本上是以某种次序集合到一起的色彩覆盖着的一个平面。"这种把图画看成是平面的态度，在十九世纪末和二十世纪初使欧洲绘画在某个方面更加接近于听觉艺术。梵高、都鲁斯·劳特莱克以及"野兽派"中的某些艺术家所以在日本艺术的诱惑力面前投降，不是没有理由的。但是，无论梵高还是劳特莱克，都在帆布上投下了关于外部世界和人物外貌的热情的形象。此后不久，艺术中现实主义的一切价值都成了问题，而不仅仅是造型艺术中的文学因素了，它们早已是前几代人的攻击目标。

我们已经多次谈到那些在各种名目下出现的旨在把绘画弄成或者同建筑相似或者同音乐相似的倾向。布拉克的《向巴赫致敬》在这方面是有意义的。按照杰·莱玛丽的观点，对于现实的"抒情的寓意"代替了"现实主义的寓意"。那种"看重图画的二度平面的原则，它被承认是一种有形的确实的现实，而现实是不允许破坏幻觉的"——这条已经包含在丹尼斯的格言中的原则，现在则更有了发展。① 降低再现功能的意义而宠爱这种"有形的确实的现实",在极端情况下,就导致了超出再现艺术的界限。在纽约,在现代艺术博物馆旁边,还有一座专门的抽象艺术博物馆,在那里花是用毡制成的,而且在看那些非客观的绘画构图的时候,可以似乎感到莫扎特和巴赫的音乐的无声伴奏。(这正是1941年的情况。)我们在本书的第一编,曾经讨论过这种"非想象的"绘画。应当记住,不管怎样,某些激进的立体主义者(格雷杰斯、毕加索)从来没有失掉对于肖像的兴趣,而且某些非客观绘画的代表人物也绝不忽视那些同现实的再现相联系的艺术任务。在西班牙内战时期,毕加索创作了《革尼卡》;在波兰,斯特尔杰敏斯基在他的"调和"构图几年之后,也在以简练的线条描画人物的富于表现的轮廓了。

在奥藏芳——修辞主义的奠基者之一,标有《和弦》或《赋格曲》这样一些题目的绘画的作者——看来,在古代绘画中,只有那些其主要魅力在于视觉刺激的作品才能经受住时间的考验,才能够不仅吸引观众,而且还能保持住观众。另一方面,那些由于被再现的对象而赢得它们的显赫地位的作品,将由于时间而失去它们的价值,应当放到人种学博物馆里去。② 这种观点的片面性是明显可见的;只要考察一下表现主义的肖像画历史就够了。另一方面也不能否认,不仅在雷诺阿、高更或马蒂斯那里,而且在许

---

① 斯·扎浩斯卡(S. Zahorska),《表现主义哲学》,1924年。
② 阿默德·奥藏芳:《论立体主义和后立体主义流派》,《心理学报》,1926年第1—3卷,第296页。

多古代大师那里,色彩和形体的直接表现都在很大程度上决定着作品的魅力。而且在绝大多数情况下,这是一种有意图的效果,这一点也是无可怀疑的。

在中世纪的绘画中,图画往往具有装饰的特性;整个地覆盖着威尼斯的圣·马克教堂或西西里的蒙尔阿勒教堂墙壁或穹形屋顶的拜占庭镶嵌图案,或者中世纪法国的染色玻璃窗,首先是以其感性印象的丰富总体来影响观者的。镶嵌图案中的金子,由于装饰教堂整个内部的色彩缤纷的图案而各式各样,起着同毛里斯宫殿中的阿拉伯壁画相同的作用。西马布和其他十四和十五世纪大师们的构图也是服从于这种原则的;它们以它们的外部形态而使观者神迷目眩,而这种外部形态又是用来装饰教堂的。金色的背景,精心挑选的美丽而丰富的色彩,结构的对称或者韵律,注重于线条的优美,所有这一切共同构成了这种外观。例如在佛拉·安吉里科的某些构图中那些轻柔纤细的各种色彩的天使组画,同样也是为了装饰的目的。这一时期的图画常常形成多重组合,和它们的框架完整地结合在一起。这样一个特点可以在很多图画中看到,同时从现实主义和表现的观点来看,它们也具有显著的价值(例如,在劳郎周·莫那科的《加冕礼》中个别人物的面孔,法玻里亚奴的《马日的爱》和佛拉·安吉里科的《从十字架升天》)。[①]

属于另一种类型的、不具有装饰特点的、明显地从属于被再现的对象的色彩斑块的美丽构图,有时则可以在乔

---

① 佛劳伦斯(Florence):Uffizi, Academia, San Marco.

托的作品中看到，两个世纪之后，文艺复兴时期的古典主义画家——列奥纳多、拉斐尔、巴托罗米欧、索都玛——则自觉地追求这样的效果。理所当然，在他们的图画中，再现出来的事物的美，手法的现实主义以及透视的幻觉，使得观者很难把图画看作一种两度平面的现实，但是，帆布上色彩和形式的选择和安排在这里又是一般效果的重要因素。在创作这些作品的时候，艺术家把色彩的和谐看成是他们的"天平"；在他们的构图中，他们考虑是形式的对称性或者谨慎地使用某些几何图形，如同我们可以在列奥纳多的《圣母和圣·安娜》或者拉斐尔的《争执》中看到的那样。

几何图形在艾耳·格雷科的任性创造中也可以到处看到。而在另外一些时候，他的绘画则没有任何图形，而是以这样一种方法创作的，即色彩斑点的安排在观者的审美感受中是一个重要因素。例如《马日的爱》或《基督的洗礼》（罗马科西尼画廊），出现在眼前的首先是一种色彩、光线和明暗的小瀑布；它们引人注目，甚至在观者理解到图画所表现的内容之前就唤起了某种情绪。

绘画中直接的视觉价值的例子，则由那些获得了杰出的色彩主义者名望的各个艺术家提供出来。威尼斯派以色彩的富丽抚爱我们的眼睛。在都日的宫殿中，大厅的屋顶和墙壁以这种富丽堂皇而使人眼花缭乱。卢本斯或华托也给人一种相似的愉快，尽管是通过某种不同的调色板。观者并不总是明了，几乎每一幅伦勃郎的现实主义肖像画，特别是后期的那些，还形成一种既定的色彩整体，一种统一的整体，它们的色阶虽然相对说来较小，但调子和光线却有着更为细腻的变化，而艺术家在这里是利用了不具有再现功能的背景所向他提供的自由的。十九世纪后半叶，维斯特勒把他画的一幅亚历山大小姐的肖像命名为《灰调子和绿调子的和谐》（1874）。他还把类似的名称给与他的其他一些客观的绘画（《蓝色和绿色的梦幻曲》《白色交响乐》等等），在这方面它们比法国和美国的抽象主义者领先了几十年。

在各个时期，我们都可以在那些启示了形而上学倾向的艺术家的作品中看到一种对于图画的直接感性魅力的特殊的关心和对于我们周围的感性世界的忽视，他们探索艺术的奥秘，而把形体和色彩当作表达灵魂状态的一种工具，或者当作某些特别的感性事物的象征。在十九世纪，英国的前拉斐尔派似乎就是这样的人，以及瓦茨、布克林或者古斯托·莫洛，他在《宙斯和色麦尔》（巴黎莫洛博物馆）这样一些画中已经接近于装饰艺术。莫洛时代的法国象征主义者——凡莱纳和高更把图画的装饰性看作象征艺术的一条原则。我们在绘画史上经常可以看到象征主义和图画的直接视觉价值之间的这样一种结合。这就好像观者对于色彩和线条的变化的迷恋，预定要把他带入一种心理状态，而这将有利于探究象征的更加深刻的含义。在这里我们可以再一次地回想起法国中世纪的染色玻璃窗。

3. 诗歌作品的听觉价值

在绘画中，再现出来的事物的外观所具有的审美因素，如果还不总是很容易从被再现的对象所具有的审美因素中分离出来的话，那么，这两种因素在描写中的区别就毫无困难，因为在这里不存在外观上的相似。

在由文学所提供的审美经验中，词句的直接听觉价值具有重大的意义。这一点从所有民族都有诗歌存在这一事实本身就可以看出来。这一点还可以从承认有韵律和节奏的大师得到证明。仅仅读过《神曲》的译文的读者，即使是一种很好的译文，也难以想象在原文中但丁的三行押韵的诗节所能给他的妙处。如果我们把波特莱尔的抒情诗歌改成散文，那么我们就会明白在诗歌中直接听觉价值所起的作用了。

像加尔金斯基的《尼奥比》这样一些诗歌，就是某种音乐的组曲，它具有变化的节奏和首先是在不同的声音色彩基础上形成的、由声音的各种类型的音乐联系构成的旋律基调。[1] 加尔金斯基通过加给个别部分的标题来强调这部作品的音乐特点。在现代诗歌中，由于引入了半谐音，从而为微妙的声音效果开辟了广阔的天地。

我们评价诗歌的听觉价值，不仅是在狭义的诗歌当中，而且还包括文学散文，而且还不仅是所谓的散文诗，

---

[1] 加尔金斯基（Komtanty Ildefons Galczynski，1905—1953），波兰诗人。

即作为散文和无韵诗之间的过渡的那种散文诗。

在承认文学中的直接听觉价值的意义的时候,还必须同时明了它们对于语义因素的依赖性。大多数现代语言都不再有调性的变化(同说话人的表情无关),而这在梵语、古希腊语或古斯拉夫语中是可以看到的,在现在波兰语中甚至已不再有长元音或短元音。单词主要是由低沉连续的声音构成的,甚至当以纯熟的方式把它们挑选出来的时候,如果不把它们看作是某种人类语言的声音的话,它们在声音方面就不表现任何特别之处。如果我们不考虑词语的语义功能的话,那么它们的声音价值就在更大的程度上决定于说话人的嗓子(悦耳的或不悦耳的,圆润的或嘶哑的等等),而不是词语的选择。我们应当记住,即使当我们认为某个人的发音很美的时候,语义的因素也是包含在内的;美妙的发音不仅是音色悦耳,而且还包括发音正确。讲一口漂亮的波兰话或法国话的人,就以这种或那种方式说出来的词语表达这种或那种意义。在英文中,由"th"这种拼写所表示的声音在英语中或在西班牙语中不会使我们迷惑,但是当我们从一个咬着舌头说出的波兰语的单词中听到它的时候,就会感到刺耳。

将诗歌同散文区别开来的,还有某些独立于说话人的音色之外的音乐因素;这就是节奏和韵律。然而,诗歌的节奏本身的丰富性通常是不足以产生更大的审美满足的,而由韵律所提供的愉快又无法离开词语的意义而独立。合乎语法规则的韵律虽然不会使声音受损,但它们似乎又是不优美的。一位诗人曾经这样说过,那些令人惊奇地碰在一起的词语所形成的韵律才是最优美的。在诗歌形式中，声音的特别魅力在于正是把这样一些词语，这些日常交流的符号，组织在诗句的音乐当中。在散文中，听觉的美当然就在更大的程度上受到语义因素的限制。

词语的声音同它们的意义结合得是如此紧密，以至这种意义非常突出非常明确地以各种方式出现在我们所说的词句的听觉的美当中。环绕着词语的声音有一种联合起来的余韵，正是这种余韵同这些声音的质料结合起来决定了语言的美妙声音。对于词句的意义具有相当独立性的、作品的声音价值，可以由一个完全不懂这种语言的外国人判断出来，但是他的判断却必须依赖于别人的朗读或者背诵。对于这个外国人来说，这些声音并非毫无意义，只不过是一种不了解的意义，而且他总是力图在这里或那里，准确或不准确地猜测这种意义。

可以看到，在某些情况下，当人们听一首形式优美而内容却很复杂的诗歌的时候，当他不能很好地掌握或者根本不想去掌握它的意义的时候，他所感受到的愉快正是一种纯粹的听觉性质的愉快。这一点可以在这种情况下最清楚地看到，即一个喜欢诗歌的儿童，他是抱着满足的态度而不是理解的态度去专心致志地听一些最困难的片断的。然而，只要对这种情况细加分析，我们无疑会看到这种看来似乎独立的听觉满足是多么严重地依赖于词句的语义功能，依赖于联想到的气氛，特别是依赖于相信这些声音都是富有意义的。意识到的奥秘含义赋予这种声音的节奏链条一种充分的魅力。

当斯坦尼斯拉夫·维特凯维奇谈到装饰艺术不是再现现实而是适应造型的装饰的时候，曾经引用过马拉美的一首十四行诗，这首诗故意地不带任何含义，或者有一种对于读者来说是完全隐晦的含义：

> Une dentelle s'abolit
> Dans le doute du jeu suprême
> A n'entrouvrir comme un blasphème
> Qu'absence éternelle de lit.
>
> Cet unanime blanc conflit
> D'une guirlande avec la même
> Enfuit comme la vitre bleme
> Flotte plus qu'il n'ensevelit（…）

不管怎样，我们假设在听这首诗的时候仍然有人感到了审美满足，那么毫无疑问，在他由个别单词所引起的感受中就有一些联想，即使这些词语结合在一起也并没将什么含义。马拉美在进行他的实验的时候，没有白白地把这些词组合在一起，它们在这里具有一种相当明显的感情色彩（doute, suprême, blasphême, absence éternelle, 等等）。

在总结关于诗歌作品的直接听觉价值这一问题的讨论的时候，我很希望能注意到这样一个事实，在有关美学或文学理论的论文中，当"诗歌的神学和音乐价值"，或者它的色彩和声音价值被同时看作等同的因素的时候，那么这一诗歌作品基本上是从两种不同的观点来看待的。当我们谈到造型价值的时候，那么诗歌作品对于我们就是一部再现现实的作品。而当我们谈到音乐价值的时候，那么我们则是在评价作品的感性形态而力求摆脱它的再现功能。如果我们必须继续区别这两种观点的话，那么我们所应当提出来作为《庞达都兹》中的描写的造型或色彩价值的等同物的，就不是密茨凯维支的亚历山大诗歌的优雅，而应当是诗篇中作者再现声音过程的那些片断。例如关于夜晚池塘的潺潺水声的描写。另一方面，我们也不可能找到诗篇中直接听觉价值的视觉等同物，因为前者是一种声音过程。除非我们求助于书本插图的优美，但这就不是密茨凯维支的作品了。

第十一章　所再现的现实的价值

1. "不是'什么',而是'怎样'"的口号

一般人看待再现艺术作品的眼光是同艺术家或鉴赏家不同的。一般人感兴趣的首先是作品的题材内容,而艺术家则是它的手法。这并不奇怪,因为整个说来,作品的内容自身便会强加于任何一个接触一部作为完成品的作品的人。艺术家或鉴赏家则已经和创作技巧打过交道,了解它的困难,所以,作品首先是作为某些技巧问题的解决而使他感兴趣的。这就产生了这样一种观点,特别是在那些假内行当中,就是把无视作品的题材问题当成是鉴赏的一种检验。

在艺术史上,"重要的不是创造了什么,而是怎样再现的"这个口号经常作为指导原则而向艺术家提出来。艺术理论家力求附和它,认为不存在任何不适于审美再现的对象,并以这一论点作为他们的出发点。那种认为被再现的对象的价值对于作品的价值毫无意义的观点,也从下述说法中推演出来,或者如自然主义者所说,认为再现作品的价值仅仅在于作品和它的题材的关系当中;或者像形式

主义者所坚持的，认为现实的再现仅仅是作为创造感性质料的美的结构的一种借用手段。最后，人们可以把自然主义者和形式主义者的这两种立场结合起来，正像斯坦尼斯拉夫·维特凯维奇——"不是'什么'，而是'怎样'"这一口号的一个最热情的赞助者——所做的那样。他还把他的观点扩大到诗歌，认为在这里作品的特定内容也丝毫不决定它的价值。他跟在一个法国作家的后面，鹦鹉学舌似地以重复这一格言来表达他的激进主义：在评价一部艺术作品的时候，这部作品表现的是基督的头或者还是一棵白菜的头是无关紧要的。

那种认为不存在任何不适于审美再现的对象的观点是流行很广的。这样的例子既可以在一千年以前的吉姆河谷的秘鲁陶器中找到，也可以在十七世纪的荷兰艺术中找到。事实上，这种观点的实践既丰富了艺术，也丰富了文学，而且从古希腊文化时代起，就已经开始常常使艺术从僵死的传统框框中解放出来。韩波在非常年轻的时候就表现了对于学院法规的蔑视，在诗歌中他巧妙地引入了诸如在一个少女的头发里找虱子、在一个紫红色的床上撒尿或者一个老牧师的肚子痛之类的题材。但是，却不能够从每一个对象都可以成为具有审美价值的作品的题材——即使再现的题材对于我们来说是无足轻重的或令人生厌的，例如卢浮宫中伦勃朗的一幅画是一条剥了皮并被分为四部分的公牛，这在十六世纪的荷兰绘画中是一个被经常重复的题材——这一事实出发，就得出结论说再现的题材的价值不能赋予作品一种不同类型的审美价值。这样就在正确的命题基础上得出了错误的结论。

维特凯维奇本人对待某些作品也不是总能忠实于他的原则的。在一篇评论布克林的文章中——这篇文章和他阐述艺术的任务和价值的文章包括在同一本选集中[①]——作者就情不自禁地赞赏布克林的场面的独创性,它们的象征意义,简言之,就是图画的文学内容,而这是被他看作无关紧要的。他在文章中以大得多的篇幅来谈这些图画的内容,而不是那些他以前认为是它们的唯一的艺术价值的价值。

实际上,"不是'什么',而是'怎样'"这一口号的拥护者们,是往往没有一种基本立场的。问题的关键在于他们认为再现的题材是在一切方面,还是仅仅在某些方面对于作品的审美价值无关紧要。

克里斯蒂安森曾经注意到经常将艺术的形式和内容对立起来的错误:"既然许多画家都曾画过圣母像,那么你们就谈到了一致的内容。但是他们的绘画真的有一个一致的内容吗?绝对没有。内容只成了一个统一的主题的一般概念。但是如果把所有这些圣母像互相比较一下,就会看到它们是完全不同的个性……这些个性的不同可以借用'怎样'来表达。但是这些又是内容的不同,并且完全属于'什么'。"[②]

实际上,在讨论被再现的对象的作用的时候,必须区别两点:(1)描述的对象的外观;(2)这种外观所要服从的

---

① 圣·维特凯维奇:《波兰的艺术和批评》。

② 克里斯蒂安森:《艺术哲学》。

对象的限定。简言之,我们必须回顾一下在第八章我已经提醒过的"被再现的对象"这一用语的模糊含义,回顾一下描述对象同它的指示物之间的区别。在这里我们将把文学作品放在一边,而只限于绘画,因为众所周知,只有在图画中对象的外观才可以直接看到。

在看一幅画的时候,我们可以不用关心这个外形是属于某一个确定的指示物的。只要我们知道这幅画描绘的是"某个妇女""某个海湾"等等也就够了。然而在许多情况下,这又是不够的。我们力求确定这个指示物,而在这种努力当中,我们或者利用诸如标题或评注之类的外部标志,或者就在描绘对象的外观本身找到那些可以接近于确定被再现对象的细节。正如我们以前曾经说过的,这可以是我们以前实际上已经见到过的某个具体事物(例如N夫人、那不勒斯湾);它也可以是通过另外的渠道获得的表现题材,例如,我们通过阅读或者传统已经熟悉了的题材(《最后的晚餐》《圣母像》《科菲塔国王和女乞丐》);最后,它还可以是一种仅仅出于画家的幻想的题材。

由于这一点,那么所谓描述对象同指示物之间的区别,"不是'什么'而是'怎样'"的口号,以及一幅画的内容对于它的审美价值无关紧要的口号,就都可以得到两种解释了:(1)描绘对象的审美价值是无关紧要的(例如,图画所描绘的少女美丽还是丑陋是无关紧要的),这是最根本的立场。(2)描绘对象的指示物,也就是不属于描绘对象的外观的所有那些限定条件是无关紧要的(例如,图画所描绘的女子是一个普通女子,还是一个圣母,是无关紧要的）。从这种观点来看，图画的审美价值仅仅是独立于我们通常所说的主题和文学内容。

我们这里所讨论的这个口号，有时候甚至还有另外的目标。既然图画可以有一个象征的主题，也就是说作者可以把再现的题材当作他表达某种更深奥的内容的象征，那么就有可能，当有人问再现的对象对于审美经验的意义的时候，主要指的是再现的对象——它被认为赋予这一题材以一种特别的价值——的这种象征性的解释。这种立场可以用这样的话来表述，图画的观念是无关紧要的，亦即作者希望通过再现的对象表述什么思想或什么象征内容是无关紧要的。

这样，当我们摆脱所有偏见的时候，我们就应当考察一下作品的题材是怎样能够影响对它的评价的，那么我们就必须考虑各种问题，同时既要记住描绘对象的外观，又要记住在这一外观中不直接显现的指示物的那些限定条件，最后，还有这些指示物可能具有的象征功能问题。

2. 通过图画的中介而同对象交流

让我们从考察描绘对象在评价再现作品中所起的作用问题开始。在研究这一对象的时候，我们将要对这一问题作更深入的分析，因为还有使这一问题变得更加复杂的某种情形。不难看到，在图画中看到的事物常常显得比在现实中直接看到的事物更加具有吸引力。一个日常生活场面，一片风景，一堵墙壁，在现实当中我们可以漠不关心地从旁走过，而当我们在图画中看到它们的时候，却吸引住我们的眼睛，而且这甚至可以是在一幅完全忠实地制作的图画中；我们可以清楚地知道，不是事物的再现（或者不仅仅是这种再现），而是我们在图画中看到的事物本身在吸引我们。在通过事物的图画再现而同它们交流的时候，我们是以一种同我们直接看到它们的时候不同的方式在和它们交流，而这种特殊的方式就赋予对象某种特别的魅力。

于是，就会出现这种情形，我们看到我们从图画中看到的事物在吸引我们，但是仍然不知道我们的审美经验，是由于艺术家再现了一个当我们直接看到它的时候也会具有吸引力的事物呢，还是这一事物所以具有吸引力，只是因为我们没有直接同它交流，而仅仅是通过再现作品？因此，内省判断，也就是描绘的对象的外观在我们对于一幅图画的感受中是一个审美因素。还是不能作为对于这样一个问题的回答：即对于这些审美经验来说，正是具有这样一种外观的事物被选来作为图画的题材这一点是否重要？在我们解决选择一个具有美的外形的题材是否可以以及在多大程度上可以决定一幅画的审美价值之前，我们必须知道再现本身是怎样可以影响对于被再现的对象的审美关系的。

我们似乎可以一般地说，通过事物的图画表现（假定其余情况都保持不变，就是说它决不破坏和现实事物直接接触时的某些特别魅力）而同它们交流，可以加强和扩大我们对于这些事物的审美感受力。① 我们的审美经验不仅依赖于唤起它们的对象，而且也依赖于我们接近这一对象的态度。一个成年人对于在日常生活中我们总要同它们打交道的一些事物的审美立场，毋宁说是某种特殊的事情，而另一方面，我们接触一部艺术作品，一开始就是抱着一种审美的态度，因为我们知道艺术作品的目的就是唤起审美经验。立普斯认为："我可以从一种严格的审美观点上来看待自然，而对于艺术作品，这种观点自己就自动出现了，这正是因为它是艺术作品。"② 但这也正是为什么一个艺术家可以通过图画而把我们的注意力引向事物的美，而这些事物在审美的意义上来说是我们以前完全漠不关心的。据说是透纳教会英国人感受伦敦的雾的美的。

为什么通过图画的中介而同现实交流可以影响我们对这一描绘对象的审美关系，还有另外一个原因。我们从图画中看到的事物，是同它周围的一切事物完全孤立的。无论是那些把审美立场看成是康德的"无利害的观照"的人，还是那些像立普斯一样，把审美经验置于对于对象的移情基础之上的人，以及那些认为审美立场是对于理智的桎梏的一种解脱的人，都把对象的这种从其周围现实的孤立，看成是一种特别有利于采取这种立场的因素。而当我们面对一个再现的对象的时候，它什么时候才是孤立的呢？图画本身——帆布或者纸上的色彩斑块总体——并不是同我直接面对的现实孤立的；我买了它，我考虑把它挂在这面

---

① 见本书第十七章：《自然和艺术》。
② 立普斯：《审美观察与建筑艺术》，第59页。

墙上还是那面墙上，我还可以把它送给一位朋友以祝贺他的生日，等等。演出一出戏剧的演员也丝毫不能同这种现实孤立，各种各样的众多关系把我同这些人联系起来。而当我把注意力都集中到再现的对象上的时候，我便打破了同周围现实的一切联系，描绘在图画上的那些事物，演员在舞台上所扮演的那些人物，同我周围的事物都不发生关系。这决非仅仅是一种特别的孤立，并不是画框构成了一种不可逾越的障碍，而是我面前所看到的对象是一种幻觉。作为一种幻觉，而且在图面中甚至还有它自己的空间而不是真实空间的一部分，这一对象对于我们来说就不能直接同它周围的现实世界联系起来。

在看到绘画上的对象的时候，我们知道我们看到的不是现实，而是经验某种有意识的幻觉的东西，这是一种"使人相信"的知觉，然而，它又是通过感官而得到的知觉；我们确实看到了画上的事物。不管怎样，既然我们知道这个事物在这里并不存在，所以它仅仅是"纯粹的知觉内容"，而这在我们的知觉中是重要的。正像在绘画中那样，只是我们的想象力在教我们活动，这种情况也在很大的程度上有利于审美经验的产生。

所有这些影响描绘对象的美感魅力的因素，在一切图画中都发挥作用。然而，如果我们不想考虑它们，或者在特殊情况下提出这样的问题：当我们在现实中直接看待它的时候，图画的这一题材或者那一题材是否会有审美价值？那么，这时就会出现这样的情形，除了那些同图画的一般再现功能相关的因素以外，某些类型的图画还有赖于描绘这一对象时的特殊情况，即使它的形体正像图画上所描绘的那样，我们却不能够在和图画上所看到的同样的条件下去观照它。因此我们可以说，在某些情况下上面所提出的问题是无法作出回答的。

例如，在雕刻或者绘画中，我们可以看到事件的"瞬刻的截面"；时间对我们在这里所看到的事件和人物来说是突然停止了。我们可以花一个钟头的时间来观赏米隆的掷铁饼者的姿态，而实际上这一姿态只不过持续了一秒钟的几分之一，我们可以在帆布上静观奔驰着的马上的不动的人物。在另外一些时候，艺术家又可以使我们一眼就看清一个场面，而在实际上却不是一眼就能一览无余的。另外，在图画中对象这样清楚地显现在我们面前，好像它们离我们很近似的，但是在这样一种透视当中，又好像我们是从很远的地点观看它们的（无限透视）。[①]实际上，我们是不可能这样观看事物的。所有这些，总是必然要在图画的审美价值中产生影响的。

只有在作过这样一些探讨之后，我们才可以谈到被再现的对象的美在评价再现作品中的作用。

3. 作为美的现实的代用品的图画

正像许多其他艺术理论家一样，斯坦尼斯拉夫·维特凯维奇也把绘画和雕刻看成是根源于两个源泉：装饰和人

---

① 参见海尔莫尔茨：《绘画的物理基础》，第14页。

们对于周围事物的模仿——这一方面可以由模仿活动本身提供愉快，另一方面在人们所再现的模拟象中观照真实事物的复制品也可以提供愉快。不过，模仿真实事物的外观还有其他的目的，这种模拟象可以作为它的指示物的代用品。这样一种代用品还可以因其他理由而具有价值，例如，为了魔术的目的或者为了像今天的照相那样的目的。当一位君主想向一位不认识的公主求爱的时候，有时候就会在他作出决定之前力求得到她的肖像。

但是，图画还可以作为一个具有吸引力的事物的代用品，而这一事物所以具有吸引力又正是由于它的外观。如果我们只从艺术的审美功能来看的话，在视觉艺术中，这应当是艺术创造的第三个根源。从艺术达到了一定水平的技术完善的时候起，艺术家的任务就不是仅仅在于形式和色彩的直接表现，不仅仅在于对于现实的忠实再现，而且还在于对于美的事物的肖像的创造——通过幻觉的图画而向观者提供一个美的环境和美的人物。

希腊雕刻将神们从天上搬到地上。人体美的理想对于菲迪亚斯和波立科里特斯以及他们的后继者们来说，是一个最为重要的艺术问题。他们的任务不是再现人的形体，而是再现杰出的人的形体。波立科里特斯力图发现决定人体美的数学的规律。不仅是雕刻的完善，而且还有刻画出来的人的形体的完善，成了艺术家竞赛的目标。对于这种所描绘的形体的完美的追求甚至导致了同现实主义的背离，特别是在早期的希腊雕刻中更是如此。我们看不到像菲迪亚斯所刻画的那样一些人物。曾经有人指出，菲迪亚斯的雕像很能使人想到柏拉图的理念。

在希腊雕刻史上起了这样一种重大作用的人体美,在今天观照这些作品的观赏者的经验中也起着同等重要的作用。有多少人拿最著名的维纳斯的雕像来同他认为美丽的女子中的姣姣者相比。像米罗的维纳斯或者贝尔夫德的阿波罗这样一些雕刻,直到今天还保持着它们作为人体美的理想的声望。

在其他时代的艺术中也是这样。如果说在中世纪的早期,再现人体美的问题几乎消失了,而让位于艺术的其他任务,那么随着文艺复兴的第一线曙光,这一问题又重新出现了。从这一时期以来,最伟大的大师们都曾追求实现女人的面孔的美或者女性的肉体的美,当今天的观赏者比较这一时期的各色各样的圣母或者女神的时候,那么同样,他不单单是比较图画,而且常常是首先比较它们所描绘的妇女。在评价这些绘画的时候,像波提切利的圣母的魅力、拉斐尔或索多拿所描绘的女人的甜蜜,或者像乔尔乔涅所刻画的维纳斯的形体的美这样一些因素,都是一些至关重要的因素。米开朗琪罗在他的《创世记》中揭示了青年人形体的前所未闻的极其丰富的效果。习惯上总是把《创世记》看作是服务于西斯廷教堂壁画的修饰目的的。但是,构成天顶的这些修饰物不可能正好就是这样一些形状的肉体的斑点,而是这些斑点所描绘的年轻的肉体。

在更现代的时期里,甚至在那些看来似乎破坏再现形体美的艺术家当中,有许多人实际上只是提出了不同的人体美的标准。罗丹为他的某些雕刻挑选模特儿并不比拉斐尔或者提香稍稍掉以轻心,仅仅是选择的原则不同而已。当罗丹说艺术家不应当追求美的形体而应当追求具有个性的形体的时候,这丝毫也不意味着他认为描绘对象的审美价值不影响作品本身的审美价值,他仅仅是说在其他形体中比在一般认为美的形体中可以发现一种更为深刻的审美价值("不是美的形体,而是具有个性的形体才真正是美的",按照罗丹的思想,我们可以说他使用"美"这个词是有两种不同的含义的)。[①] 英国前拉斐尔派也是注意再现的形体的美的,不过他们喜爱的妇女类型同古典人物的平庸的美相去甚远罢了。前拉斐尔派的"没有吸引力"的妇女是他们的作品的一种主要的魅力,实际上,这表现了一种新的女性美的理想。伯恩－琼斯有他自己的同各式各样的莱诺尔兹的沙龙美人相对立的妇女类型,正像波提切利、列奥纳多、拉斐尔、卢本斯、莱诺尔兹或安格尔每人都有他自己的妇女类型一样。

在几个世纪当中,艺术家花费了这么多的精力在绘画和雕刻中创造美的人体,以至于今天关于人体美的讨论——也就是说不是讨论艺术的美,而是讨论自然的美——还往往从视觉艺术的历史上来取得它们的材料。

但是,艺术家不仅仅是在人体的模拟像中追求再现的题材的美。在风景画中,直到十九世纪中叶风景画家开始为自己确定新的任务之前,再现所观察到的景物的美几乎

---

① 具有特征的丑可以具有审美价值(不仅是在艺术中),这种有趣的例子在瓦里斯的《审美地看待丑的对象》一文中也可以看到。*Wiedza i Zycie*,1932年第6—9期。

一直是一条定律。正是由于风景画没有那些可以使观赏者感兴趣而又可供肖像画家和世俗画家支配的各种因素，而把可以将美丽的自然带进沙龙或者家中看成是它存在的基本理由。与此同时，不论荷兰世俗画采取什么题材，不论这种再现的题材是否满足"审美要求"，而像路易斯达埃尔或赫伯耳这样一些荷兰风景画家，还是宁愿把再现的风景的生动性看作他们的作品的美的必要条件。"生动如画"这一成语，当用来说明风景的时候，它本身便是对于这一点的一个证明。

这条生动如画的原则在描绘一组场面的图画中也可以看到。用来作为这些给人以深刻印象的场面的背景的正是美丽的风景；有时候风景同建筑相结合，而很少是单有建筑本身。这样的例子到处可见。我们可以从乔尔乔涅或维罗尼斯、华托或郎克雷特，以及布克林、柯罗·布维斯·德·沙瓦那或者希米拉德茨基①那里找到这些例子，他们的图画的廉价的复制品，以它们的古代世界的戏剧性的魅力来丰富市民居室的内部。在这些形形色色的作品当中，被再现的对象的美是由环境的美、个别人物的美，以及被再现的对象的适当组合构成的，而关于这种组合或所描绘的场面的构图的审美标准，从其生动性来看，则是相当不一致的。

更为普遍的一个事实是，以牺牲现实主义或者迎合传统来增强场景的魅力，赋予它们那种在创作者看来是决定

---

① 希米拉德茨基（Henryk Siemiradzki，1843—1902），波兰画家，擅长古代风俗场景。

景物的生动性的东西，这就告诉我们古代大师们是如何关心所描绘的场景的美的。我们随便看一下任何一幅宗教内容的画，甚至一幅文艺复兴时期的肖像，即使是列奥纳多的《蒙娜·丽莎》，我们也总能够在背景上看到一片引人入胜的风景或者纪念性的建筑物，而它们的出现又往往是同图画的内容无关的。维罗尼斯描绘所有取自《新约全书》中的场面都以辉煌壮丽的文艺复兴时期的建筑为背景，尽管他非常清楚，无论是基督的家庭还是使徒们都不是住在宫殿里的。再现出来的人物的习俗和姿态也是如此。这种为了"效果"而牺牲真实，这些图画的完全的戏剧性——它有时会使我们反感，更不用说法国宫廷绘画的戏剧性了，——基本上都是为了追求所再现的事物的美．这种倾向在意大利十五世纪的某些艺术家的作品中产生了不同的各有特色的结果，它使得所描绘的场景繁缛夸张，有着各式各样的效果。有时候艺术家把建筑、自然、人物、动物、富丽堂皇的服装和珠宝，一股脑儿都画在同一幅画面上。他力图在一个很小的空间内集中尽可能多的引人注目的事物，"这样就总会有某种值得一看的东西"，其他的目的肯定也起作用；对于再现的喜爱，使早期的文艺复兴大师们在图画的空白处填满了从整体观点看来是不必要的细节。不管怎样，对象的选择往往是由对所再现的事物的美的考虑来决定的。

在视觉艺术历史上，再现的事物的美并不总是起着——像我们已经看到的那样——同一种作用的。在某些时期，这种美出现在前景上，甚至当再现的现实主义好像服务于被再现的对象的美的时候，图画仍然必须符合绘画技巧的要求，因为不然的话，再现的事物就不会那么美。当然，这种美的标准不是永远不变的。那些其美能使观赏者感到愉快的对象的选择也是变化的。

在另外一些时期，再现的事物的美则失去了它的意义，而让位于审美价值的其他因素。这里甚至很难说清楚是哪些时期。在同一时期，在不同艺术家的作品当中，有时甚至是在同一个作家的作品当中，再现的事物的作用也可以是非常不同的。就在同一时期，当望·迪克和木里罗正在创作他们的圣母像的时候，而维拉兹奎兹却热衷于描绘可怕的矮子，或者西班牙公主和王子的丑陋而又呆钝的相貌。普香和克劳德·罗莱因的戏剧性作品在法国是和勒·耐因兄弟的作品同一时代的，而像特保赫·麦特苏、匹特·德·胡赫这样一些荷兰画家却极少选择市民或农夫室内的富丽外表作为他们绘画的题材。在十九世纪，英国前拉斐尔派的绘画是和库尔贝的油画同时代的。居斯塔夫·莫娄将古代世界理想化的作品同色扎那、图鲁斯·劳特拉克和德加的绘画也是同时代的；而同一个德加，在他再现戏剧界的同时，同样也从它最丑恶的方面、从后台加以再现。

在几十年当中，所有出现的新倾向至少在理论上都反对追求所再现的事物的美。攻击从各个方面袭来，并且以各种口号的名义（自然主义、形式主义、象征主义、表现主义），而这些干扰有时就导致艺术的一种革新，赋予它一些新的价值，有时候甚至好像引起一种关于所再现的事物的美的新的标准。然而，正是这些从各个方面一再出现的攻击，却显示了所再现的事物的美在艺术史上的重大意义以及它的不可轻易放弃。毫无疑问，它所提供的审美愉快，同再现现实的方式本身所提供的特别愉快是不相同的。所再现的事物的美，最终还是在于我们从那些一般不包括在艺术世界中的客观事物那里所发现的同样的审美价值。比起艺术作品的其他价值来，这些价值似乎更易于理解，正是由于这一原因，它们也就更易于被忽视。但是，如果一个外行在图画中首先追求的是美的事物，这并不意味着这种愉快仅仅是对门外汉才有的愉快。每一个不把他的审美感受力屈从于严酷的理论的人，毫无疑问地都会不止一次地记得，当他看一幅画的时候他竟忘记了这是一幅画，而是全神贯注地观照着它所描绘的事物。在许多情况下这也正是艺术家所追求的效果。

因此，不管艺术理论家说了些什么，我们必须肯定所再现的事物的审美价值，在某些类型的绘画和雕刻作品的审美评价中是一个重大的因素，在造型艺术中，不同的艺术家为自己确定的任务之一就是创造这样的作品，即它们应当向观赏者提供美的客观事物的幻觉。

4. 文学作品中所描写的对象的美

这一问题在文学作品中的表现是不同的。在绘画中，所描绘的事物的外观可以由感官直接感知，而在描写中却绝不是直接确定的，在最终的意义上说是依赖于读者的幻想。首先，描写不能给我们那种视觉幻象，而这种视觉幻象可以使我们在现实外观的再现中感到愉快，好像它就是一种活的现实。所以，尽管人们总是在绘画中要求美的题材，但不会将这些要求强加于诗。

然而，在某些情况下，所描写的事物的美也不是没有意义的。如果一幅图画不仅能够显现某事物，而且还"描述"这个所再现的事物，那么在语言的再现中，我们不仅可以力求叙述事物，而且还可以"显现"它们，当然是在抽象的意义上。甚至诗人相当经常地使用画家的方法；他力图在读者身上唤起一种对于事物或事件的生动印象，但是却不向他泄露这些并没有一层外表的事物的性质的秘密，也就是说不把这些事物或人物——他用词句再现了它们的外观——是什么说出来。作者这样做，就好像是他带读者转了一遭，让他看了各式各样的事情而未向他作任何解释。这些解释后来才会出现，正像它们构成对于一幅画的评论一样。作者安排他的描写的顺序，无论如何不是一个根本的问题，根本问题是这种诗的描写的艺术价值，这是我们在前面几章讨论过的。如果诗人成功地在读者那里唤起了一种对于描写对象的生动印象，那么对于读者的审美经验来说，这样一个对象的美与不美就不是无关紧要的了。于是这种描写就成了图画的代替品，正像图画可以看成是想象的现实事物的代替品一样。但是，描写在同图画的关系中，却没有图画在同现实事物的关系中的那样一些特权。

无论如何，密茨凯维支的《庞达都兹》中关于里图亚尼森林的描写所以引人入胜，不仅因为这些描写是造型性的，像密茨凯维支所说的，我们可以看到它们，而且还因为描写对象本身——里图亚尼森林——具有一种深刻的魅力。自然的美渗透于对于它的描写之中。同样的理由，小说和诗歌的作者很少不在行动的发展中引入美丽的女主人公或美丽的环境。特别是一些蹩脚的小说的作者，更以不惜赋予他们的主人公或环境以辉煌的光彩来弥补作品其他价值的不足。

5. 所再现的事物的"非审美"特性的审美价值

现在，让我们考察一下在一部作品评价中，那些不直接表现在对象的外观中的各种限定条件有什么意义。一部艺术作品的审美价值，在多大程度上取决于它的指示物是什么（而不管它像什么）？

在这里首先出现的是题材问题的重要性或者意义。从前，古典主义美学——它有一种明确的题材等级——非常强调这一因素。按照这种等级，一幅宗教内容的图画——假定其他情况完全相同的话——就高于一幅历史性的图画，而一幅历史性的图画又高于一幅以日常生活为内容的图画，一幅肖像画也高于一幅风景画。莱辛拒绝承认风景和花卉画家的天才，虽然他认为一个好的风景画家胜过一个蹩脚的人物画家。在英国，一种将伦理价值放在前面的相似的等级划分是由约翰·罗斯金提出来的,而他在许多方面是反对古典主义美学的。罗斯金说道:"风格的伟大或者渺小同主题所引起的兴趣和热情的崇高有直接关系。"在他看来,选择神圣的题材(如果这是真诚的)的画家应当享有最高的地位。"一个热衷于再现伟大人物的思想的画家,例如像拉斐尔在他的《雅典学园》中那样,就是一个第二位的画家。而表现日常生活的情欲和事件的画家就是三等画家,等等。"①

在绘画和雕刻中,很久以前已经完全打破了这样一些类型的传统的等级划分,但在本世纪的前二十五年中,似乎也没有人认真地企图确定这种新的等级划分。

社会主义现实主义在这方面却造成了一种对于古老传统的恢复。新的题材等级再一次出现了,并且受到官方权威和国家奖励制度的支持。1948—1954年这一时期在波兰展出的几乎所有当代艺术的目录提供了这方面的有趣的材料。如果一个画家希望展出一幅静物画,那么他起码必须给它加上一个《园林工人的椅子》的标题。一位以画奶牛著称的艺术家画的奶牛,现在也加上了《国营农场的奶牛》的题目,以便抬高它们在题材等级制中的地位。如果我们今天嘲笑这种措施的话,这并不意味着我们认为被再现的对象的重要性不是审美经验的一个因素。相信我们所观赏的作品的题材的意义,这对于作品的审美评价不是漠不相关的。当我们赋予再现的题材以某种较大的意义的时候,

---

① 罗斯金:《绘画和诗歌》,《作品选集》。

即使只是一些同审美价值并无共同之处的一些因素，那么这种意义作为一种积极因素，也会从作品的题材转移到作品本身。相信作品的重要性并从而加强我们同这一作品的情感关系，就可以影响我们的审美评价。人们可以经常听到说一部小说或一场演出没有受到欢迎，因为题材太平庸乏味了。这样一些意见有时候是由一些无足轻重的人物讲出来的；克劳德尔不希望阅读普鲁斯特，因为他对势利小人的卑微感情不感兴趣。在绘画中，因为同样的理由，静物画也很难取得成功，除非在鉴赏家的狭小圈子里。

这样一种可以增强审美经验的影响力，不仅是由建立在特定社会环境下看来是客观标准的基础上的意义所产生的，而且还是由个人倾向所产生的主观重要性造成的，换言之，就是由特定题材对于某些观者或读者所传达的情感意义造成的。一个猎人会被法拉特①描绘打猎的图画迷住，而对于另外的人，它们将会失去它们的很大一部分魅力。个人对于性爱经验的耽溺，对于英雄的渴望，对于旅行的热爱——这一切在艺术作品的评价中都会有所反映，一个人的知识领域越是狭窄，他理解问题的能力就越小，对其他的爱好也就越少，而这种反映也就越强烈。

一个有意义的题材的选择，当然不就是一种艺术价值；所以，一切建立罗斯金式的艺术家等级的企图都必然是一种天真的想法。我们非常清楚，正是那些平庸的艺术家才非常急切地去追求所谓伟大的题材。只有重大而又困

---

① 朱利安·法拉特（Julian Falat，1853—1929），波兰现实主义风俗画家。

难的题材的圆满实现才构成一种艺术价值，因为正是对于重大题材，我们才提出最为严峻的要求。

同样，主题的重要性也不可能像再现的现实主义或色彩的美妙变化那样，成为观者或读者的感受的一种独立的审美因素。一部描写重大题材的作品，而没有其他种类的价值，从审美的角度来看就会是无关重要的，甚至只有否定的美感效果。但是，这对于一部具有审美价值的艺术作品来说，却不是一个没有意义的问题；在这种情况下，题材的重要性对于审美情感还起着一种情感的共鸣器的作用。在这方面，作品的题材的"非审美"特性是可以影响它的审美价值的。

除了题材问题的客观的或主观的意义之外，所再现的题材的不一般性在作品的评价中也可以看到；例如小说、戏剧或电影中的不寻常的事件和环境、不寻常的人物，绘画或雕刻中的不寻常的场景。作品题材的不一般性，由于可以提高作品本身的有趣程度，于是就像题材的重要性一样，也就成了一种相似的"情感共鸣器"。区别只是在于作品题材的不一般性在某些情况下可以看作是一种艺术价值；我们可以在这里评价艺术家的创造性。

明白了这一切，我们还应当注意，建立在这种题材的重要性和唯一性的理论基础上的对于作品题材的这样一种情感态度，并不一定是由作者选择了一个恰能激动人心的主题引起的。由于熟悉小说或戏剧中的人物，也可以在他们和读者之间产生情感上的联结。这些人物是我们已经认识的，因此他们的命运就比某些陌生人的命运更加使我们关心就不足为怪了。这样,作品的题材对于我们就具有了重要性,尽管在我们没有在作品中看到它以前,它本身对于我们来说并没有任何特别的意义或者不寻常之处。所以,这种情感态度并不是所描绘的人物拥有某些特别的价值的结果,而毋宁是作者作为一个作家的天才的结果;作者能够使我们接近他们,尽管他们并没有表现出什么不寻常的地方。正是这种能够赢得读者对这些并不特别杰出或毫无非凡之处的人物或事件的同情的能力,这种使人从主观感情上感到他们重要的能力,才正是作家天才的标志。

这样,特定题材的选择怎样影响作品的审美价值的问题,就同作家怎样增强他的作品题材的兴趣的问题区别开来了。在实践上,我们经常区分艺术作品的情感价值的这两种因素;例如,我们会奇怪一个作者竟然以一个毫无效果的题材创作了一部这样引人入胜的作品,或者是另外一位作者,虽然有一个有趣的题材,但却没有充分地利用它,因而只写了一部毫无生气的小说。

6. 艺术创造中的两个阶段

按照我们对于艺术中所再现的事物的作用的考察,艺术创造活动可以分为两个阶段:(1)再现对象的构成;(2)这一对象的再现。在视觉艺术中,第一阶段应当等同于构成一个"活的物象",第二阶段则是将这一物象转移到帆布或者大理石上。这一活的物象不仅是由想象构成的,而且也是由现实事物构成的。一个画家或者雕刻家,如果他使用一个活的模特儿的话,他将指导模特儿摆出他所设想的姿势,或者在他开始绘画或者雕刻之前安排好一组活的模特儿。在这些情况下,甚至存在着物质意义上的两个活动阶段。

在个别艺术家的创造中,这样两个阶段很少能够一下子就区分开,因为当艺术家着手制作之前,关于所要再现的对象的最终观念几乎从来就不是完整的。正是在帆布上或大理石上完成的过程中,它才发展以至完善起来。

作品题材的构成和它的再现要求着不同处理的功能,它们并不总是一致的。有的人可以拥有非常活跃的想象力和构思能力,但是却没有再现能力;反之,一个有才能的肖像画家也可以缺乏幻想。创造性的、如在目前的幻想可以使造型艺术中和诗歌中的观念同样得到实现。在诗歌创作中我们同样可以区分这样两个创作阶段;出现在斯洛瓦奇幻想中的魔术般的幻象就是他的某些作品中的相应的片断。对于画家来说,这种幻象就构成了创造作品的第一阶段,而第二阶段就是把这种幻象投射到帆布上。

创造中这两个阶段之间的关系是可以不同的。对于自然主义画家来说,第一阶段只有第二位的重要性。但是即使在这些情况下,尽管现实事物是被完全忠实地再现出来的,所描绘的题材的构成在某种程度上也要依赖于艺术家。艺术家的独创性在这里要涉及这样一些因素:角度的选择,光线的选择,画面的范围,描绘哪一顷刻的选择(在再现活动的题材时),以及其他,等等。这些并非都是细枝末节；画框的微小的移动就可以破坏一个美妙的构图。所有这一切也都适用于摄影，尽管在摄影中对于现实事物的忠实在某种意义上是自动有了保障的。艺术摄影家也要在他的图画中构图，尽管在拍摄的题材中并不能引入任何变化。

在另外的情况下，创作的第一阶段则有大得多的重要性；有时它甚至可以成为创造作品的最为重要的部分。当艺术家首先要用他们的手赋予他们想象中的幻象以外形的情况下，就是如此。这样一个幻觉的创造者能够凭空创造出新的世界。以至于后来人们赋予他的作品以重大的价值，不是为了它们的"手法"，而是为了它们的"观念"，不是为了他"怎样"再现，而毋宁是为了他再现了"什么"，这就不足奇怪了。然而，还必须知道，即使一个人拥有最富丽的幻象，但是却没有把它们再现到帆布或者石头上的能力，他仍然不可能创造出具有永久价值的作品。

对于某些艺术家来说，作品题材的构成不仅是创作的一个重要阶段，而且有时还是经过一番痛苦的和一系列的劳动（所谓独创性的劳动）才能完成的。这种劳动可以以在形成作品的最后观念之前的整整一系列的素描为例。居斯塔夫·莫娄的创作在这方面是有趣的，因为为了精炼和深化他未来作品的内容，他常常特意付出许多劳动，不仅使用素描，而且还常常力求把他的观念形诸文字。他的日记——其中描写了他的那些在帆布上完成之前的幻象——同时也是这样一种范例，用于作品题材的第一阶段的创造劳动，并不完全依赖于这些幻想的形象是否要取得它们的语言、色彩或固体的形态。居斯塔夫·莫娄的日记

既可以作为画家的素描教科书,也可以作为诗人的素描教科书。下面就是这位艺术家为他的《利达》所准备的材料的一段:

"天神出现了,霹雳大作,他把对人世的爱抛到了九霄云外。沐浴着晨曦的鹤王,目光阴沉,将头搭在庄重地侧着白净脸蛋、在神授的加冕礼之际显得很谦恭的女神的头上。咒语念毕,天神闯了进来,变为这个纯洁的美人。秘密祭礼举行,在这群神圣的教徒头上,出现了两个架着神鹰捧着作为天神的标志的圆锥形冠和霹雳的天使。他们在利达面前捧着天神的祭品,他们是进入梦乡的天神的祭司。而当象征整个大自然的伟大的潘以祭司的手势呼唤所有瞻仰祭礼的生物的时候,整个自然界都在发抖,并顶礼膜拜:那些农牧之神,林间仙女,森林之神和水畔仙女都纷纷下跪以示崇拜。"[1]

如果艺术家处理的是自然的题材,那么梵高的书信则可以用来探讨所再现的现实事物的构成过程。这可以在1889年写给奥里埃的信中看到,其中讨论了柏树的形体,或者同一年从圣·雷米医院所写的一封于著名的《有怪面人和伟大的太阳的谷物田野》的构思的信,以及1890年5

---

[1] 转引自佛拉特(Flat):《居斯塔夫·莫娄博物馆》,第22页。

月写给高更的关于有着柏树和星星的道路的信。①

7. 再现艺术和对于印象的需要

艺术家集中在作品题材上的创造性劳动，是同再现艺术的另一个重要任务相联系的。由于它们的内容，再现作品可以向观众或读者展现出一幅全新的图景，增加经验的蕴蓄，丰富生活的内容，满足对于印象的渴求，从而能够——至少是消极地——参加到这些在现实中难以接近的事件或环境中去。在文学作品、戏剧或电影中，一部艺术作品可以在一个钟头的时间里向我们提供事实上经过整整几年的一个提炼出来的过程。在本书的下一部分我们将讨论到通过对于其他人的心理的移情而丰富我们的生活。在这方面，再现艺术的价值是无限的，由于它们，才可能同——在我们的四壁斗室之内，甚至在一个僻远的乡村——存在于想象世界中的各种类型的有趣人物进行交流，而且是非同寻常的密切的交流。

在动态艺术中，即在那些再现事件进程的艺术（文学、戏剧、电影）中，这种通过虚构来丰富生活的功能，从观者和读者的需要观点来看，似乎就是再现作品的最有价值的特性。让我们看一看读者在小说中最经常地寻找的是些什么？我们为什么去剧场或者电影院？我们可以被以上所讨论过的各种类型的审美价值所吸引，但是最普遍的

---

① 《书信集》第596、597和643页。

目的却是"对于印象的需要",参加到另一世界中去的需要,经历现实所不能提供给我们的一些事件的需要,即使作为一个旁观者也罢。在满足这些需要的同时,艺术在这种意义上也是有益的,即无须穷尽事件的内容,就可以显著地缓和观者的神经紧张;明知我们在戏剧中看到的是一种虚构,却可以使我们满怀兴趣地静观这些场面,而如果是在现实中看到这些场面的话,就会强烈地刺激观者的心灵,而使他不会感到任何美感印象。由于这一点,艺术就可以增强我们的感受能力,在戏剧中就可以比在现实中感受更多的东西,这不仅因为在一个很短的时间内可以在我们眼前发生更多的事件,而且还因为我们的心理反应是平和的。

正是这些需要,才使得无论是一个微不足道的冒险故事,还是一部耸人听闻的电影,或者一部精细入微的心理小说,以及莎士比亚或索福克勒斯的一出戏剧都能够取得成功。非常清楚,一个具有某种程度的"审美修养"的读者或者观者,就会和一个没有批评能力的热衷于惊险故事的读者对一部作品提出相当不同的要求;这些要求不仅会涉及作品的内容,而且还会涉及它的形式,而且他还可能被这样一种作品所迷住,不管这种作品的内容是否迷人,然而却符合于某些艺术原则。除此之外,应当说这位有修养的读者所谓的"对于印象的需要"(在这一用语的最普遍的意义上),仍然常常是他从某些作品所感到的愉快当中占有第一位的重要性的因素。

在静态艺术中,在绘画和雕刻中,以想象的事件来丰富生活的任务要比在动态艺术中的作用要小；然而，静态作品还是常常从这一因素中获得它们相当一部分的魅力。在观赏有趣的绘画时，观赏者每一时刻都进入一个不同的世界，参观不同的国度，可以泰然自若地观照各种类型的人物，进入空前绝后的境界，不断地看到新鲜有趣的环境。用描绘工人生活的图画装饰墙壁的工人俱乐部，就很少有成功的机会。

现代心理分析学者正确评价了并利用了我们对于再现作品的喜爱这一强大因素于他们自己的目标。另一方面，艺术中各种倾向的代表人物都没有能够正确地评价这一点，或者换句话说，他们对这一点不感兴趣，认为这是一个"非审美的问题"。这样一种立场作为某些艺术倾向的表述是完全可以理解的。但是，在那些表示完全忽视再现题材的审美价值的人们中间，我们还是可以发现一些人，他们越出关于严格的艺术问题的抽象讨论，而主张一种"民主艺术"的理想，即一种不是只为少数鉴赏家或追随者而是能给广大群众带来愉快的艺术。第一次世界大战以后，奥藏芳和让纳莱就采取了这种立场，他们宣传最极端的"纯粹主义"。① 是否只有静物，抽象形式的构图和"调和"调子的平面才能够满足这些群众的需要呢？他们希望逃避日常生活的单调，哪怕是一霎时也好，以便沉醉于一个幻想的恍惚世界之中。或者还是使他们的渴望得到一点新的刺

---

① 参见奥藏芳和让纳莱：《在立体派之后》，1918年巴黎版；《现代绘画》1920年巴黎版和《新精神》杂志（1921—1925）上的文章。

激,重振对于人类已经失去的信心,在苦难和斗争中寻求一点安慰?在这种情况下,那种同音乐的相似性也是靠不住的。

第十二章　象征艺术

1. 艺术中的象征主义

我曾经说过，我们可以对所再现的事物的外观和它的指示物的客观特征以外的某种东西感兴趣。所再现的事物可以具有一种特殊的功能，可以具有一种"更深刻的含义"。所再现的事物可以是一个象征。

在象征艺术中，我们可以看到一种双重的语义判断，一种不同水平的判断。在判断再现对象的时候，我们把注意力集中到描绘对象上，而在判断后者的时候，我们的注意力则转移到描绘对象所象征的事物上面，按照我们的定义，事物的象征不是它的再现，但是当谈到艺术中的再现问题的时候，我们却不能越过这一功能，在某些情况下，它赋予再现对象以一种特别的意义。

宗教艺术可以提供大量的例子。只要观察一下早期的中世纪雕刻就够了；在这里每一个细节实际上都是一种象征，首先是动物和鸟类：羔羊，鸽子，公牛，鹰，狮子，公鸡，巨蛇，鱼，鹈鹕——都是一些象征性的动物。我们还可以在植物，在无生命的事物的模拟像中看到象征；还有各种有人物出现的场面,或者是一个青年背着一头迷途的小羊,或者是一群少女手中提着灯笼,也都有它们的象征意义。在几个世纪之后的罗马和哥特式教堂中也是这种情形。中世纪的艺术由于它的象征主义而成为一种特殊形式的象形作品,人们可以从中获得它们的宗教真谛。人们所需要知道的只是钥匙而已。我们还会在宗教经文中到处遇到象征解释。当然,象征解释有时会强加到一些显然并没有隐晦意义的作品上(参看教会关于"唱诗"的解释),或者它们就根本无需这样一种解释,然而,教会文学的象征性质确实表现了无比的丰富性。中世纪的诗歌也以同样的方式使用象征。在但丁的《神曲》中,从第一页开始,几乎每一行诗句都要唤起一种象征的解释——黑色的森林,狮子,狼,豹子以及假想出来的维吉尔本人。在这里我们发现,在各个时代,而且实际上在再现艺术的各个领域,除了其他以外,我们在任何人的作品中都可以看到将抽象概念(叛逆,贪婪,理智)拟人化的现象。亚洲文化中的艺术和诗歌也是同样富于象征。

我们在十九世纪和二十世纪初的"象征主义者"那里看到另外一种例子,如在布克林或克林格、瓦茨或马尔克杰夫斯基的绘画,瓦格纳的歌剧、易卜生或马埃特林克的戏剧,诺维德①的《卓宾的钢琴》这样一些作品当中。表现主义者以他们自己的方式使用象征,最新时期的某些艺

---

① 西波里安·卡米尔·诺维德(Cyprian Kamil Norwid,1821—1883),著名的波兰诗人,戏剧家和散文作家;也从事绘画、雕刻和版画创作。

家也是这样做的。民间爱情诗有时也包含着微妙的象征。

事实上，我们在简单的文学隐喻中已经看到了艺术的象征主义，只不过这里的象征主义是从属于描写的再现功能的，而且隐喻只是取得文体的造型性的方法。这毋宁是一种描写事物的方法，而不是某种隐晦的深刻内容的一种伪装。这就是为什么我们在思考艺术的象征主义的时候，我们并不把它考虑在内，尽管在许多情况下，我们不可能指出来在什么地方使用的是隐喻，在什么地方已经不属于文体问题，而开始是象征。

2. 象征作品的两种类型

艺术中的这些象征起着什么作用呢？我们可以从中看到某些其他事物的简单的语义上的代替品。例如一幅画着鹈鹕的图画，就是向人们施舍自己的身躯和血肉的基督的代替品。蛇代表着撒旦；蝎子"意味着"哲学，因为它能够杀死自己；维吉尔可以看作是人间理智的象征，博纳·约翰斯的图画中的桥代表着人生的道路，而瓦格纳的歌剧《尼伯龙根》中的戒指则是用来象征资本的。因此，所有这些象征都是用来代替某些事物的，正像一个名称代替一个指示物或者一个信号，"符号"代替字母表上的一个字母一样。艺术上的象征和其他语义代替品的区别仅仅在于艺术象征的选择不是完全任意的，例如像数字的象征那样，在艺术象征和它的指示物之间必须存在着某种微妙的关系；有时是某种内在的相似性（不是外观上的相似，因为象征不是一个图像），有时可以唤起一种相似的情感反应，有时则是某种更为复杂的联想关系。

然而，把象征看作是另一事物的语义代替物这样一种概念是不足以分析艺术中的象征主义的，特别是更加现代的艺术中的象征主义。我们可以回想一下马埃特林克的戏剧《盲人》中的那个盲人，他在正午直视着太阳，而在他的眼睑下面看到的却是蓝色的线条。我们知道，盲人，正午，太阳和蓝色线条都有一种象征意义，但是我们能把它们看成是某些明确的指示物的代替品吗？或许有人最终能够发现这样一些指示物，正像某些读者所努力追求的这样一种解释那样。但是这是否符合马埃特林克的用意呢？这里还可以举出布克林的《寂静的森林》，一个有着女人面孔而身体像马的独角兽从一个古代森林的大树干中出现了。我们一定要赋予这个女人和这个独角兽以某种明确的指示物吗？

对于象征主义者的作品和民歌的了解可以使我们相信，艺术中的象征并不总是可以看成某些明确的指示物的语义代替品的。有时候我们把视觉艺术中或文学中的某些事物叫作象征，毋宁是在另外一种功能的意义上，即激起某些情绪或某些反应的功能。例如，第二次世界大战之后在鹿特丹港口的码头上竖立的扎德金的鹿特丹轰炸纪念碑，就是这种性质的。

第一种类型，即把象征作为语义上的代替品的，在古代宗教的象征主义中和在所谓的寓言作品中是占着统治地位的。如果我们要想找出它的根源的话，那么就不能忽视魔术代用品的作用，这是我们在所有的文化中都能够看到的，而且无论如何，它们并不总是取图像的形态。第二种类型的象征首先是最现代的象征主义者的特点，不过在民歌和古代神话作品中也可以看到。在所有两种类型的象征中，再现出来的事物只是被当作把观者或读者的注意力引向其他事物的工具，而且正是这些其他的事物而不是再现的主体才赋予作品以意义。这两种类型在艺术中并不是清楚地分开的，它们通常平行出现。这种起着语义代替品的功能的象征，也往往似乎向我们启示着什么。

我们也可以把这种作为代替品的象征和这种启示某些思想、图像或情感的象征，区分为一种可以有明确解释的象征和一种不需要清楚的解释的象征。如果一个象征不能给自己一个清楚的、不含糊的解释的话，那么它的象征意义就在于唤起某种类型的"世俗感情"，而这种感情又反过来使我们产生某种程度的清晰的具体概念；但是，就其内容来说，这只在很大程度上取决于特定读者或观者的个性。

在这些情况下，当象征能够按照作者的意图得到十分明确的解释的时候，艺术作品的象征及其象征内容之间的联系就决不是显而易见的，除非使用的是一些陈词滥调。因此，就需要加以评论（参看关于《圣经》《神曲》或瓦格纳的歌剧的评论），或者象征意义要另有单独的猜度著作来解释。这就是为什么象征艺术这样经常地成为独创性的艺术，或者只有人类精华才能欣赏的艺术。

如果说几乎每一部象征作品都可以具有多种解释的话，那么在某些特殊情况下，这种解释的多重性甚至是符合于作者的意图的，因为他允许我们在这同一些象征中既可以探讨一般的反映，也可以寻求时事政治的幻影。但丁的《神曲》第一章中的母狼，在一个人那里被认为是贪婪的象征，而在另一个人那里则成了古罗马的元老院的象征。豹子既是佛罗伦斯的象征，同时又是淫逸或背叛的象征。

艺术中的象征内容必须是重要的，必须是某种比作为象征的事物更有意义的东西，因此，作为象征的事物在这里就只起辅助的作用。象征艺术总是"理想主义"的艺术或神秘的艺术。因此，上面谈到的关于象征的两种类型的区分产生了相当分歧的观点。这种区分很久以前就曾经是一场热烈争论的题目，只是用另一种术语（征象和寓言）和从不同的角度罢了。除了别人以外，在波兰这是由象征主义的两个宣传者进行的，他们就是波杰斯米奇和马图斯杰夫斯基。他们两人都谈到马埃特林克的名言："象征是一种有机的、内在的寓言，它的根在看不见的地方消失了。寓言则是一种外部的象征，它的根是外露的，但是它的花却是不结果就凋谢了。"他们思考的问题不是象征同所象征的事物之间的联结方式，而是象征的内容本身以及象征艺术的最终目的。这两种类型的象征的对立是在两种对待现实的态度——理性主义和神秘主义的对立背景上的反映。①

3. 象征主义和审美经验

我们还必须考察一下再现对象的象征功能在审美经验中所能够起的作用。

立普斯否认象征具有任何审美价值，认为象征艺术一般是在开创时期或者衰微时期才发展的。他以嘲讽的口味说："艺术作品'意味的'越多，而实际上却是越少。"（je weniger sie sind.）艺术家在他的作品中"想到"的越多，作品所能够说明的就越少。"观念代替了内容"。②立普斯的立场得到许多其他理论家和艺术家的支持，他们认为作品应当替自己说话；它的价值不应当依赖于诸如标题或者评注，以及那些解决了疑难问题的人们的注释著作之类的外部解释。

我们必须注意，这种保留不仅仅涉及象征的内容。理解没有任何象征意义的再现艺术中的再现功能，也需要这种外部的解释，观者或者读者要求评论或作专门注释的那些因素的范围可以在各种不同类型的艺术基础上提出。当观看《加莱义民》这幅画的时候，观赏者虽然不会问到雕刻的象征内容，但是却会问这些人物是谁以及为什么他们

---

① 杰农·波杰斯米奇（Zenon Przesmycki）：《梅特林克戏剧作品选集波兰译本批评导言》，1894年华沙版；伊格纳西·马图斯杰夫斯基：《斯洛瓦奇和新艺术》，1911年华沙版。

② 立普斯：《审美观察与建筑艺术》，第95页。

都现出悲惨的面容和外表。如果他熟悉法国历史的话，那么从标题上他就已经找到了答案。一般来说，在以现实主义手法制作的图画中，标题通常就解释了题材的指示物是什么。另一方面，某些作品不是以现实主义手法制作的，例如，音乐形象甚至就需要一种更高水平的评论；它们不仅需要解释被表现的对象，而且还要解释表现出来的事物。当我们听理查德·施特劳斯的《堂吉诃德》的时候，我们必须事先就知道这是一种音乐形象，必须懂得这些声音一般是表现什么的。只有这时我们才能进一步地问这当中骑士代表的是谁，以及最后，堂吉诃德的羊是否是象征。实际上，作品的价值完全独立于一切可能的外部评论的原则——在二十世纪的艺术中如此经常地被提出来——无论如何不是专门针对象征主义自己的。不管怎样，有些人就主张把标题从绘画和雕刻以及音乐家的某些作品中（Opus 1，Opus 2，等等）去掉。

在再现艺术中，过分的象征倾向在过去经常受到讥讽，甚至受到诗人的讥讽。斯罗瓦奇本人就嘲弄过那些到处寻求"观念"的人。在《鬼迷心窍的人》（*The Possessed*）第一部中，陀思妥耶夫斯基巧妙地戏弄了那种浪漫主义的象征诗歌。

但是，尽管笨拙的象征主义，由于它的严肃的意图和手法的无能或幼稚之间的对比，往往叫人感到可笑，尽管"更深刻的含义"本身不足以使产品成为艺术作品，我们却不能由此就得出结论说，这种"更深刻的含义"在某些情况下就不能显著地增强一部作品已经具有的审美价值。根据事实，我们必须明确再现对象的象征功能可以是审美经验中的一个重要因素，而且还不仅是开创时期或衰微时期。无论是在一般文化水平的人们中间，还是在具有高度审美修养的人们中间，它都可以是一个审美因素。当然，观者或者读者对于这种类型的审美经验的感受力要取决于时代风尚，取决于特定时代文化环境中所表现的气氛。在文化环境中占统治地位的倾向的意见，对于个人的审美感受一般具有很大的影响，特别是当涉及像象征主义这样一些问题的时候，这种影响就更加明显；当我们考察过象征功能怎样可以影响作品的审美价值之后，其道理就是显而易见的了。

我们注意到这样几个因素：

（1）选择恰当的象征有时是一项重要的艺术任务，它可以引起对于创作者的独创性的欣赏。艺术家在选择象征时的创造性，熟练地抓住前人未曾观察到的象征内容和象征事物之间的联系，可以在我们同这些事物的关系中带来某种新鲜的东西。这种创造性甚至在艺术家受到传统要求（例如在基督的象征中）的限制时也可以看到。在从象征事物的观点评价一幅画的时候，问题不仅在于构成象征的事物的选择，而且还在于这些事物要有适当的外形。我以前曾经提到过扎德金献给被轰炸的鹿特丹港的纪念碑。人物的毫无表情的头，现实主义的手臂和动作，同像一堆无生命的物体碎片一样的、分散开来的人的机体碎块之间的可怕的对比,是很难令人忘怀的。[①]另一方面,卢本斯的象征主义在他的绘画中可能不是一个审美因素;在卢浮宫中的他的一幅大型油画(《宗教的胜利》)中,作为宗教的象征的那位迷人的爽朗的少女,她本身并不引起神秘的情绪。新颖的、前人未道的象征的巧妙的结合,从而使整个作品易于理解,并将所启示的意义强烈地传达给读者,这是一幅优秀的现代招贴画的原则之一。

(2)如果我们因为某些象征的联系清楚和有力而给予高度评价的话,那么,某些象征作品的隐晦不清和各种个别解释的可能性,就要求观者或者读者以某种程度的合作性的创造活动来引起他的想象,而这种由观赏作品而引起的理智的兴奋的积极状态,就可以成为一种特别愉快的源泉。在本书的第三编我们将再次谈到某些作品中的这种隐晦性怎样成为特别情绪的源泉的问题,这是其他方式所难以产生的。

(3)最后,象征主义可以使我们产生一种关于特定作品的意义的信念,认为这不是某种细枝末节的小事,而是这里的关键性的重要问题。这样一种信念——正如我们已经多次说过的——对于加强审美经验不是没有影响的。在这方面,关于特定作品的信念的影响起着相当大的作用,如认为作者在他的作品中以象征的形式揭示了"更深刻的含义",或者某些"形而上学的真理"或心理学的真理。

象征的隐晦性,在这种对于象征作品的意义的认识中

[①] 这个例子采自我《论社会学和当代世界交通》一文,见《文化杂志》1956年第40期。

也起着相当大的作用。读者或者观者易于这样设想,既然它是不可懂的,作品必定是很深奥的,因此也就是意义重大的。明确常常破坏魅力;模糊不清却可以意味着一种深刻性,即使实际上并非如此。C.郎格写道:"获得理智深邃的名声的最为可靠的方法就是,他总是以这样的方式表达自己的思想,即没有人能够真正知道他脑子里想的究竟是什么。"①

---

① C.郎格:《思想性和艺术性》,第77页。

第十三章 "内容和形式的和谐"

通过对于本书第二编中所讨论的问题的思考,我们可以了解在评价再现现实的作品的时候,有多少各种不同的审美因素出现。这些因素的多样性,是当我们以经验的方式观察一些现象、观察人们对于艺术作品的反应时向我们显示出来的,事先没有接受任何美学理论,也不带任何偏见,而这些偏见则是某些艺术背景的特点。

在第八章和第九章,我们广泛地讨论了再现对象和被再现对象之间的关系,并且是在双重的意义上(作为描绘对象和作为描绘对象的指示物)。我们以相当篇幅讨论了这种关系,因为同再现作品相联系的审美经验的特点正是由于这两种现实——再现对象和被再现的对象——的相互作用而产生的。我们把再现对象同被再现对象作为再现关系的成分来比较;在绘画中我们考察图画的外观和被描绘的对象的相似性,在文学作品中我们从词语的内容及其所唤起的价值的角度考察它们的选择。在总结我们关于艺术中的再现问题的思考的时候,我希望提请读者注意另外一个有关这两种现实的相互关系的问题,这一问题正是当我们抛开再现对象同被再现的对象的关系而孤立地考察它们的时候出现的。

这里的问题是再现对象的外部形态——当我们无视它的再现功能的时候——同描绘对象的指示物之间的关系，而指示物的外部形态一般是不出现的，出现的只是它的超外观的限定条件。换句话说，这里的问题就是再现对象的外形同所谓的作品的文学内容之间的某种类型的和谐。

能够唤起我们印象的图画或描写的外部形态构成这种内容，而且还以某种方式伴随着它们。不仅是这些印象的源泉，同时还是它们的伴随物。如果这种伴随物是选择适当的，而且再现对象的两种功能是和谐的话，那么就增加了一种新的审美愉快的因素。

然而，必须知道，作品的这种感性形态，在这里首先是一种再现的工具，它作为"伴随物"的价值，一般具有第二位的意义，而且，"形式和内容的和谐"作这样的解释（在美学中这一说法有时还用于其他的意义上）通常也是某种飘渺不定的东西，它毋宁是以某些不明确的情绪共鸣为基础的，而不是建立在客观标准之上的。

根据刚才所说，再现对象的外观在某种程度上是由再现功能决定的。这至少在绘画中是如此，外观和描绘对象的相似性是一定的。但是这种确定性只在一定程度上出现。在绘画中，在保持作品的同样的文学内容、甚至在保持相同的描绘对象的同时，艺术家仍有把图画作为色彩和形式的总体构造出来的自由。图画距离照相的现实主义越远，这种自由就越大。所以，我们的问题在严格的现实主义视觉艺术中只有不甚大的意义，尽管在风格化的再现中以及一般说来，在艺术家不怕改变现实的情况下，它却具有充分的重要性。但是另一方面，非现实主义的画家却经常表现出无视描绘对象，特别是"文学内容"，因此，图画和这种文学内容之间的某种和谐的问题，同他们就是不相关的了。

由于缺乏明确的和普遍的标准，在视觉艺术中挑选这种和谐的例子总是带有主观性的。然而，一般都以莎尔特的染色玻璃窗的色彩的富于启发性的变化同它们的宗教内容的和谐来作证明。同样，充满艾尔·哥雷科的绘画中的冷色、锐角、纵向拉长的图形也被认为是同这些图画的内容当中的严峻的苦行——神秘情绪是和谐的。戈雅在他的绘画生涯进程中的色彩组合的根本变化，相当明显地是由题材的变化伴随着的：后期的阴郁黑暗的色彩正好和这些图画的灰暗的或悲惨的内容相一致，正像戈雅年轻时的绘画中明朗的、丰富的和愉快的色彩同艺术家那时所描绘的欢快场面相适合一样。

内容和形式和谐的问题，正是在我们这里所讨论的意义上，常常在文学批评中被提出来。特别是在评价诗歌当中更是如此。一定的节奏，诗句的长度，阳韵或者阴韵，半谐音，诗节的结构，元音的选择——这些就是构成实在的声音的伴随物的因素，而这种声音的伴随物和思想的进程正好符合。古典主义文学甚至建立了一些适合于某些类型的诗句或某些题材的规则。在适用六韵步诗行的地方，就不适用萨福诗体，抑扬格适用于这一种内容，而扬抑格则适用于另一种内容。

但丁的三行押韵的诗节就很难用另一种类型的诗句代

替而不受损害；正是它们才使得《神曲》的十四行诗有了那种特别的连续性，而这种连续性是同但丁在无穷的领域里的漫游相和谐的。在他的著名的《拉汶·波》一诗中，他十分自觉地力求用诗句的音乐来加强内容的情绪。我们可以找到更多的例子，但这些最容易发现的例子却更加适用于本书的下一部分。我指的是抒情诗。正是在这里内容和形式之间的和谐原则才具有最重大的意义；抒情诗的形式有时具有歌唱的功能。但是在这里作品的目的是表现心理的状态，而这种表现功能正是内容和诗句的听觉形态之间的结合环节。

关于这种作品的听觉形态同它的内容之间的关系的一个较为专门和狭窄的问题，可以由拟声作品来说明。通过拟声，词句就有了一种听觉形象的功能，同时又保持着它们作为描写成分的正常意义。这样一种诗的拟声法是词句的直接声音价值和它们的含义和谐的一种特别的情形，而且这不仅是一种情绪的和谐，还是一种双重的再现功能的和谐。当然，在谈到拟声法的再现功能的时候必须作出各种保留；听觉上的相似性在这里通常是如此轻微，以至于很难把拟声法看成较充分意义上的一幅图画。然而，无论如何，它仍然可以看作作品内容的一种朦胧恍惚的插图。

从一种更广泛的观点来看，作品的感性形态和再现内容之间的和谐问题，是在诸如戏剧、芭蕾舞而首先是歌剧这样一些作品当中，亦即在这些构成艺术的各个领域的作品当中所遇到的问题的一个特殊的和次要的情形。在这样一些作品中，不同的组成部分，像音乐、台词、舞台的视觉外观、演员的表演——之间的和谐问题才是具有头等意义的艺术问题。在讨论现实主义的各种概念的时候，我们已经谈到过这个问题，当然这只是它的一个方面。在中国，作家和画家使用的是同一种工具，因此书法就被看作是一种美的艺术，而在阅读诗歌的时候，诗篇的优美外形就不是毫无意义的。当我们在一幅画或一部文学作品中寻求作品的直接外形或声音同它的内容之间的和谐的时候，那么作品对于我们来说，在某种程度上就成了某种雕虫小技了。

第三编

表现问题

第十四章　表现符号

在分析艺术中的再现问题的时候，我们可以看到，在再现作品中，再现人的作品占着一个多么重要的地位，观者或读者对于所描绘的人物的情感态度，又是多么经常地成为他们的感受中的一种首要因素。这种对于人的态度还可以以另外一种方式在审美经验中出现；在观赏艺术作品的时候，关于作品作者的观念还时常浮现。这种关系有时候也会带有情感色彩，例如当作品引起对于创作者的才能的赞赏的时候。最后，在许多情况下，我们所直接看到的、引起我们审美态度的对象是一个活人，这或者是在某些艺术（戏剧、芭蕾舞）当中，或者是在同人们的日常交流当中。

于是就产生这样一个问题，某些审美经验的这种"对应反应"，我们对于其他赋有精神生命的生物的情感态度的这种介入，是否可以成为某种、甚至某些特殊类型的审美价值的源泉？下面我们将试图分析对于这样一些对象——即通过它们我们可以同某个人的真实的或想象的心灵发生关系——的各式各样的审美经验。

1. 表现功能

在正常条件下（即不管心灵感应方面的某些可能的现象），除了我们自己的心理状态以外，我们不能直接看到别人的心理状态。要想同任何其他的心灵交流，就必须通过某些物质对象的中介，它们同某种心理有着某些因果联系。我们一般把这些看成是某些情感的结果。

从这些可以觉察到的结果，我们便可以推想到不可觉察的原因，这样，某些物质对象对于我们来说，便成了某个人的体验和心理倾向的符号。因此，我们说它们具有"表情"或者"表现功能"。这样一些表现符号首先便是人的身体，其次是人的作品。

2. 从表现力的根源来看表现符号的划分

根据表现力的根源，我们将表现符号分为三类：我们赋予对象一种表现功能，或者是在心灵和身体的外表之间的直接的或某种普遍性的联系的基础上，或者是在某些习俗的基础上，或者最后，是在某些作品或动作的明显的目的性的基础上。

我们将把第一类叫作"自然符号"，它们的表现功能具有生理上的基础。从一个人的身体外形推知他的情感，是因为我们相信在心理状态和机体状态之间存在着一种平行性。当然，这里的问题并非是完全意义上的心身平行论，因为同精神生活联系最密切的过程，亦即发生在神经系统上的过程，不能够成为情感的表现，因为它们是眼睛所看不到的。我们只要相信这一点就够了：即对于所有正常的人来说，相同类型的情感都伴随着机体外表上的相似的变化。

在这里我们可以看到整个身体或身体的个别部分的这样一些活动，例如皮下肌肉的活动（面部的表情），血液的流通，呼吸的节奏，腺体的变化（眼泪、汗液）等等。这些一般说来是天生的和多少是普遍的反应，正是这种狭隘意义上的表现现象。甚至没有我们的意识参加，它们也可以把我们心灵中发生的活动在外部表现出来。

但是，这种自然的、直接的表现的范围是有限的，它所表现的主要是情感状态，而且仅仅是这些状态中能以这种方式形之于外的某些特征。例如，我们可以从面部表情推断感情的强度，或可能是哪种感情（愉快或不愉快，愤怒，害怕，失望或得意），但是如果不借助某些其他种类的表示，那么这些情感的具体内容对于我们就仍然是一个秘密。有时候，这些一般性的表示也是不确定的，例如，愤怒的表现有时就像精力集中的表现，得意的表现也可以和失望的表现相似。无论如何，表现符号并不总是明显可靠的；人们懂得怎样控制他们的机体对于感受到的情感的直接反映。他们还能够故意作出一些情感的明显表现，而实际上并没有一点这样的感情。至于他能够在多大程度上做到这一点，则取决于他的智力水平、技巧和个人能力。比起成年人来，儿童就较难于控制他们的情感，但是即使一个五岁的小孩,有时就已经能够很好地控制他的情感的表现了。

因此,我们相当清楚,建立在情感体验和机体外表之间的联系基础上的推论是不确实的,这里的相似性常常是虚假的。我们千百次地受到警告,"不能从外表来判断,不然你的判断就是错误的"。尽管如此,身体的外表同心灵之间的永恒联系又是任何人所不会怀疑的。如果人们掩饰自己,那么这正好证明了他们相信这些联系的存在。因此,关键是如何理解这些复杂的问题。为了理解人们的面孔,就必须"很好地了解人"。但是只要有可能,我们还是力争求助于其他种类的符号。

从机体外表上表现的变化,不仅可以推知一个人的情感,而且还可以推知他的心理倾向和性格。这些心理倾向还可以由人体的静止的外部特征表现出来;例如面部的特征,脑壳的结构(突出的下巴,或高或低的前额,或大或小的鼻梁),手的形状,整个人体的结构。[①] 这里的表现功能已经是建立在和上述事例不同的另一种类型的联系基础上的了,上面这些例子是我们从外部的符号看到某些心理现象的直接结果(例如眼泪作为情感的一种结果)。我们倾向于在某种程度上把一个人的面部特征看成是他的心灵里所发生的事情的结果,有时候我们会说某个人,"我们可以从他的脸上看到他所受的苦难",或者"长期的内心苦恼在他的额头上刻下了皱纹"。萨拉克鲁斯(Salacroux)借用

---

① 参见伊·克莱茨麦尔(E.Kretschmer):《体格和性格》,1922年柏林版。

他的《天使之夜》中的一个人物表达了这样的思想,四十岁以后,一个人就向他的面孔负责了。王尔德也正是基于这种假设创作了他的《多里安·格莱的画像》的。

然而,并非所有的面部特征都能够用这种方式来解释,有时候我们只能猜测到某些不清楚的相互关系。当我们从突出的下颌推断性格的坚定或者从高高的前额推断一个人的聪明的时候,这已经不再是从因果关系推断结论了,因为绝没有人假定性格的坚定会影响下颌的生长。

我们现在所关心的不是确定在什么程度上可以在身体表征的基础上推断一个人的性格。我们所关心的是,我们所作出的这样一些推断,事实上是这样得出的,即有时我们从第一眼就形成了关于某个人的性格的信念,因为我们确信一个人的身体的动态或静态特征可以直接告诉我们有关他的心灵的某种东西,这两种特征都可以具有表现的性质。

自然的表现还可以包括那些和我们身体的运动直接相关的外部事物。我们可以从一双穿破了的鞋子的形状看到这一点。甚至还有人试图发现穿破了的鞋后跟和鞋底同某些性格特征之间的相互关系。在这种情况下,我们是基于某种从属关系的信念,正像一个笔迹学家根据这种关系而提出他的见解一样。鞋子的形状也被用来揭示机体的某些动态特征,它们同某些心理倾向似乎有一种自然的相互关系。

习俗的符号组成了第二类可以使我们推断一个人的情感的现象。在这里我们推断一个人的情感,不是因为我们假定在情感和符号之间存在着某种自然的联系——尽管在个别情况下这种联系事实上也可能出现——而是因为我们知道在特定环境下，为了保证实现交流的目的而将特定符号同特定思想联系起来。这样，我们就学会了使用这些符号。

这些习俗的基础，在许多情况下可以是各种自然的联系，而习俗的符号则可以由习惯所认可和建立的直接表现符号派生出来。例如，用来表示我们对于演员或演说者的赞同或欣赏的惯常的欢迎，实际上就是从直接表现欢乐的拍手派生出来的，这在今天仍然是儿童欢乐时候的自然表现。

通过习俗的符号，不仅可以表现某些感受的情感色彩，而且还可以表现它们的具体内容。它们还可以表现理智过程的内容以及思想的细微差别。这一目标是由习俗符号的特殊系统，即语言系统来实现的。

在使用习俗符号的时候，尤其是在使用语言的时候，并不可能取消自然的表现因素，在语言中这便是音调和速度的表现。很难在直接的表现因素和习俗的符号之间划出一个界线，个别元音的音色和音高，甚至它们的连续速度，也可以和某些习俗的功能联系起来。例如，一个句子的肯定语调或疑问语调，或词语之间的逻辑停顿。自然表现甚至在书写语言中也可以找到，笔迹学的任务正在于此。

当我们使用习俗符号的时候，自然的表现符号可以起一种辅助的作用；嗓子的音色，面部的表情，身体的运动，可以使我们推测到一个人的表现是有意识的还是无意识的，是真诚的还是不真诚的。

第三类表现现象包括这样一些类型的行为和产物，它们所以能使我们推知行为者的感受和倾向不是在习俗的基础上，也不是因为我们寻求到它们最初的心理——身体联系，而是因为我们把这样一些符号看作是有目的的行动，如果它们是一些产品的话，则看作是有目的的行动的结果。我们可以从一个人的吃饭，一个击剑者的钝头剑的运动，或一个旅行者的爬山的运动这样一些行动中推断他们的心理现象；同样，当我们观赏一座已经建立起来的楼房的时候，我们可以推知建筑师的爱好、才能和经验。看一只鞋，就可以推知制造它的皮鞋匠的经验；这只鞋也是它的制造者的经验和倾向的一种表现。一个人的衣着外表也可以是一种作为这个人有目的的行动的结果的表现，尽管他自己并没有制作它们；它可以表现出他的趣味、甚至社会观点。

这样，我们就又一次遇到了将这种类型的符号同自然的、直接的表现符号区别开来的困难。愤怒的表现就包括某些运动，它们的表现也可以解释成它们的目的性（我握紧拳头，以便使它成为一种搏斗的工具）。然而，它们是否应当从那些天生的、自然的表现因素中区别出来还是有疑问的，因为它们同那些不能够从有目的自觉行动来推断的符号是联系在一起的。

3. 人体的表现和作品中的表现

在考察各类表现符号的时候，我们把表现功能赋予了人体、人体的运动以及人的作品。实际上，人们可以通过面部表情或者讲的话语，以及送往另一半球的书信来交流人们的感受。在观看一位正在用他的凿子工作的雕刻家的时候，我们可以猜测到他的心理的某些特征，但是雕像本身，即他工作的成果，也可以告诉我们关于雕刻家心理的同样多的内容，甚至在他死后多年还是如此。一个无生命的事物，例如这座雕像，于是同样也就可以成为表现的符号，正如人体的外表一样。然而，在我们对于这两种现象的反应中存在着重要的区别。当我们力图深入某个人的情感的时候，这个人的身体的形象好像几乎总要出现。身体对于我们来说是心灵的明显的解说者。除了这种流行的观点以外，那种身体和精神的二重性理论同我们日常看待人物的方式是绝对不相符合的；这已经是一种必须将我们的知觉从属于它的理论了。当谈到我们从一个人的脸上看到欢乐或愤怒的时候，这已经不纯粹是一种说话方式的问题了；我们是在相信在看到人体的时候，我们可以直接地看到他的情感，而在看到人的产品的时候，我们也完全能够推断出他的情感。这种流行的看法是包含着某种正确性的。在从作品推断作者的情感的时候，就比我们从一个人的外表直接推知要远了一段距离。

正是由于这些原因，人体的表现在美学中有着特殊的意义。

第十五章　审美价值和心理状态的表现

1. 表现和再现

艺术中的表现问题，由于我们在这里同时遇到所再现的人物的心理状态的表现和作者的心理状态的表现，而变得复杂化了。在视觉艺术以及文学作品中，我们通过同一些对象，一方面同人物的心灵交流，另一方面又同作者的心灵交流。只是导致这种交流的渠道不同罢了。在某些特殊条件下，导致和同一个心灵交流的可以是不同的渠道；当作者再现他自己的时候，例如在一幅自画像中（特别是在一幅表现正在画这幅自画像这一时刻的艺术家的自画像中），一部小说中或者一首诗中，就是这样一种情形。有时候，我们甚至会把一部小说或一出戏剧中的假想人物的情感，看成是作者的多少有些真诚的忏悔。在分析表演当中的表现的时候，我们会遇到另外一种不同类型的复杂情况。这不仅是因为我们同时面对人物的心灵以及演员和戏剧作者的心灵。演员在舞台上的行动，特别是在一种非自然型的表演中，不仅构成所再现的人物行为的形象；他还借助于表现因素而取得某些效果，这些表现因素不是用来揭示他所扮演的人物的情感,而是揭示演员的情感。为了强调他所扮演的人物情感的再现,演员有时候还向观众揭示他自己的意图的秘密,即演员的意图和他同所再现的人物的关系。

再现和表现之间的一种特别亲密的联系——这是另外一种不同种类的联系——在视觉艺术中的表现主义代表人物的作品中是很明显的。表现主义者再现外部世界的片断是为了表现他自己的心灵状态,但是另一方面,在表现他的感受的时候,对于外部世界的事物,在他看来,他提供的是这些事物中最为本质的东西的形象。在更早一些时候,我们在象征主义者中间也看到了对于现实的这种相似的关系。他们也是追求在"直觉地进入对象的内在本质"的基础上创造形象。①

艺术中的表现和再现之间除了有这些不同的联系,在从表现功能的角度进行的评价和从再现功能的角度进行的评价之间,还可以看到某种基本的相似之处。我们在这两种情况下评价一个对象,都要把我们的思想转移到某个另外的事物上。所以,这两种功能常常被混淆,例如,表现主义的许多理论家就是这样。这些功能之间的缺少区别有时还在某些论述美学一般问题的论文当中表现出来。正是仅仅由于这样一种混淆,康拉德·郎格才能够把他的仅仅适用于再现关系的幻觉理论扩大到音乐当中去。②

---

① 这是表现主义者的一个声明(参见考里:同前书)。
② K.朗格:《艺术的目的》,《美学和一般艺术学杂志》,1912年,第178页。

表现和再现的区别，毕竟是一个十分简单的问题。我们将再现功能赋予那些可以唤起其他事物的显现的对象，而把表现功能赋予那些可以唤起对于某个人的情感的判断的对象。

我们把表现功能赋予那些对于我们具有证据价值的对象。这经常是一种难以解释的，而且是不确定的证据。它是很容易被曲解的。这不仅当我们面对的是习俗符号——例如口头的话语——的时候是这样。我们看到，可以有目的地使用某些情感的自然表现，可以有意识地利用直接的表现，这或者是为了使观察者易于理解基本的情感，或者是为了使观察者赋予被观察者一些他或者根本没有感受到或者只是在很微小的程度上感受到的心理状态。在人的作品中也有同样的情形，作者在这些作品中有目的地强调他的意图，但一般说来，他对作品的个人态度却又总是有目的地掩盖这些意图。我们特别在这样的艺术中会看到这一点，即当作者考虑到他对作品的个人态度可能会影响它的审美评价的时候。我们还可以遇到有目的地但又是隐蔽地强制我们去判断作者同他自己的言辞或作品的关系的情形，这种情形每当他试图使用暗示的时候就会发生，无论他是一个教育家还是一个政治家。

一个熟练的艺术家或一个老练的演说家都可以做到这一切，只要这种启发判断的意图不至于显露出来，而观众或者听众则把这种有目的的行动的产物看作是情感的自然表现。在另外一些时候，观察者会看到对自然表现的模仿。在艺术中，作者的这样一种不加掩饰的不真诚态度会损害对于他的作品的评价，但是也可以不产生这样的结果。另一方面，真诚的态度也不妨碍有目的地使用情感的自然表现。正是因为某个人是真诚的，他可以有目的地强调他的情感的自然表现，如果没有这种有目的的行动，他的情感就将是难以被人觉察的或者难以令人理解的了。

我们可以以三种方式来看待一个人把自己的情感形之于外的意图：（1）在某些情况下，在有意识地表露我们的情感的时候，我们毫不关心我们这种表露的意图是否也表露出来了；（2）在另一些情况下，我们有目的地表露这种意图，也就是说这样去行动，要让人们知道我们是在有目的地表露我们的情感。这种类型的情感表现关系，除了其他场合以外，可以在某些悲哀型的表演当中看到，当演员有意识地强调他虚拟地使用的自然表现的人为性质的时候，就是如此；（3）最后，可以有目的地表现某个人的心理状态，但是又想隐蔽这一点，使这种表现好像是自动出现的那样。一个想表现得自然的人便是这样行动的。

2. 表现对象的三重价值

表现是美学的基本概念之一。有一些理论甚至企图将所有的审美价值都归入这一功能。当然，"表现"这一术语在美学中还在一种不同的意义上使用，我们将在以后再来讨论它的这种不同概念。现在我们将提出这样一个问题：表现——在表现某个人的情感和心理倾向的特性的意义上——怎样才能够成为审美价值的源泉？事物和现象的表现（作上述规定的）使我们能够进入一个异己的心灵，在使这种进入成为可能的时候，就为人们之间的理解打开了通道；最后，这还可以成为达到了解另外一个人的情感的方法，这些情感本身对于我们就是有价值的，例如深刻的思想或者崇高的感情。在我们探讨表现对象的审美价值的时候，我们将分别考察这三个观点的每一个观点。

3. 移情作用

在审美观照中，如果没有某些其他因素干扰的话，进入一个异己的心灵本身就可以提供审美满足。一般说来，为了进入一个异己的心灵而引起审美观照，并且从对于日常生活的非审美的关注中解脱出来，它就必须在某些方面是不寻常的。这或者是较为深刻地进入心灵，以便揭示出某个人的心灵的一些新鲜而又有趣的方面；或者我们赋予这些情感的生命本身就是在某些方面异乎寻常的。

例如，用语言细致而又深刻地再现某个人的体验，对于我们就可以具有一种特别的审美价值。一部细致入微的心理小说，就比忠实地再现现实所带来的审美满足具有更大的魅力。这种魅力在很大程度上是由于可以使我们如此深刻地进入某个生命——这个生命是真实的还是虚构的是无关紧要的——的灵魂而产生的，如果我们在现实中同这一生命交流的话，灵魂的这样一些领域就不可能向我们打开。难道会有一个萨拉汶的朋友或者同事,对他灵魂中所发生的事情,能够了解到像都哈麦尔的小说的读者那样的程度吗?① 难道有谁对生活置于他周围的人物,能够像一个读者对于文学中的著名人物的内心活动——尽管在许多情况下,这些活动甚至不是由他们的名字所唤起的——那样,产生一种如此深刻的移情作用吗?对于别人的灵魂的较为深入的移情可以使我们分享他们的生命。除了我们自己的生命以外,我们还可以替代地感受到其他人的生命。我们走出了我们自己的圈子。我们的存在好像是多重的了。关于艺术的代替作用的理论是同这一事实有关的;为了使我们能够对艺术中的人物发生移情作用,艺术就要向我们提供我们从生活本身不能得到的东西。心理分析学家就是以这种方式来解释某些主题的小说或电影所以在广泛的公众中取得成功的原因的,例如灰姑娘的主题(一个人人都看不起的姑娘,她遇到一个王子或者百万富翁,他们发现她心地善良就娶了她)。

在同艺术作品交流的时候,还可以以另外的方式进入一个异己的生命。它可以以一种更为普通的方式发生,而不仅仅限于再现作品。我指的是对于创作者心灵的移情。当然,通过作者的作品来挖掘他的心灵,同在一部优秀的小说中挖掘到再现的人物的心灵比起来,有着不可比拟的困难。然而,如果我们能够在某个作品中抓住创作者的思想,能够更深入地了解到他的感情,那么我们就会感到一

---

① 可参看《午夜忏悔》及其之后的这一类小说。

种特别的愉快，作品也会因为向我们打开了一个异己灵魂的窗户而变得有趣，它吸引我们的注意并引起审美欣赏。

对于人体的审美评价也可以产生某种相似的东西。当我们看到内心生活在身体外表上强烈地反映出来的时候，我们就会感到愉快。我们喜爱富于表现力的手。我们喜爱一张可以推断出许多事情的面孔。如果我们不能解释面孔所表现的内容的话，这并不减少它的魅力；这张面孔甚至可以变得更加有趣。只要我们感觉到在它上面有种感情的表现就够了，尽管我们不能说清楚这些感情是什么。这种因素在关于人像的美的评价中起着无比重要的作用。我们不喜欢为化妆品作彩色广告的那些铅印面孔，因为它们缺乏表情。我们却很喜欢波提切利的圣母像或者从西也那（Siena）到拉斐尔的圣母像，因为她们更加富于表情。罗丹的面孔、手、甚至整个身体的吸引力，首先就在于它们的表现力。正是罗丹才力求使他所雕刻的人物能够道出更多的东西，不仅用他们的嘴和眼睛的表情，而且还用他们身体的每个部分。他企图通过裸露的躯干、裸露的大腿和手臂的表现力来加强人物肖像的精神本质。印度舞蹈家复杂的技巧能够显示出全身运动的表现力，包括手指、脖子和眼珠的运动。

4. 生气

对于那些我们清醒地知道不具有灵魂的对象的心理状

态的探索，构成了审美经验的一个重要而又广阔的领域。很久以来人们就注意到世界的生气是审美愉快的一个重要源泉。这一事实在美学中可以从不同理论的角度以不同的方式加以解释。阿波拉莫夫斯基好像说过，对于世界的泛灵论的观照是天真的儿童不理智的看法。而这正是为什么它有利于审美观照的原因。从立普斯和屈尔佩的移情理论的观点来看，泛灵论所以是审美经验的一个重要源泉，是因为它扩大了我们可以将其看作具有灵魂，并且我们可以对其发生移情作用的事物的范围。然而，应该指出的是，如果说移情是审美经验的一个重要源泉的话，那么对于没有灵魂的那些对象的"灵魂"的移情就具有一种特别的吸引力。

我们知道在同自然的审美交流中，所谓"生气"是什么。这可以从那些最能够同自然生活在一起、并享受它的美的人们的陈述当中看到。让我们举杰罗姆斯基（Zeromski）青年时代的书信为例。让我们回想一下，"小溪不是在流淌，而是像一个囚犯在争斗，用它的拳头敲击着圆石"，而在另外的地方，它"从沉积层和巨大的岩石旁边穿过，像是一个被驯服的奴隶，谦恭而又柔顺，同时又为愤怒所窒息，这可以从像粗野的头发一样的泡沫看到"，而云彩"在前进，涌进大理石的礼堂，而在斯维尼卡山上撞碎了，在原地打漩，只在这时才向山顶爬去"；或者那些"灰色的人迹罕到的山峰，俯视着小溪、俯视着这整个裂缝酣然入睡，不定在什么地方高出松林"。让我们再回想一下杰罗姆斯基死前不久写到的那个冷杉树林，那个"浩瀚的树林在大风过后仍在吼叫不息"。

这种泛灵论不仅仅适用于自然。我们还可以把人类作品拟人化,不管它们是浪漫主义的废墟,还是一列火车、一艘轮船、一架织布机或者家庭用品。它们具有一种表现功能,这并不是从它们的创造者的情感体验的角度来说的。"这座教堂就是一位可爱的女人,一个圣母"——罗丹正是以这种方式开始他的关于阿米因斯教堂的回忆的。

我们对于那些习惯上看作没有精神生命的事物的生气所感到的吸引力,又被我们重新转移到以它们为内容的诗歌作品或绘画中去了。在古典主义文学中,拟人化就已经包括在官方的修辞格中。在各种文化的民间传说中,在儿童文学中,以及在现代诗歌中,我们都会遇到这样的作品,它们赋予本来没有精神生命的事物以灵魂,这不仅可以丰富描写或者强调诗人对于事物的情感态度——这正是诗歌拟人化的通常情形——而且还可以贯穿于作品的整个内容之中。

与其使用"生气"这一说法,还不如说是"拟人化",因为除了无生命的事物的生气以外,在这同一范畴当中,我们还可以包括那些同我们自己具有不同灵魂的生物的人类化。约翰·保维斯(John Powys)在一个优美的故事中谈到一只牧羊狗,它的宗教信仰悲惨地崩溃了,但是在它生命的最后一刻,在生命的火焰当中它又重新获得了这种信仰。莱斯米安[①]则深刻地进入了一个乡村畜栏中的一头

[①] 保勒斯拉夫·莱斯米安(Boleslaw Leśmian,1878—1937),波兰著名诗人,以动词创新著称。

公牛的灵魂之中。

有时候诗人还把自己的心理赋予事物;他设想如果他就是那个事物的话,他会感受到什么,而且他还尽可能忠实地把这些虚构的感受清楚地讲出来。所以,事物有时候就以独白的方式谈到它们自己,例如在图维木①的诗歌当中作为窗子的符号的字母,或者在波利科夫斯卡(Pawlikowska)的《我们马》当中的马,都是如此。

在这样一些诗的拟人化中,我们可以发现立普斯或者甚至柏格森的移情说的纲领性的实现,如果不是这样一个事实的话,即在现代诗歌中这种类型的诗的原型无疑是韩波的《发疯的大船》。如果将它最后的一些诗句除外,对于《发疯的大船》那段绝妙的忏悔,是丝毫不用作象征性的解释的,如同三十年前所做的那样。②

我们还可以在其他艺术领域看到相似的效果。某些读者可以回忆一下在卓别林的一部早期电影《淘金记》中面包卷的跳舞。卓别林用这些插在刀叉上的长长的面包卷来模仿芭蕾舞女演员的动作,而且模仿得惟妙惟肖,这种表

---

① 朱利安·图维木(Julian Tuwim,1894—1953),波兰诗人和诗歌翻译家。

② M.居约,韩波的同代人,是一位早熟的思想家,已故。他认为在对于无生命事物的审美经验中,总会有某些社会性的因素、某种形式的同情出现。对于审美经验的这种拟人说,居约是这样解释的:即他的出发点是假定艺术家所无法满足的某些强烈的社会需要是艺术创造的动因。在他看来,艺术的基本功能就在于扩张我们情感的社会联系。他的《从社会学观点看艺术》一书写于1886—1887年。我在《艺术社会学》一文中曾经讨论过他的观点,见《社会学杂志》1936年华沙版(又见《全集》第一卷,1966年华沙版。)

现的成功，在很大程度上无疑是从对于无生命的事物的生气感到愉快带来的。正是这种愉快吸引着一群群的成年人去看Teatro dei piccoli，去看木偶的精彩的表演。当然，在这两种情况下，其他因素（动作的现实主义，对于表演者技巧的欣赏）也是要出现的，不过我们现在还不讨论这一些。

5. 情感的交流

"艺术家所要说的是什么？""艺术家是怎样表现自己的？""在这部作品中音乐家表现了他的整个灵魂。""诗人把我们带到了他的情感的最深处。"这些我们在分析文学、音乐或美术作品时这样经常地遇到的话语，以及其他相类似的话语，表明我们有时候把艺术作品看成作者有意识地和观者或听者交流情感的手段。这只有当我们考虑到自觉的表现时才如此。于是我们就把一部艺术作品当作一种语言来评价，而这样一部作品的这种交流功能就可以成为它的审美价值的一个因素。这是在下述情况下才得以实现的，当一个人借以交流他的思想和情感的语言是不寻常的和富有个性的时候，同时又是可以理解的，至少对于少数精华人物是如此。所谓精华人物并非指的那些通晓某些确定规范的人，而是指那些具有特别的直觉能力的人。

一般说来，为了通过语言进行交流，交流双方都必须懂得这种语言，都必须接受那些借以建立特定体系的规范。

因此，这种语言在特定场合就具有普遍性和相对的准确性，但同时也就有了某种局限性，它使得表达出来的思想失掉了个性的细微差别。无论是诗人还是哲学家，都不满足于一般语言的这种图解性质。在艺术中，美学本身有时候就提出创造一种具有个性的语言的任务，这种语言虽然对于所阐明的内容不存在既定的框框，但是同时对于某些人来说又是可以理解的。正是这样两个特征——独特性和可理解性——的结合，才是整个困难之所在。其解决可以是某种程度的结合，它应当是不一般的，这样才不至于平庸，但同时又应当是普遍的，这样至少有一些接受者——首先是通过情感的反应——才能够感受它们。在这种情况下，这种语言只有对于那些具有相同的情感节拍器的人才是可以理解的。非常清楚，通过这样一种独特的语言我们可以交流的是完全确定的情感状态，而不是清楚地表达的思想，而不同的接受者在这些表达当中可以找到不同的内容。然而，通过这样一种没有人学习过的新的语言的交流，却可以产生一种特别的愉快。正像在其他领域一样，在这里我们所评价的依然是独创性和新颖性。所以，这在相当大的程度上是象征艺术的吸引力。

如果象征艺术家直接创造象征的话，那么诗人则必须使用一种具有固定规范的一般语言。诗人的独特的象征主义是某种第二性的东西；这是一种形象的象征主义，诗人借助于具有传统意义的词语唤起这些形象，只是有时候是以异乎寻常的方式将这些词语联接起来的，因此就需要读者自己去领会它们的新的意义。词语的这种新的、和语言传统不一致的联结，可以向听者或读者传达——正如普尔基保斯所说——"一种新的抒情境界，一种前所未有的对于心灵和想象力的影响。"①

音乐也被看作是一种独特的语言。某些人还把它看成高于一切的语言。这是一种非常不确定的语言。在巴托克和斯考恩伯路的作品中，是否像一位青年音乐批评家所写的那样，真正地表现出了一种"灾难的感情"呢？② 汉斯立克在他的时代就曾回忆到，某个和格鲁克同时代的人已经注意到在他的《阿尔甫斯》这首著名的咏叹调中有这样的话，"我失去了我的阿丽蒂丝，什么也补偿不了我的痛苦"，这些如此感动听众的话，我们可以把它们改成"我得到了我的阿丽蒂丝，什么也比不上我的幸福"，而咏叹调仍然会同样动人，只是以一种相反的方式罢了。音乐史上充满了类似的例子，其中有一些已经成了逸闻轶事。保尔汉曾经写道，"伯利奥茨对于史密森小姐没有足够热情地回答他的爱情非常气愤，于是就和另一个人相爱了，并且创作了他的《狂想交响曲》，以期从中表现出对于史密森小姐的憎恨和蔑视。一旦他被这另一位妇人抛弃而又一次无比热烈地和史密森小姐相爱之后，他便请她把这部交响曲作为他的炽热爱情的表示来接受。"③

---

① 普尔基保斯（J.Pnyboś）：《抒情诗的检验》，见《微言集》，1955年版，第129页。［普尔基保斯（1901—1970），波兰诗人和散文家］。

② M.波里斯蒂格尔（M.Bristlger）：《请看巴尔陶克的榜样》，《文化杂志》1956年第27期。

③ 《发明心理学》，1930年巴黎第四版，第130页。

曾经有过一些理论家，他们企图将音乐变成一种多少有些统一性的语言，至少成为一种说明情感的语言。他们还力图作出一种具体的解释，主张普遍性，主张各种不同的节奏，和弦，旋律的简单基调以及调性。① 如所周知，希腊音乐的各个调性在某一个时期曾经决定着情感的特性；每一个调性都有着不同的"精神气质"，所以就有不同的教育影响。印度的"调性"也是如此，例如拉嘎和拉吉尼乐曲（ragas and raginis）。② 其中的某些"调性"甚至还体现在十六世纪的绘画当中，但是这些特性却形成了一种非常空泛的框子。如果可以把音乐因素的表现作用准确地编集成典的话，那么音乐就将成为一种规范性的体系，不管这些规范是否建立在自然联系的基础上；而音乐也就失去作为一种独特语言的魅力了。同样，如果耳埃特林克或者维斯匹昂斯基在他们的诗歌中，给他们所使用的象征加上一部准确的词典，它们也就失去了吸引力。③ 在波兰，一些不明智的编者就在普及版本中给予斯罗瓦奇这样一种优待。必要的猜测，在艺术中的任何象征主义，特别是表现的象征主义所给予我们的审美满足中，都是一个极其重要的因素。正如我们已经提到过的，这种猜测的必要性作为一种独特的共同创造留给接受者方面。

---

① 参见舒巴尔特：《音调的象征性》。
② 库马拉斯瓦米：《湿婆舞蹈》，第75页。
③ 斯坦尼斯拉夫·威斯匹昂斯基（Stanislaw Wyspianski, 1869—1907），戏剧家，诗人，画家，戏剧改革家。波兰艺术史上最杰出的人物之一。

在斯考恩伯格的歌剧《摩西和亚伦》中,摩西所讲的话被解释为斯考恩伯格自己的信条:

> 难以想象的上帝!
> 不可表达的,含混不清的思想!
> 您能够以这种方式解释吗?
> …………
> 啊,言语,啊,言语,这是我所缺乏的!

按照这种解释,音乐对于斯考恩伯格来说就是一种思想的表达,而对于这些思想作者是无法找到言辞的。表现主义者——无论如何,他们在这方面不是始终一致的——宁愿把任何艺术都看作用来表达艺术家最深切的感受的一种独特语言。所有其他功能对于他们来说都从属于这一功能。康定斯基认为:"形式的问题变成了这样的问题,在这种情况下,我将使用什么形式才能达到我的内心感受所需要的表现?"按照他的说法,观赏者对于艺术作品所要提出的问题就应当是:"艺术家在这里所表现的是什么内心欲望?"

有时候我们评价艺术作品的交流功能,是在这一用语的某种不同的意义上来说的,也就是作为感情的传递,启发那些和艺术家相似的感受。密茨凯维支呼喊:"我多么渴望把我自己的烈火倾倒到听众的胸膛!"斯罗瓦奇在1844年写给他母亲的一封信中曾经写道,他希望"把他自己的灵魂抛给人民,而将他们转变成他自己"。

毫无疑问，和观者或听众分担自己的感情的愿望在许多情况下是艺术创造的一个基本动机。席勒或者贝多芬，传说中的蒂几塔阿斯或者《马赛曲》的作者，维斯匹昂斯基或者马雅科夫斯基，都是不仅希望表现他们自己，而且还希望得到回答，力图将这一事实加以普遍化，而且还把它看成是伟大艺术的任务。

托尔斯泰认为，正如言语那样，在表达人们的思想和感受的时候，就用来作为一种联合人们的手段，艺术亦然，一个人通过言语把他的思想传达给另一个人，而人们则通过艺术互相传达他们的感情。艺术是这样一种人类活动：一个人用某种外在的声音有意识地把他体验到的感情传达给别人，而别人为这些感情所感染，也体验到这些感情。

正像立普斯把美学的一切都建立在移情过程的基础上一样，托尔斯泰则力图把整个艺术理论置于一个人的感情的有目的的启发过程的基础之上。对于托尔斯泰来说，感情从一个人传递到另一个人是真正的艺术的最为重要的特征。他由此推断艺术的伟大的宗教使命就是作为一种联合人类灵魂的因素，甚至在时间上和空间上。

6. 表现内容的价值

对于托尔斯泰来说，一部艺术作品的价值不仅决定于感情的这种感染的强度和广度，而且还决定于这些感情本身的价值。在这里，我们又遇到了美学中评价表现的另一种观点——即表现作为同宝贵的思想，宝贵的感情，强烈而又不同寻常的感受，或者简单说来就是同一个有趣的人物的心灵相交流扫清道路的一种手段。

从审美的角度来看，在同艺术作品所表现的人物交流的时候，这些人物的精神境界对于我们来说就不是无关紧要的问题了。我们在再现出来的人物身上所看到的情感的力量、思想的深度，在观众或听众的感受中无疑是一个重要的审美因素。在观看米开朗琪罗在西斯廷教堂的《预言家》时所体验到的审美感受中，这些预言家的面貌所表现出来的奇异的、深刻的、受谁的灵魂起着一种重要的作用——除了对于自然主义者以外。罗曼·罗兰的《约翰·克利斯朵夫》所以吸引读者，不仅由于故事的价值，而且还因为约翰·克利斯朵夫本人就是这样一个有趣而又感受深刻的人物。在这方面，观赏者对于罗丹的《加莱义民》的审美态度，就同对于台尔密博物馆中的呆头呆脑的拳击家罗曼的审美态度不同。在《加莱义民》中，正是那些为了抢救他们的城市而志愿献出生命的人们脸上所表现出来的感情，才使我们感兴趣。

这同一种因素——表现的情感的价值——不仅当我们在作品中看到所再现的人物的情感表现时会出现，而且当我们看到作者的情感表现时也会出现。所不同的只是，在许多情况下，我们所面对的不是虚构的情感了，而是认为面对的是一个真实人物的感受。如果我们把作者看成一个具有不同寻常的智力和道德水平的人，或者我们在艺术作品中看到作者的独特情绪的表现，那么作品就又增加了一种审美的因素。对于一个异己心灵的感情移入所带来的审美愉快,便由于这是一个不平常的心灵而得到加强。

伟大艺术的吸引力之一就在于它产生自伟大的情感,它是由伟大的人物创造的,通过这些作品我们可以接触到但丁、米开朗琪罗或者贝多芬的精神,这些作品是他们所感受到的情感的真实表现。这就是为什么流行的观点除外——对于创作者传记的兴趣不仅仅是一种超审美的兴趣,传记家的作品会比作品的评论提供某种更多的东西。还有,虽然我们对于创作者的生平一无所知,但是作品本身却可以成为创作者的伟大之处的证言;尽管不了解创作者,我们却可以把他的作品看作是他的不平常的精神状态的表现。罗丹曾经写道:"人们可以来到卡尔特向上帝祈祷,像在任何地方一样,既然他无处不在;人们也可以在一个人显出他的天才的地方观照这个人,而他在这方面并不是无处不在的。"[1]

在文学当中,亦即在使用概念材料的作品当中,这不仅同情感状态有关,而且还同理智的经验有关。一部作品的深刻、新颖而又富于独创性的思想不仅具有知识的价值,而且还会大大增加作品的美感魅力。

我们评价表现,不仅可以从表现的方式来评价,而且还可以从艺术之外所说明的价值的角度来评价。我们谈到过富于表现力的面孔的魅力。我们从对于一个人的情感的移入感到的愉快进而产生一种对于这些面孔的喜爱。但是,

---

[1] 罗丹:《法国的教堂》,第162页。

通常还有某些其他的东西羼杂其中。当我们说"这是一张美丽的、富于表现力的面孔"的时候,我们脑子里通常想到的不是一张可以看懂的面孔,一张清楚地反映着每一种感受的面孔,而是这张面孔显示出灵魂经受过深刻的考验,这个人阅历很多,因而这张面孔值得钻研。[①] 这样一些可能性的领域扩展到了艺术当中。只要一个艺术家能够接触到它们,他就能够在每一个人物身上揭示出深刻的、有价值的和有趣的东西。当然,有时候他是通过把他自己的感受和思想中的某些东西赋予一个印象不深的人物而达到这一点的。

---

① 瓦里斯的作品《表现和精神生活。关于理解表现精神对象的艺术作品》,1939年出版,是专论表现问题的。

第十六章　美学中表现的两种概念

1. 消极意义的表现和积极意义的表现

我们讨论了许多类型的审美经验，在这些审美经验中，表现以各种不同的方式出现，并以各种理由而赋予这些美感的对象以审美价值。然而，所有这些类型还不足以包括表现这一用语作为审美价值的一个因素所包含的现象的全部领域。

在一个很长的时期内，音乐被看成是一个特殊的领域。我们已经习惯于用情感状态或过程的名称来表明音乐作品的特点，无论是在私下交谈中，还是在音乐史的专题研究中，以及在音乐会节目说明的评论中。例如，我们读到这样的描写，贝多芬的 C 小调协奏曲的第一乐章"是一种只简单地要求进入那种统治着它的内心诗意的音乐。这种诗意的性质是由 C 小调这种调性明确地规定了的，这是一种悲剧的、和无情的命运进行殊死搏斗的哀婉动人的调性。乐队以第一个合奏开始，它的主题就好像雕刻在岩石上一样。包含在这一主题当中的思想迅速地变化着它们的性质，一会是忧伤的、英雄主义的，一会又屈服了，几乎是葬礼的样子。这种无休止的情感流泄在第二个主题（E Sharp）的旋律的充分的抒情主义当中而得到缓和……"。①

但是，在听"表现"作品的时候，并不是只有当我们发现作曲家或演奏家的情感表现的时候我们才受到音乐的表现力的感动。即使丝毫没有想到创造了这种声音洪流的人的情感，我们也能强烈地感觉到这种"表现"，特别是在器乐中。在审美分析中，例如在关于节奏的表现、旋律基调的表现或和声的表现的分析中，"表现"的这种概念是丝毫也不依赖于创作者的情感的；当我们肯定爱奥利亚音列（Aeolian Scale）含有和平和节制，而多利亚音列（Dorian Scale）则充满热情，或者上升的旋律线适合于积极的感情而下降的旋律线则适合于情感的消沉的时候，② 当讨论到二重节奏或三重节奏的表现，以及一个特定节奏类型是否真的包含着某种强调的东西的时候，这时一般就是听觉混合本身的某些性质，而没有考虑它们是某些有意识的生命的产品。一个不容置疑的事实是，在所有这些情况下，问题的关键在于音乐和某些情感状态之间的某种关系。

朱勒斯·冈巴里约收集了一打左右的德国理论家用来说明这种关系的动词；这样，按照这些不同的说明，音乐就是表现（darstellt）情感生活，捕捉（erfasst）情感生活，展现（Kündet）情感生活，宣布（verkundet）情感

---

① 斯·哈拉申（S.Haraschin）：《贝多芬的钢琴协奏曲》，1954年版，第34页。

② 克劳森：《音乐美学》，第86页。

生活，唤醒（hervorruft）情感生活，反映（wiederspiegelt）情感生活，呼应（wiederklingt）情感生活，描述（abbildet）情感，表示（zeichnet）情感，揭示（offenbart）情感和叙述（erzählt）情感。[①]这些说法的使用是不严格的，而且它们的意义毕竟也是多样的。它们当中的某一些似乎要把音乐的表现作用归结为再现感情的功能（亚里斯多德好像就是这样看待音乐的功用的），而另一些则无疑地符合于我们的表现概念，而动词hervorruft（唤醒）则可以产生另外一种新的因素。

我们还不止一次地注意到这样一个事实，即在音乐中我们看到一种特别类型的表现。当同这种类型的表现相联系的时候，"音乐的表现"这一用语就有了一种特别的性质，特别是当我们在艺术的其他领域开始寻求这种"音乐的表现"的时候。

在本世纪最初二十五年当中，表现成了造型艺术家的口号，特别是那些无端地自称为表现主义者的人们，他们并不专门研究肖像画。这些口号似乎正是在这种企图使绘画和雕刻同音乐接近的倾向的基础上提出来的。人们谈到线条、色彩和形体的表现，正像谈到听觉因素的表现一样。但是甚至在更早的时候，在表现主义者开始宣布他们的关于进入世界灵魂的宣言和立体主义者开始宣布他们的关于色彩和形式的抒情主义之前，风景的表现就常常受到赞赏，而建筑中的立体结构的表现也被谈到。

[①] J.冈巴里约：《音乐及其规律和演变》，1920年巴黎版，第44页。

在所有这些情况下,"表现"这一用语是否如同在我们的讨论中那样,是在同一意义上使用的呢?如果是这样的话,那又是谁的情感呢?既然有关作者感受的介绍常常同内容所告诉我们的并不一致,那么拟人化就似乎依然存在。

我们每一个人所固有的泛灵论倾向,使我们能够将海洋、风、路旁的柳树拟人化,或者一座塔"将它的高傲的额头抬向天空",并且在这种拟人化中来寻求它们的表现力的解释。然而,它们却不足以解释布尔日的染色玻璃窗,伟大的哥特式教堂的内部,以及那些丝毫也不叫人想起人类或动物的声音的音乐作品——它们既不像是叹息、呻吟、气喘,也不像是一个充满感情的人所经历的任何其他动态过程——何以具有表现力。

存在着这样一个审美经验的广阔领域,即当我们感觉到某些事物的表现力的时候,我们一般既不想到它们的创造者的情感,而且也不把这些事物拟人化。那么,我们就应当承认"非人格的情感表现"了吗?这也不能说明问题,既然我们并不知道可以赋予这一说法什么意义。

同样的困难还可以在移情理论的基础上遇到,只不过是用语不同罢了。

我们知道,立普斯理论的拥护者们曾经企图将移情的概念扩大到所有类型的审美经验当中去。正是这一点应当作为基本的审美立场。按照屈尔佩的定义,移情就是这样一种状态,当我们把一个审美对象看作生命和精神的 ausdrucksvoller Träger(充分承担者)的时候,我们便感受到人的能力和特性，情绪和行动。① 在这一定义中，ausdrucksvoller Träger——我有意不把它翻译过来是令人怀疑的。我们可以认为这里的问题只是简单地关于人体的，而在这种情况下，我们能够感到移情的则只能是人物以及我们能够将其人格化的那些事物。事实上，对于那些人以外的对象，人格化对于屈尔佩来说就是移情的最充分的形式。按照他的说法，就是"具体的移情"。只要我们看到一个事物和人之间存在着某种相似性，这种移情就是可能的，而移情作用愈完善，则相似性的印象也就愈大。②然而，这样一种移情的概念并不足以适用于美感的各种对象，屈尔佩也提出了第二种类型的移情："抽象的移情"。例如，当我们观看几何装饰或建筑作品的时候，这种移情作用就会出现。屈尔佩认为，在同这样一些对象发生移情的时候，我们就把它们看成好像是一些符号，通过这些符号一个人（Persönlichkeit）交流他的心理状态，而不把他自己直接呈现出来。

在这样一种解释当中，移情作用的这种概念就同我们的表现功能紧密相连了。问题是我们对于这样一些对象所采取的态度；对于这些对象我们赋予它们这种表现功能，或者好像赋予它们这种功能。在这样一种移情作用中，我们或者只是想象所表现的情感，或者甚至参与其中（立普斯和屈尔佩的 einfache und sympatische Einfühlung）。然而，当屈尔佩在如此多种多样的审美经验中都发现这样

---

① 屈尔佩：《美学基础》，第94页。
② 屈尔佩；《美学基础》，第100—101页。

一种移情作用的时候,我们则怀疑他是否真的同这样一种态度相关。确实有这样的情形,当观看一座希腊或哥特式庙宇的时候,或者听音乐会的时候,我们会想到这些作品的创作者或演奏者的心理。但是这是一些相当例外的情形,而且对于创作者的情感的这种关系无论如何不能看作是对于这些作品进行审美观照的某种特征。屈尔佩对于这一点也是清楚的。按照他的说法,将纯粹由音乐提供给我们的情绪归之于乐队成员或者遥远的作曲家,这将是荒谬的。没有必要去想象一个活的生命,来将这种情绪归功于他。"抽象的移情就足够了"。①

在这种情况下,抽象移情的概念就必须作某种不同的解释。屈尔佩认为,在这样一种移情作用中,我们同旋律、节奏和和声是紧密地结合在一起的,就如同内心状态——渴望和满足,欢乐和怀疑,悲伤和苏醒的展现。屈尔佩谈到一些人这样描述他们听音乐时的印象:"我们到处遇到有关情绪和情感冲突的说明,但是它们是同任何个人基础没有联系的",但是它们却客观化在那些表现它们的现象中。② 我们所发生移情作用的对象是不容易拟人化的（Keinesfalls werden die Töne personifiziert）,也不可以当作个人的心理状态的表现。

在这些情况下,我们如何理解抽象的移情呢?如果不是一种比喻的话,这种"同旋律、节奏和和声紧密地结合在一起,就如同内心状态的展现"又能意味着什么呢?谁

---

① 屈尔佩:《美学基础》,第15页。
② 屈尔佩:《美学基础》,第101—102页。

的内心状态？谁的也不是，因为屈尔佩曾经写道，这些情绪和情感过程是同任何个人基础不相关联的。这样一种观点实际上是建立在听众的内省基础之上的，在听音乐的时候，我们有时候会感受到某种东西，我们很想把它表述出来，而正好就是这样一种方式。一个音乐听众没有必要回避隐喻的表达；他可以说明在音乐中他直接地看到欢乐、渴望、痛苦、忧伤，他却不是作为人的感情而感到它们的。但是理论家们却不能够停留在这一点上。不存在非人的忧虑和欢乐。如果不进入体验到这些情感状态的人的心灵，人们怎么能够对它们产生移情作用呢？

这样，当"抽象的移情"不再是把对象看成是某个人的情感的表现，而是某种类型的对于"非人格的"情感的移情作用的时候，这一用语就改变了它的含义。这并非是什么另外一种类型的移情作用，而只是另外一种概念。在这种情况下，我们自然是从和某种情感状态的联系的角度评价这种"抽象移情"的对象，但是这些情感状态好像只是那个感到这种移情的人的情感状态。在这种情况下，情绪的对象似乎就不是情绪的表现，而是情绪的源泉，亦即关照者个人的情绪的源泉。"抽象的移情"似乎就不是对于一个对象的移情，而是对于对象的情感反应。

这正是音乐的表现当中的情形。如果我们问一个不带偏见的人，为什么一段序曲具有表现力，他很可能这样回答：它所以富于表现力，是因为我们在听它的时候它感动了我们。

事实上，无论是在日常生活中还是在美学中，我们都在使用两种不同的表现概念。它们是性质不同的概念，但又是联系在一起的，不仅在语言上，而且也在事实上。我们在这一用语的一种意义上，将表现赋予这样一些事物，即认为它们表现了某个人的情感，或者是作者的情感，或者是他所再现的人物的情感。在第二种意义上，则是由于当我们看到某些特定对象的时候，我们感受到一种"无利害的"情感。我在这里所讲的情感的"无利害性"，只是指某个特定表现对象的出现，尽管是欢乐、激动或悲伤的原因，却不是它们的动机；当我的朋友病了的时候我感到悲哀，而当演奏贝多芬的《第三交响乐》中的柔板的时候，我也感到悲哀。但是在第一种情况下，悲伤是来自朋友的生病这一事实；而在第二种情况下，柔板的演奏这件事却丝毫也不使我烦恼。（我感到悲哀是因为它的演奏，而不是因为他们在演奏它。）我们从在这种意义上具有表现力的对象那里所感受到的情感，具有非实在的（unobjective）情感的性质。这就是为什么我们在戏里宁肯谈到情绪。

面部表现所以具有表现力是因为它显示出感情，而不是因为它唤起感情；而另一方面，情绪的音乐所以具有表现力是因为它唤起一种情绪，而不是因为它表现情绪。在第一种情况下我们将表现力赋予对象是由于它们的原因，而在第二种情况下则是由于它们的效果。在第一种情况下，具有表现力的事物是一种被打上了某种印记的事物，而在第二种情况下，则是一种去打印记的事物。

某些语言习惯造成了表现的这两种概念的混淆。我们总是以这样一种方式使用某些形容词的两种意义,即其中的一个意义和另一个意义保持着某种明确的联系。我们说"有趣的闲谈"和"有趣的新闻","健康的孩子"和"健康的水",我们还说"一个悲伤的人"和"一次悲伤的事件",在这种情况下,悲伤的人就是这个人在悲伤,而悲伤的事件则是这个事件引起悲伤。悲伤的或欢快的音乐也是如此。我们还说某个人或某样东西给我们造成一种印象,我们也可以有一种双重的解释。

美学中在使用表现的这两种概念的时候,通常就是使用的这些同样的用语。因而就产生了种种误解。有时候,在积极的意义上——亦即在唤起情感状态的意义上使用表现这一用语的地方,我们却可以遇到"印象"这一用语。语文学家今天也谈论语言的"表现"功能和"印象"功能。克利斯蒂安森在他的美学中曾经使用过"印象"这一用语,而且他认为一个审美对象是由心境的印象"构成"的时候,他是假定出这些印象的。[①] 但是,"表现"一词的意义分歧——无论是在知识分子的日常谈话中,还是在哲学家和艺术理论家的著作中,都是如此普遍——则是一个应当作出更准确的解释的事实,正如"情绪"一词相似的意义分歧一样。("我处于阴郁的情绪中","夕阳下的湖泊有一种特别的情绪"。)

---

① 《艺术哲学》,见前。

2. 表现的两种概念之间的联系

我们如何解释这种把两种性质不同的概念总是结合成一个概念呢？我们首先可以在由于表现关系的三重性质而产生的"表现"这一用语的含义的变化当中寻求一种解释。表现功能总是要求三个方面：对于一个特定的人，有一个起着这种表现另外一个人的感受的功能的事物。例如，一个观众或一个听众在观看一座半身雕像或者在听一首奏鸣曲，从而得出关于创作者的感受的结论。如果这些感受是情感状态的话，那么表现的效果还可以走得更远；观者不仅可以得出关于创作者的感受的结论，而且还使自己受到相似的情感状态的支配。情感自身互相交流，一张表现着深沉的忧伤的面孔的符号唤起一种忧伤的情绪，而衷心的、无忧无虑的笑声则传染欢乐。我们已经结合着托尔斯泰关于艺术的任务的观点和立普斯的理论（syrnpath-ische Einfühlung 同情的移情）讨论了情感状态的启示作用。

在某些情况下，听众或观众对于表现对象的情感反应可以成为我们兴趣的主要中心。如果这样的话，我们在这整个现象中就可以无视表现对象和其感受得到表现的这个人之间的关系，而把它同对象看作一体，而这个对象还向我们启示某些情感状态，尽管并没有表现关系把它们同任何人的情感相联系，某些消极意义的表现对象的启示作用，这种托尔斯泰式的情感状态的感染作用，却可以唤起许多仅仅是积极意义的表现对象的情绪。某些音乐作品的声音，即使它们丝毫不令人想起叹息或痛哭，也不是任何人的悲伤的表现，却可以给听众一种悲伤的情绪，就如同由眼泪符号和遭受苦难的人的符号所引起的一样。在"积极的表现"中，情感也要出现，好像是通过同情，只是没有谁把这种情感状态加于我们。

一般当我们倾向于向外投射我们的情感状态的时候，情形是完全相似的或者还更加强烈。当我们受到对于积极意义的表现对象的反应的控制的时候，于是我们的情绪的向外投射首先就在同那些产生这些情绪的对象的关系中发生。因此，就产生了走向某些模糊不清的或者最初的拟人化的通道。

有时候我们可以把积极意义的表现和消极意义的表现看成是同一现象的两个方面。在我们的经验中分别出这两种类型的因素，仍然是不容易的。审美观照并不是进入一种始终一致的状态，这是一个变化不定的过程，我们的审美经验是流动的和多种多样的，甚至还有一些新的、性质不同的而又任意结合的因素在我们的意识中通过。例如，一部音乐作品的表现力是由极为丰富的因素构成的，这些因素常常同时地或一个接一个地出现在我们朦胧的意识中。要弄清楚在听一部作品的时候所产生的联想的全部材料是极其困难的，这些联想是通过同人们的谈话、感情的变动、对话以及外部世界的各种事件的短暂的相似性而产生的，而这些事件则引起我们的不安、恐惧、好奇、紧张，它们有些一直是模糊不清的，有些则得到了解决，这些解决或者是出人意外的，或者是符合于我们的期待。我们怎么能够知道在什么时刻这些声音是我们的情感的直接源泉，又在什么时刻音乐是作为另外某个人的情感的表现在向我们说话呢？

让我们参加一个有一位杰出的指挥的交响乐音乐会，以便听到屈尔佩所说的那种"绝对的"音乐。我们很有可能就不再坚持相信在这里情感状态是在我们的用语意义上"被表现出来的"了。指挥的态度、动作和表情是强烈的情感状态的有意识的表现。他为什么这样做呢？为了将这些情感状态启示给乐队成员。他明显地将音乐看成是某些情感状态的表现，因而就企图驱使乐队成员在他们的演出过程中能准确地生活在这样一些情感状态当中。这才能够保证对于音乐的"真诚"。

指挥的作用不仅同乐队成员直接相关，而且还同听众相关，他们毕竟同时也是观众。对于他们来说，指挥在相当大的程度上是一个深刻地理解到他的角色的演员。除了屈尔佩之外，听众于是就有理由把这种绝对音乐所表现的情感归之于指挥和乐队成员。与此同时，这位听众还可以明了这样一个事实，即指挥和乐队成员的这些情感状态并不是最初的感受，它们是由作品强加到表演者身上的，而表演者的感受和听众的感受之间的共鸣则在于他们二者都受到一种积极意义上的表现的影响。而且，如果指挥的动作的目的性能够从听众——观众的观点得到重视的话，那么就可以认为它们有助于作品的积极表现。通过这种行动，指挥不仅向乐队、而且也向听众启示着情感状态。他以他对交响乐的反应来感染他们（将"他的解释方式"强加于人），并且通过他的身体动作来表现他的感受，以向听者加强音乐的积极意义上的表现力。

在和一部艺术作品的交流中，当我们的思想指向创作者的时候，我们还可以发现表现的两种意义之间的另外一种相互关系。如果一件人类作品具有积极意义的表现力，如果它在我们身上唤起一种情感状态，那么我们就有权力假定在创作它的时候作者是生活于相似的情感状态之中的，甚至好像是怀着让观众或听众分担他的感情的想法而创造这件作品的。《马赛曲》充满了表现力，因为它能鼓起听众的热情，而这正是为什么我们可以从中看到青年作曲家的爱国感情的表现。卓宾或贝多芬的某些作品所唤起的情绪使我们能够进入创作者的灵魂。当然，当我们被夜曲、波兰舞曲或交响曲的情绪所俘虏的时候，我们通常并不想到它们同创作者的关系，而且我们也不是从这种关系的角度把它们看成是某种情绪。但是在某些时刻，这种关系可以出现在我们的意识中，于是对于创作者的心灵的感情移入就可以加深作品的印象。

列宁在他给高尔基的信中曾经写道："我不知有什么能比《阿巴西奥那塔》更美的了，我可以每天听它。它令人震惊，超凡出世。每当我听到它的曲调的时候，我就怀着骄傲、同时也好像怀着儿童的天真想到，人是真正能够创造出真正奇迹般的事情来的。但是我不能够经常听音乐，它影响我的神经太厉害。我已经准备好讲一些高兴的蠢话，并在这个肮脏的大厅里敲那些人的脑袋，他们能够创造出这样美好的东西。今天已经不是可以打人的脑袋的时代了。"

3. 积极意义的表现的三种根源

积极意义的表现的根源是多种多样的。正如我们所看到的，它的根源可以首先是在将一个人的感受外化的意义上的表现。而在另外一些时候，事物所以具有情感色彩是由于各式各样的联想。例如，一些事物或者由于相似性，或者以某种其他方式而与情感表现联系起来，这样就具有了表现力。一个学习字母的儿童感到某些字母是愉快的，因为它们使他回想起一张愉快的面孔或一个愉快的人，由于同样的理由，另外一些字母则是悲伤的。最后，某些感性因素（例如声音、色彩等等）或其他混合物的表现力可以是感官直接反应的结果，而同任何联想无关。

这样一种直接的表现力在音乐领域中是毫无疑问的，如果我们进入内省而不考虑原因的解释的话。色彩的直接表现力是有着歌德的权威理论支持的，在他的一篇关于色彩的论文中他谈到"对于色彩的感性的心理反应"。按照歌德的说法，感性情感并不包含色彩的全部印象。此外，每一种色彩都唤起一种特殊的心理情绪。正如我们所看到的，二十世纪的视觉艺术的某些代表人物正是追随着歌德的脚步走的。然而，并非所有的人都倾向于认为造型因素具有这样一种直接表现的特性。米歇尔·索伯斯基曾经写道："诸如线条和色块等等并不具有任何特有的表现力。它们总是间接地获得这种表现力的。"另一方面，索伯斯基教授则肯定这些因素的形态可以具有某种表现力，并说这是一种非常微弱的表现力，因为只是一些客观的联想才赋予造型形态以表现力。[①] 如果不进行细致的心理学的试验的话，这种争论是不会有结果的。我们可以很容易地找到和索伯斯基的论点相矛盾的例证，例如，我们已经多次提到的法国中世纪的染色玻璃窗，它可以引起非常强烈的情感反应，而没有任何理由可以把这种反应解释为是由客观联想引起的。我们还可以指出日常谈话中的某些表现现象，例如当透过黑色或玫瑰色的眼镜来看世界的时候所讲的那些话。我们还知道，色彩的象征性质在不同民族中是不一致的。试图对视觉因素的表现力作出准确的规定，试图创造一种永久性的"色彩和基本形式的表现键盘"，结果只能是一些天真的幻想。正如我在前面已经说过的，这和妄图在音乐形态中规定因素和形式的表现力是同样危险的，当屈尔佩使我们相信个别调性具有它们的情感色彩的时候，例如D大调是明朗的和友好的，而C大调则是庄严的和喜庆的，那么我们则宁肯将这种规定归于作者的主观联想。很可能C大调使他想到C大调的协奏曲，而D大调则使他想到某些四重奏或奏鸣曲。而另外一些人则可以宁肯将这些规定颠倒过来。

然而，不同的人对于某些感性因素的形态的情感反应的相似性，是足以使积极意义的表现成为将作者的意图传达给人们的一种手段的。这种表现还被应用在音乐形象中和象征艺术中。瓦格纳在选择他的主导旋律的时候，无疑

---

① M.索伯斯基（M.Sobeski）：《新时期的绘画：表现主义和立体主义》，1926年波兹南版，第19页。

是将自己置于考虑到它们的积极表现基础之上的，而乐器的选择也是如此，它们是用来传达这些主题的。

4. 情感状态的启示和审美经验

无论是在我们的经验中，还是在美学理论中，由于启示情感状态的功能和表现一个人的感受的功能之间形成的紧密联系，所以当我们考察美学中的表现的作用的时候，我们不能够回避积极意义的表现如何影响我们的审美评价这个问题。

我们前面讨论了通过某个人的情感表现以启示情感经验在美学当中的意义。但是，积极意义的表现正是在这样一些情况下才是一种特别重要的审美因素：即对象的外表具有某种"情感色彩"，引起某些情感状态和某些情绪。尽管我们并不在这一对象中寻求某个生物的相似情感的表现。我们喜欢这样一些事物，它们以秘密的方式启示"无利害"的情感状态，而不指出明显的原因。音乐就是如此，正如视觉艺术中所谓的音乐型的作品那样。音乐作品激发、唤起一种忧伤、欢乐或喜悦的感情，产生一种庄严的情绪，怀乡的忧郁，"压抑喉管"，而听者却不明了为什么会这样。这并不是由我们和旋律相联系的某些概念性的内容引起的，也不是我们在这些声音中寻求到作曲家或演奏家的情感表现。音乐作品只是以它的声音本身感动我们。布尔日或沙尔特的染色玻璃窗也是如此，尽管我们并不分辨那上面所表现的人物或者场景。我们被这样一些情绪所征服，并立即引起一种审美的态度，我们探究对这一对象的观照，它仅仅以它的外表从情感上紧紧地笼罩住我们。大多数人正是在音乐中看到这样一种吸引力；他们听音乐是为了受到感动、欢乐或者悲伤，更经常的是悲伤。这些感情的级别是非常多样的；舒伯特的歌曲，卓宾的波兰舞曲，贝多芬的交响曲都可以提供一种不同的效果，德彪西的夜曲或斯杰玛诺夫斯基的奏鸣曲也可以提供一种不同的效果。对于这样一种"无利害"的情感的需要正是所谓情感的或情绪的音乐在广大公众中取得成功的原因。巴赫的作品尽管是单纯的和明朗的，在音调解释方面并没有困难，但是并不吸引更多的公众，对他们来说他的作品是太"冷"了。而对于另外一些听众来说，同是这些作品却充满了表现力并成为深刻情感的源泉。当普鲁斯特宣称赞扬糟糕的音乐的时候，他指的是这样一些作品，它们不是通过它们的巧妙或独创性，而是通过某种类型的直接表现在平庸的听众当中，而不是在鉴赏家那里引起一种情感反应，它们使这些听众陷入某种情绪当中，以暂时摆脱一下日常生活的阴郁。巴那尔的咖啡馆音乐有时就是这类作品。普鲁斯特捍卫这种音乐，是以这些情感反应来对抗鉴赏家的蔑视，对抗那些具有精细的趣味的人们的蔑视。

　　从理论上讲，这种类型的经验中的审美情感是一种第二性的情感，它的根源是某种另外的情感，这种情感是由某种声音或色彩和形式的形态以某种神秘的方式唤起的，正是由于这一点才使我们对这些事物产生一种审美的态度。

当然，在内省中要把审美情感同基础情感分开是不可能的；然而，我们却应当明白，这种状态的复杂性。基础感情使我们的感受染上了欢乐或悲伤的色彩，而同时这另一种第二性的情感因素却使这种感受在情感上是积极的，即使它的基础是悲伤的或痛苦的。在观看悲剧的时候就是如此。

积极意义的表现在我们的审美生活中起着无限重大的作用。这一点在表现主义出现以前就被看到了。基础情感的力量在很早以前也有时被看作是审美价值的一个尺度。正是因为这一点这种类型的审美经验才可以被强烈地感觉到，正像对于一出悲剧或一部动人的小说的感受那样。

5. 表现对象的评价因素的多样性

现在可以用几句话把这些考察的结果总结一下。

在美学论著中占据这么多的篇幅、在我们对于形形色色的艺术作品（而且不仅仅对于艺术作品）的经验中被赋予这样一种难以置信的重要作用的表现，在对于对象的审美评价中并不是一个始终一致的、永远同一的因素。我们在表现——正如"某个人的情感的表现"这句话所表达的——中看到一些性质颇为不同的审美评价的因素，

（1）作为更深刻地进入某个人的心灵的途径的表现；

（2）作为对于那些没有人的灵魂的事物进行拟人化的途径的表现；

（3）作为一种独特的和不寻常的语言用来交流思想和

感情的表现；

（4）作为传达人们之间的情感状态的手段的表现；

（5）从表现内容的价值的角度来看表现，则有作为同具有更深刻的价值的情感交流、或同不平常的人物的心灵交流的途径的表现。

除了上述因素，此外还有另一种因素，即对于"无利害"的或者甚至可以说"无动机"的情感状态（情绪色彩）的评价。在最后这种情形下，表现作用的解释是不相同的，但是从心理学的观点来看，这些情形仍然是同表现的上述概念相联系的。

在我们的审美经验中，这些不同的因素是以不同的方式联系在一起的。罗丹在法国教堂身上看到了它们的创造者的灵魂的表现，同时他又把这些教堂看作是具有它们自己的灵魂的生物；与此同时，他又被一种情绪所控制，这种情绪是以神秘的方式由高耸的拱顶和色彩斑斓的染色玻璃窗引起而进入他自己的灵魂的。

第四编

美学基础

第十七章 自然和艺术

1. 美学中的自然

自然和艺术是许多世纪以来传统所公认的审美经验的两个领域。这一点是每一个旅游办事处以及《波兰之美》或《诺曼底之美》之类的出版物的每一个编辑都知道的。然而，自然美在美学中却起着同艺术美完全不同的作用。在研究美学问题的著作中，自然美问题相对说来只占着有限的篇幅。尽管自然美的学问的丰富程度并不弱于艺术美，但是却必须到别的地方去探寻。最经常地面对自然美的不是学者，而是诗人。同艺术提到学者面前的大量问题比起来，自然——正如被美学顺便看到一样——对他来说显然只是微不足道的理论诱饵。只是为了千百种其他理由，自然才使学者感到兴趣。与其说自然美本身是一个问题，还不如说是其他问题的一个诱饵。所以如此，也不是因为自然美在观赏者身上所唤起的审美感受比艺术美差。德苏瓦尔曾经引用过维尔海姆·海因斯（1838）的话，他说所有提香和卢本斯的作品同自然美比起来，都好像是童稚小儿和可笑的猴子；这种观点无论如何不是一种孤立的观点。①我们有时从自然所感受到的美感的强度并不是问题的所在。然而，自然的审美价值又似乎无论如何是不能同艺术的价值相比拟的。按照美学中相当普遍的看法，它们被假定是另外一种价值，只不过是不正确地使用了同一个名称。

通常当讨论到自然美的时候，问题被不公正地简单化了。当然，哈阿凯尔（Haeckel）曾经写过关于自然的形式美（die Schdnheit der NaturJormen）论著，别的人据说也写过关于低等生物的美学，朱里叶·舒尔茨（Julius schultz）也曾谈到过植物王国的美学。然而整个说来，自然美是以浪漫主义的玄学的方式加以解释的——即万能的、永恒的造物主的美。因此就产生了这样一些说法，和艺术美比起来，自然美总是某种无限的美，自然美的显著特征是不规则性，而艺术美的显著特征则是规则性和组织性等等。例如，我们在德苏瓦尔的著作中就可以看到这种说明。②如果我们考察一下其审美价值可以冠之以"自然美"的名称的三种类型的事物的话，就可以证实上述说法是不正确的。这三种类型的事物是：(1)我们周围的作为无限因素的自然；(2)个别的、或大或小的有限风景或风景片断；(3)有组织的产品，亦即有机体和结晶体。

我们可以发现，在一个星光灿烂的夜晚的美和一条山谷的美之间，在河岸边的一片繁花似锦的草地和一片赤杨

---

① M.德苏瓦尔（M.Desoir）：《美学和一般艺术学》，斯图加特1906年版，第106页。

② M.德苏瓦尔：《美学和一般艺术学》，第110页。

树林之间，在一只羚羊的美和一朵玫瑰或兰花的美之间，在一片雪花和一只飞蛾翅膀上的细致花纹之间，都是存在着差别的。

2. 自然美和无目的的美

要在自然和艺术之间划出一条清楚的界线是不容易的。艺术只包括和自然相对立的那一领域的一部分。我们必须确定艺术是否至少包括在美学基础上我们将其同自然相对立的那些事物的所有领域；换句话说，就是自然和艺术是否构成我们赋予它们以审美价值的那些事物的全部领域。这里就出现了伴随着人类作品的创造的目的性的问题。在这方面我们可以区别出三类事物：（1）非人类作品的那些事物；（2）为了审美目的而由人生产的产品；（3）不是为了审美的目的而由人生产的产品。所谓审美的目的，就是那种赋予一个事物这样一种形式，以使其能在观赏者那里唤起某种审美印象的意图。第一类事物就是自然的领域，第二类则是艺术的领域，第三类中也有一些事物可以进入美学领域，但是需要加以限定。不是为了审美的目的而生产的人类作品也可以具有审美价值。

梯·麦叶（T.Meyer）在他的《美学》中提出了一种异常宽广的自然美的概念。[①] 在他看来，自然美就是任何与人的目的无关的美，不管它是否是事物的外貌以及这些

---

① 《美学》，斯图加特1927年版，第262—263页。

事物是否是人制造的。按照麦叶的说法，我们不仅可以在人的肉体上看到自然美，而且还可以在他的衣着、用具、习惯、谈吐上看到。麦叶还把舞蹈包括在自然美当中，如果这种舞蹈不是一种展览性质的舞蹈，而只是一种力量的愉快的放松的话。谈吐的美也是如此，如果谈话者没有想到修辞的目的的话。仅仅是由于"艺术的目的"才使自然美变成为艺术美。① 为了支持麦叶的概念，人们可以在对事物的自然或非自然的任何区分的相对性中寻找论据。同一个事物在某些方面可以是一个自然事物，而在另外一些方面则是一个自然的产品。例如，从重力规律的角度来看，每一个事物都是一个自然事物。既然一个事物的美是无意图的，那么从美学的观点看来，我们就可以把这一事物归属于自然的产品，尽管从不同的方面来看，我们可以看到它是一种文化的产品。

问题就是以这种方式从理论上提到我们面前。然而，当我们具体考察麦叶所划出的这条界线的时候，却会遇到严重的困难。在什么情况下我们可以认为审美的目的没有参与作品的生产呢？创作者可以没有任何有系统的审美目的，但是他想到了作品的外观。因此，就很难认为这一作品的审美价值是无目的的。从麦叶的立场出发，人们不仅会把潜水艇、飞机和火车的美——关于它们，现代美学家写了那么多东西——包括在自然美之中，而且还会把如此

---

① 我们可以在伏尔盖特（Volkelt）的《艺术哲学和美学的形而上学》一书中看到对于自然美的同样解释，见该书1925年慕尼黑第2版，第4页。

众多的现代建筑作品包括进去。按照今天相当流行的原则，人们在建造楼房的时候，只是受着实用目的的指导，只是这种严肃的目的性才保证了作品的审美价值。美自动地成了一座结构卓越的大厦的荣冠，而建筑师并没有追求这一点。自然美于是就突破了它的界限而进入了公认的美的艺术的领地，而建筑就是包括在其中的，人们还可以更进一步地推论下去；批评家往往在纯艺术的作品中发现创作者并不明了的价值，没有意识到的价值。难道这也是自然美吗？

麦叶的观点——按照这种观点，自然美不仅仅存在于自然——是和普通直观不相符合的。如果我们在这里必须用"自然性的美"（natural beauty）这一用语来代替"自然美"（beauty of nature）的话，似乎还可能少一些谬误。在任何情况下，这一概念对于我们的问题都是太宽泛了；当我们谈到自然美的时候，我们想到的只是这样一些价值，它们可以独立于任何人类的有目的的活动而存在。

在拒绝麦叶的立场的时候，我们并没有解决自然和艺术之间的界限问题，因为现在关于艺术概念的范围我们还有两种可能性。艺术的概念，正如我们在处理文化的科学中所遇到的大多数概念一样，绝不是一个统一的和始终一致的概念。它的内容是多种历史环境的结果。如果我们企图在这种复杂的概念性的内容当中建立秩序的话，那么我们就可以或者把艺术解释成能够唤起观赏者的美感的人类产品的一般性，或者把它解释成仅仅是那些为了唤起观赏者的美感而由人生产的物品的一般性。在第一种情况下，由于特定艺术作品唤起审美情感的环境，艺术的概念就成了相对的了。换言之，艺术美可以包括或者是有目的的人造事物的全部的美，或者仅仅是事物的有目的的人造的美。第一种意义上的艺术美，还可以包括被麦叶归入自然的那些审美价值，即不是为了审美的目的而由人生产的物品的价值，例如机器的美，所有这一切都是和艺术的学院式标准相冲突的。我们是在工业工厂里而不是在艺术博物馆里看到机器的，它们是由技术学训练出来的专家而不是由艺术学院或艺术俱乐部训练的专家制造的。如果我们对艺术作如此宽泛的解释的话，那么艺术和自然就会越出审美价值的整个范围，正像在麦叶的观念中那样，只不过是分界线不同而已。另一方面，如果我们把艺术的概念限制在其审美价值是有目的的那些作品当中，那么除了自然美和艺术美之外，我们还将会遇到这样一些事物的美，它们既不属于自然，也不属于艺术。

3. 艺术的范围和创造的概念

这还不是问题的全部。在自然和艺术之间应当划出的界线在其他方面也引起了疑问。为了承认一个特定物品是一件艺作品，需要什么样的和什么程度的人的合作？艺术创造的概念应该扩大到什么样的广度？创造者必须直接赋予物品以它的最后形体呢，还是只要适当地引导自然力就行了？例如，当涉及有机生物的美的问题时，这样一些问题就出现了。在园林艺术中，按照几何图形修剪的篱笆无疑是一种艺术作品，但是我们把一株精巧地培育出来的玫瑰——它的形状和色彩都是由于园丁的技术——也看成一件艺术作品吗？难道通过体操而有意识地得到的身体的美是自然美，而只有从香粉、口红和烫发夹开始才算艺术吗？类似的问题在有机生物世界之外的其他领域也会产生。是否只有当一件物品的结构由于某个人的活动而发生改变的时候，我们才可以谈到艺术美呢？或者在某些情况下，只要把这件物品转移到另一个地方，或者改变一下姿势，就可以使它成为一件艺术作品了呢？某些布列塔民巨石充满了表现力，无疑地可以唤起一种审美印象。然而，它们却是一些未经斧凿的岩石，只是以某种方式被垂直地放在那里。它们也可以被看成是艺术作品吗？

在某些情况下，将某一特定的自然片断挑选出来并孤立起来，就足以将自然美转变成艺术美了。这可以以照片中的风景的美为例。摄影师的创造作用（如果我们不考虑"艺术修饰"的话，这对于最后的效果是非常重要的）就在于角度、光线、距离和画面大小的选择。对于一个毫不引人的环境可以构成一些美丽的实体，而且不需要通过任何方式改变现实，只要把它的某些片断加以选择和孤立就行了。但是，如果我们承认摄影师是画面中的风景的审美价值的创造者的话（表现出来的事物的美的创造者）[①]，那么我们就应当承认，我们透过用卡片纸板剪成、而且放置

---

① 参见第八章的开头部分。

适当的取景框所看到的风景本身,也是这样一件艺术作品,因为在"自然"风景周围放置一个框架就是摄影师的艺术工作的一大部分。这样,我们就看到艺术作品和艺术作品的材料之间的界线是变动不居的。

一个艺术家还可以以另外一种方式按照他的目的利用自然,而不改变它的外观。让我们从邻近的山头上来观照一座矗立在小丘上的希腊神庙。它是这片风景的制高点。希腊建筑师将大海、天空、山丘和橄榄树丛组织成一个完美的整体,由于神庙的强调而使小丘成了中心点。我们有没有权力将大海、天空、山丘和树丛看成是一部伟大的艺术作品的组成部分呢?或者是我们只可以仅仅将它们看作自然美,而在它的背景下,艺术美的花朵只在神庙的墙壁之内开放呢?

在这些情况下,审美价值的出现就是人带给自然的变化的效果。相反的情形也会出现;有时候自然会改变人的作品,这样就赋予它们某种特别的吸引力。在中世纪的教堂中或在一座古老的雕刻上,出现在古代壁画或古老岩石上的绿锈,就是这方面的一个例子。自然力抹灭了古代纪念象上的多重色彩,它们曾经影响过文艺复兴艺术的美的型式。由于自然力我们才看到了某些废墟的美。这是自然美还是艺术美呢?我们可以看到,当人的手在那些由自然的手统治了无数世纪的地方开始建立事物的秩序的时候,这些被丢置不顾的废墟的特殊的美就会消失。当古罗马的公会所被精确地发掘出来,清扫干净,再挂上说明牌,并将所有的圆柱和雕像的片断细心地安放在适当的位置,那么它的魅力毫无疑问就会失去相当一部分。今天它已经不会引起像在浪漫主义时期那样的审美情感了，尽管它更加有趣，因为它包含着多得不可比拟的可看的东西。被保存主义者的命令从永恒的公会所废墟上所吓跑的，是否是自然美呢？

这样，在自然美和艺术美之间缺乏一种清楚的过渡就以各种方式表现出来。但是，这并不影响旨在抓住自然美的特征和艺术美的特征的思考进程，因为我们将力求利用这样一些例子，以在这方面作出无可怀疑的限定。作出这种保留，我们就可以着手解决主要问题了。

我们必须考察两类不同的审美经验，两个不同的美的范畴，是否同自然和文化的客观对立相对应。我们必须确定，自然美仅仅是一种不同根源的美呢，还是一种不同种类的美。

4. 自然的特殊的美

在表面的表述当中，很难找到自然美和人造物品之间的一般性的区别。我们将力求在适用于"审美经验"这一用语的心理现象的广阔而又多样的品级中间，发现这样一些经验范畴，从心理学的观点来看它们是由起因于自然美还是艺术美来标志的。

在以心理学为基础对自然美所作的这种探讨中，我们将把对于这样一些对象的感受类型分离出来，这些对象的审美价值是由于它们不是人造物品而决定的。这是某种特殊类型的经验，在田野和森林中间，在山峦、草原或者海岸上，在远离人类文化和没有明显的人工痕迹的地方，有时就可以感受到。这些经验是由许多因素形成的，但其中最为经常的主导因素则是德国人叫作"Hass gegen die kultur"（反人文主义）的因素——①这种从充溢着时事问题的文明当中，从城市的嘈杂和扰嚷当中，从无聊的日常琐事的搅扰当中，从动脑筋的习惯当中解脱自己的需要，那怕短短的一刻也好。山谷中一个牧羊人的在场并不破坏自然美。然而，一群带着照相机、散吞酒（Suntan Wine）和洋铁盒罐头的旅行者却会使这种自然美黯然失色。

这些与其说是"反社会的"，不如说是反文明的倾向，无疑是有着一种与经济制度的形式和生活的现代城市化相联系的社会背景的。关于这一点，蒙佛德戏谑地说道，唯一存在着严格的原始状态的地方，就是没有抽水装置的厕所了。②但是，对于自由的追求，对于和平的需要，渴望在永恒的事物面前得到"净化"，并非只是在现代城市文明和现代技术的基础上产生的。某些类型的自然美，特别是广袤荒漠的自然，即使其中并没有什么"色彩"，都是因为这样一些需要才具有了唤起特殊的情感和心理状态的力量。康德作为他的崇高概念的基础的无限远和无限大的感觉，

---

① 参见舒尔茨：《自然美和艺术美》，《美学和一般艺术学杂志》，1911年，第217页。

② L.蒙佛德（L.Mumford）：《城市文化》，1938年伦敦版。

明显地有利于审美观照。① 这样沉没于自然之中，有时候就具有同宗教情感相接近的特点。

在这种根本的基础之上，还有许多其他因素出现；这就是为什么我们在欣赏远离文化的自然美的时候，所感到的快乐并不一致。在某些情况下，我们可以对这样一些事物感到着迷：色彩和形体的丰富性，奇特的东西，危险或冒险的感觉，发挥出力量（登山），联想的价值，最后还有那些影响低级感官的因素，例如空气的清爽，风和太阳。听觉印象也起着很大作用，大海的咆哮，树木沙沙作响，溪流的喧哗，蟋蟀唧唧地叫，小鸟的歌唱，青蛙的叫声。某些地方本身就很美丽动人，而有些地方则要求观赏者个人付出较大的努力。我们知道，一个古老的树林可以是深刻情感的源泉，有多少人对于森林和沼地因作为"木材生产"遭到蹂躏而感到惨痛。

特定地点的情感价值并不是固定不变的；它们常常受到阳光、时辰和许多偶然情况的一定影响。卡斯普劳维茨② 不愿意人们在中午唱他的《夜歌》，尽管是在相同的田野、闲地和河岸上。它只能在"这种庄严的夜晚的安静"中出现。

引起这里所考察的经验的是最普通意义上的自然美；诗人们所一直谈论的自然美，就正是这种意义上的自然美。事实上，自然的概念在这样一些经验中是出现的，自然赋

---

① 康德：《判断力批判》，1902年莱比锡版，第92页。

② 让·卡斯普劳维茨（Jan Kasprowicz，1860—1926），波兰诗人、戏剧家和翻译家。

予所有这些经验一种特有的色彩。谁想体验这样一些经验，只要观看一下自然就行。然而，并非所有同自然的产品有关的审美经验都表现出这样一些特征。我们明白，它们是不受其起因不是人造物品这一事实的影响的。所以，这种特殊的自然美和对自然美的客观解释，——即非人造物品的一般性——是不相符合的。它也不包括某些类型的非人造物品，它们也确实能够引起审美经验，尽管是另一种类型的审美经验。

自然美的问题比初看起来要远为复杂，多方面的、不带偏见的考察肯定可以在许多方面使它更清楚些。这样，除了那种认为城市居民对自然美的反应特别真实——他们同自然美没有任何利害关系，自然对于他们是一种稀有现象——的流行观点以外，某些所谓"原始民族"——例如爱斯基摩人或加拿大印地安人——的诗歌，也表现出对于自然美的高度敏感。在我们自己的民间创作中，例如高原居民的那些传说，也有类似的痕迹，只是不那么明显罢了。作为审美经验的一个源泉，小鸟的歌唱在传说和民歌中起着相当大的作用。

5. 关于创造者的意图的信念

我们区别了自然的观念在其中出现的审美经验。现在我们就来区别创造者的观念在其中出现的那些审美经验。

创造者的观念可以以双重的方式在对于一件艺术作品

的审美观照中出现：

（1）当关于创造者的意图的信念使观赏者对作品作出一种解释的时候；

（2）当作品同创造者的某种关系进入审美经验的内容的时候（作品所以被欣赏，是因为它同创造者存在着某种关系）。

当我们对于一件特定艺术品的解释依赖于作者的意图的时候，创作者可以完全以非人格的方式在我们的感受中出现。问题只是读者、观者或听者明白他所看到或听到的将以某种方式得到解释，即使这种解释在某种程度上是自动发生的。在这种意义上，创造者的概念每当我们想到"恰当的解释"（恰当也就是同创作者的意图相符合）的概念时就会出现；因此，首先就在于对象意味着什么，象征着什么，表现着什么，也就是说在于那些审美价值是通过语义因素显现出来的题材领域。一首诗，一幅画，一段说明性的音乐等等，就是一个这样的对象。在自然中，如果我们不看某些动物群体的话，我们就不会遇到语义关系。这里没有什么事物要表示或表现什么，或者交流某种内容。由于这一点，艺术美学中的一系列意义重大的问题（例如所谓内容与形式的关系）就同自然美学毫不相关。但是，艺术中的某些领域，例如建筑，也是不具有语义因素的。所以，这并不是区别艺术美和自然美的一个特征。

正如我们所知，作者的意图还可以决定对于一个对象的非语义判断，例如对于一个特定的因素形态的这种或那种特别的或一时的判断。然而，这种判断却不要求考虑某个人的意图；我们不需要比直接感受到的感性因素更多的东西。只有语义判断才是一种总要顾及到某个人的意图的判断。

6. 意图和手法

作用同它的观赏者之间的关系在观赏者的经验中也可以起一种双重的作用：

（1）作品对于观赏者来说是创作者的情感的符号，这种关于创作者的情感和倾向的信息是观赏者审美情感中的一个因素；

（2）作品作为创造性思想的成果或某种艺术任务的解决，成为观赏者审美情感的对象。

第一种因素在讲表现的几章里已被探讨过。这不仅涉及有目的的人造产品，因为不光是有目的的产品才具有表现力。

现在我们要考察的是，当我们将某个人的有目的的活动的产品看作美感对象的时候，它能够启示什么样的审美价值。这种观赏艺术作品的方式是一个头等重要的审美评价因素。

我们关于创作者的意图的信念影响着对于作品的评价，因此，审美感受是同这种信念相联系的。我们会想到意图和手法的关系。我们可以仅仅因为在一部作品中看到准确地实现了艺术家的意图而喜爱这部作品，因为没有什么东西不是从作者的意志中流露出来的。由于我们认为某个特定细节是有意安排的或者还是偶然的，我们对同一部作品的评价就会不同。在现代诗歌中半谐音（只押母音的韵）不会使任何人感到刺耳，而在古代作品中，它们却会象错误的韵脚一样破坏审美价值。在现代绘画中，人的面孔的变形以及无视透视原则也是如此。要想这样一幅画在我们眼中不失去价值，我们就必须相信这并不是错误，而正是希望得到的效果，这些艺术家所以这样描画是因为他们希望如此，而不是因为他们不能画成另外的样子。如果一个诗人给一首十四行诗加上第十五行诗句或者改变韵脚体系的话，它就会失去它的价值。然而，它也可以不失掉价值，如果我们知道作者事先就为自己确定了这样一种形式，他加上这第十五行诗句是作为一种任性的幻想，而不是因为他不能够在十四行诗句中完成他的思想——例如，有时我们会遇到首尾完全循环的十五行的"十四行诗"。

在一个很长的时期内，艺术家的意志（Kunstwille）是决定艺术的价值的不可缺少的概念。然而在评价当中，我们不仅考虑到意图和手法之间的一致，而且还考虑到所确定的任务的困难。一个小提琴名手由于出色地克服了一首并不特别美妙、但却很难表现的乐曲的困难而使他的听众着迷。罗丹的《青铜时代》，如果诽谤他的罪名——认为这是从自然取来的一个铸型——被证实的话，也肯定不会被人欣赏。哥特式教堂中的石头饰带作品所以富于价值，是因为它们不是焊接而成的，而是在一块岩石上雕刻成的，而且最后，如果它们是由互相分离而又有联系的部分组成的话，它们的外观也不会发生什么变化。某些古罗马拱形门之所以也取得了价值，是因为它们不是由焊接起来的石块组成的，而是仅仅由于重力而结合起来的。比萨斜塔由于它的倾斜而破坏了比萨的方形教堂这个迷人的场所的和谐，但是只要承认那些建筑师们是出于一种任性的幻想而有意识地将这座塔设计成倾斜的，他们为自己确定这样一个任务来完成，那么这种倾斜也就可以成为一种美感的因素了。如果人的动作和机器的动作一样，一般说来会被认为是丑的。但是在一出芭蕾舞中，如果演员熟练地模仿机器的自动动作，就会具有一种不可否认的审美价值。由于一项困难的任务被出色地完成，我们就会在审美上感到满足。在这些方面，艺术同手艺之间的区别有时就会消失。

有效地完成困难任务的本身就可以是审美经验的一个源泉。我们喜爱那些由于创作者的非凡能力或者不寻常的技术而获得预期形态的物品，即使它们是出于创作者一时的任性，并不服务于任何目的，例如中国艺术家在一块象牙上所精心雕刻的那些小球，它们一个套在另一个里面，我们照样喜爱它们。由一位杰出的演奏家用小提琴演奏的一部极其困难的音乐作品之所以被欣赏，不仅是由于它的音调价值，而且似乎首先是因为它被准确无误地演奏出来，因为我们必须承认技巧的高明。几处微小的错误可能很少改变作品的音调价值，但是美感却可能从一个重要因素上消失了，这就是对于技术完美的感觉。由于同样的原因，一个滑雪者惊险跳跃的美也会由于他在胜利到达场地后摔倒而受到损害。

在另外一些时候，一件物品所以引起我们的欣赏，并不是这样主要地是由于创作者的手的技巧，而是由于他解决那些完成作品而必须克服的困难的独创性。我特别指的是独特的思想和强加的框框之间的冲突。这可以是一种技术性的或社会性的框框。它可以是强加给艺术家的再现现实的传统形式；对于诗人来说，可以是十四行诗的传统形式，对于建筑师来说，可以是他的建筑物所使用的材料的物理特性，对于雕刻家来说，可以是大理石石块的尺寸和形状。史前的艺术家在堪塔玻利安山的山坡上建造的阿尔塔米拉洞穴，就利用拱顶岩石的自然凸起而得到某种彩色雕象性质的东西。有一块现成的石头——这是偶然巧合——他要在上面设计一幅图画，并且要限制在现有的形状之内。任务解决了，岩石的突出部分变成了一只弓着身子的母野牛，腿蜷缩着，头向后扭曲着。这幅画的现实主义并不因此受到损害。今天的观赏者赞叹地观看着这幅开化前的画家的作品。

这里引用的例子，进一步证实了在本书第一编我们已经确信了的东西，即不是事物的外观，而是我们关于它的知识决定着某些类型的审美经验。建立在外观上的评价，当我们明了了这一事物是如何产生的以及它有什么要求的时候，有时候就会发生变化。那么，那种普遍接受的认为所有美感只是表现的情感的观点就是错误的了。不仅是表现，而且还有判断都可以成为审美经验的基础。那种认为虚构和现实对于审美情感具有同等价值的观点，在某些情况下就是完全错误的了。

除了美感对象的孤立原则之外,在我们的审美经验中还常常越出观照对象。在对作品的审美评价中,创作者的艺术技巧成为一种因素。它在我们上一章所讨论的那些问题当中在不同程度上都是一种因素。考虑到艺术家的意图,考虑到手法的高明,审美评价的其他因素都可以得到一种额外的价值。总之,艺术技巧在具有色彩和形状美的作品中,或者在忠实地再现现实的作品中,或者在具有表现价值的作品中,都可以表现出来,当我们观赏一件艺术作品的时候,由外观的美所唤起的美感内容,作品的表现或者再现价值,于是就可以由一种新的因素而得到丰富,这就是对于它的艺术技巧的欣赏。

7. 目的性

结构的目的性是审美愉快的一个重要源泉,我们喜爱某些完全适合于一定的目的的事物,这些事物具有有效地完成它们的任务所必须的一切,而没有任何不必要的细节。这种结构必须足够清楚地使我们能够理解和评价它的效用、手段的经济和坚固性。

人造物品的目的性,无论是在正式的美的艺术领域,还是在这一领域之外,都可以是审美经验的一个源泉。一台运转良好的机器,不管是一辆比赛汽车,还是一架飞机或者打字机,都可以引起审美欣赏。1929年那些拥挤在波兹南市场上观看一架表演人造丝生产的机器的人们,肯定会经验到一种美感，这种美感可能比艺术馆里的不少珍贵的绘画所引起的还要强烈。

在这种审美满足当中，我们可以发现我们刚刚讨论过的在其他情形下的同一种因素：即对于出色地解决了困难任务的赞赏，对于独创性的赞赏。但是，一个有目的的、有效运行的建造物所以引起审美愉快，还有其他的原因；对象的目的性使得我们可以把它当成一个有组织的、有理性的整体。在本书第一编我们考察了对一个特定形态的成分建立秩序的各种原则。我们看到，当我们能够在一个复杂的形态当中确定某种特别的秩序，当它能够现出形态的原则的时候，这种复杂形态通常就获得了审美价值。这里的问题是内在的原则，例如节奏或者对称。这些成分的某种特定形态的目的性也给予我们一种秩序的原则，一种完全特殊的原则。如果我们要抓住这种原则的话，那么表面上偶然凑在一起的成分就变成了一个整体，它的成分是通过内在关系的完整的联系而互相结合起来的。我们看到这种"多样的统一"，这种统一可以是美的一个重要因素，而在这种情况下，它就不是外观上的统一，而是建立在深刻的功能联系基础上的统一。对于任何从生理学的观点、从目的性方面看一下人类或动物的躯体的人来说，复杂得如此难以置信的躯体结构就是一个严格组织起来的整体。这种组织，同建立在我们的感觉能力所易于接受的对称或节奏原则基础上的组织比起来，要复杂到千百倍。

那些有目的地安排过的事物，当它们的目的性同直接的美、即形式和色彩的美相联系的时候，当这种目的性不是从属于这种美,也就是结构——由于这种结构才产生了作品的直接的美——的细节从整体的观点来看都是目的明确的时候,我们就赋予它们一种特别的审美价值。现代技术在更大的程度上提供了这样一些效果。形形色色的现代建筑的美,在观赏者看来,就在于这些作品的不平常的目的性通过几何线条和立体的完美,比例的和谐以及空间形态的节奏和对称而达到了。

有目的的安排同形式和色彩的直接的美的这种联系,可以作为对于费希纳的审美关联律(Princip der aesthetishen Hülfe oder Steigerung:两种不同因素的关联作用的效果比我们单独考察其中每一个因素的审美价值所可以预期的效果要大)[①]的一个说明。在某些情况下,当我们相信制造者脑子里也有着审美的目标时,作品的价值也会增大,因为我们从中看到了一个自觉地提出来的复杂任务的解决:既取得了感性的美,而又毫不损害事物的明显的目的性。这样的任务是由那些服务于实用目的的美的艺术、即建筑和实用艺术提出来的。这些实用目的甚至可以是虚构的;一个工艺水壶可以永远不盛水,但是它完全适合于这一虚构的目的则增加它的审美意义。

在这里就很难不提到过去的伟大建筑思想,尽管我们所要引用的例子只是一些普遍知道的东西。在一个很长的时期内,结构的鲜明的目的性就被看作是希腊建筑的一个重要引人之处。每一本艺术史教科书都会谈到这一点。我

---

① 费希纳:《美学发蒙》,第51页。

们在道芮式神庙中看不到任何不必要的东西。大厦既完成了它的任务而又手段经济。我们感到是大厦的目的决定了结构的目的，正如材料——它构成了大厦的形状——以及环境气氛决定其结构的目的性一样，而且这种印象并不因为得到关于希腊圆柱是从早期建筑所使用的树干脱态出来的说明而减弱。这种结构是如此清楚，它的合理性是惊人的。如果有某些没有目的的装饰的话，例如柱顶的圆环、檐口的线条、排档和门楣中心的浮雕，它们和那些给人以服务于目的性的印象的东西并不冲突，而且也不遮蔽大厦的结构，相反，它们明显地服从于这种合理的结构，甚至还会被形式的和谐、比例的和谐、光线和明暗的和谐所震惊。在这里很难肯定，我们所面对的是古典艺术作品这一联想，在多大程度上是活跃的。然而，我们确实知道这些神庙的建筑者们追求着"比例的和谐"。他们追求造型美甚于追求实用价值，尽管他们将结构服从于实用价值。因为神庙不仅是坚固的和耐久的，而且还很美观，并且好像首先是美观的。它不仅是作为神的圣殿，它的祭坛的圣地，而且还可以是城市的装饰。正是为了同一个理由，它才是神的圣殿的标志，它将取悦于神并且迷惑人们。

同样著名的例子是过去另一个建筑上的伟大创造，即早期的哥特式教堂。在这里我们也看到了相同的任务的解决；严格的目的性要求和造型美的和谐。中世纪的法国教堂和希腊神庙之间的对比表明，建筑领域的目的性原则给创造自由留下了广阔的天地。中世纪的人追求着另外一种艺术美，他为他的神殿提出了和那些建立了古希腊卫城的人们不同的实用要求：大厦必须这样宽敞，才能在它的中殿容纳下数千的信徒；大厦又必须这样高耸，拱顶才不会压抑升向天空的意念。同时，它又必须和希腊神庙一样耐久。

从这些原则出发，同时又使用一些经济手段，就不难推断出那些成为哥特式风格特点的后果。由于墙壁太高，难以支撑拱顶对于边部的压力，所以就必须在某些间隔用坚固的突出的扶壁来加强它们。于是，进一步的可能性就产生了：为什么不更进一步将拱顶的重量全部转移到扶壁和柱子上呢？这样就取消了墙壁支持拱顶的作用。既然墙壁变成不必要的了，那么为了符合手段的经济，它们就会被缩减，或者至少被一种既足以遮风避雨又不会阻挡光线的材料所代替。我们以纲要和简化的方式所作的这种推论，可以用来解释用窗子代替墙壁这个显著的事实。这种缩减是合理地适合于重力规律的结果，同时又符合于对于一个玻璃墙壁的高大宽敞的大厦的梦想，这种大厦的里面将充满着染色玻璃窗的半明半暗的虹彩。

哥特式教堂正如希腊神庙一样，表明了合理的目的性结构的这些特征是直接美的源泉。我们从作品的目的性角度来评价的这种相同的经济性，决定着它的艺术上的和谐；在这里也是这样，美感的两种不同的因素互相加强着。

中世纪的幻想的奇异世界正是在这样一种结构当中实现了，正如一道朴素的数学习题那样合理。

众所周知，在后期的哥特式中，目的性和艺术美之间的这种和谐被破坏了；为了艺术效果的缘故，为了色彩的富丽，结构的这种严格的目的性被牺牲了，这当然是在不危害建筑物的持久性的限度之内。比如从结构的观点来看，那种水晶似的拱顶只是一种没有明确目的的装饰，而且只是由于它的起源才同"力线"的系统、亦即拱顶的最初的神经系统联系起来。卢昂教堂过于繁缛的正面饰带，使得建筑物的结构模糊不清。过分的装饰损害了基本线条的清晰性。

建筑作品中的建筑物的透明性在它们的审美价值中所以是一个重要因素，不仅因为它在实际上向我们保证了这种结构在同一剖面上的合理性和目的性，而且还因为它解决了某种艺术任务。由于建筑师同时面对着某些实用的目的和审美的目的，如果他的作品不仅符合严格的目的性原则，而且，由于他出色地强调了结构而使得这种目的性直接而又明显，使得这作品的外观和它的内部结构协调一致，从而将实用的目的性应用于审美的目的，他的作品就会特别地吸引我们。从这种观点来看，维斯匹昂斯基的染色玻璃窗就应当受到批评，因为它们破坏了教堂的墙壁，正是为了教堂艺术家才创造了这些墙壁。华丽的波浪形的色彩——天父就在其中现身——不能同建筑和谐地联系在一起，不能突出哥特式窗子的形状，因而作为染色玻璃窗教堂的结构，在结构上就是一个艺术性的错误。当然，染色玻璃窗并非总是损害建筑物的结构，但是它却可以损害结构的透明性。教堂的结构的合理性并不决定于染色玻璃窗的色彩的形态，但是结构外观的合理性却可以取决于它。

我们确实知道一些伟大的建筑作品是不具备这种类型

的美的，也就是说由结构的鲜明目的性所提供的美。正如我刚才所提到的，这一点在某种程度上已经适用于后期哥特式，而且更加适用于不久以后的西班牙灰泥建筑物。但是在这方面最有特点的、而且也是最为著名的还是巴洛克式，它的正面是不协调的，它的圆柱一般并不支撑什么东西。巴洛克式的大师们，特别是后期巴洛克式的大师们所追求的是另外的效果；他们为了想用华丽的装饰来眩耀观者而牺牲严格的目的性。他们如此不关心合理结构的特征，以至于他们不仅用许多方式把建筑物的结构隐蔽起来，而且还常常借助于油漆，用虚构的建筑来补充真实的建筑，这样来取得戏剧性的效果。例如在罗马的圣·伊格纳西奥教堂中，透视伸展的教堂墙壁高到使人头晕目眩的程度，直到拱顶，都着了油漆，而且在这些不能再高的墙壁上面，还刷上了天蓝的颜色。油漆得这样精巧，当我们站在那里的时候，我们实际上会感到建筑是那样奇特和无用，正像我们所能够想象的那样。

在现代建筑中，目的性和所有细节的有机结合的原则得到有力地强调。按照今天占优势的观点，忽视实用任务也会从审美的角度损害作品，有一些人认为，一个建筑物完全适合于实用目的是建筑师所应当追求的唯一价值，正像一个汽车或打字机的制造者那样。按照这种观点，建筑作品应当和汽车或打字机具有相同的评价标准。但是另外一些人还是向建筑要求某些更多的东西，在他们看来，只有当建筑是一件艺术创造品的时候，当它不仅力求满足实用的需要，而且还力求唤起同那些由诗歌和音乐所唤起的情感相关的情感的时候，建筑才成为一种艺术。然而，这些人坚持认为艺术幻想必须限制在实用要求的框框之内，而且只有限制在这些框框之内，建筑师才能创造出真正美的东西。这正是勒·高比西埃的立场，他是著名的现代建筑理论家和希腊建筑的热衷者。顺便说一句，他丝毫不想模仿希腊建筑，既然从那时以来生活方式发生了变化，今天我们在建筑物中所使用的材料也不同了，所以我们对建筑所提出的要求也必须改变。在条件改变了的情况下，建筑物还要按照老的规则竖立起来，那么它就不会美观，因为它们不可能是有目的的。

8. 自然当中的目的性

由事物的明显的目的性所提供的审美满足，并非是只有当我们面对一个有意识的创造者的作品的时候才出现的。我们不应当认为我们所欣赏的事物的目的性就是对某个人的目的有用，可以实现某个人的意图。只要我们把它看作好像是为了那种功能而被创造出来的，好像实际上它能完成那种功能，这就够了。从某些假设的任务的观点看来，当我们能够指出事物的个别组成部分的目的，它们的构成和它们的性能的时候，我们就赋予这一事物一种明显的目的性。于是我们就不是从事物的创造者的角度、而是从我们所赋予它的任务的角度来看待这一事物了。如果我们以这种方式来看待动物或植物的机体的话，那么我们对于它们的目的性安排的审美关系就毫不必要建立在形而上学或宗教假定的基础之上了。正是这些机体的生理学的目的性吸引着我们的注意，而不管我们怎样解决目的性的性质问题。然而，不能由此就认为我们在这方面对于自然产品的态度就一定比我们对有目的的安排的人造产品的态度要简单。

如果我们喜爱那些有目的地安排过的、没有不必要的细节的、运行良好的事物的话，那么，正如我们所看到的，在审美经验中就可以有两种完全不同的因素在起作用：

（1）当我们在一个表面上是一些成分的浑沌状态中能够看出一个有严格组织的整体的时候所感到的愉快；

（2）对于一种出色的安排的欣赏。

第一种因素是完全独立于制造者的观念之外的，当然就既可以在对于人造作品的态度中出现，也可以在对于自然产品的态度中出现。另一方面，对于出色的安排的欣赏就是对于制造者的技巧或独创性的欣赏。那么这种因素就好像只有在同人造作品的关系中才会出现。但是内省却告诉我们某种不同的东西。我感到这种对于杰出的安排的欣赏在我们对于自然的经验中是一个意义重大的因素，而且这决非仅仅限于当我们面对一切动物活动的产品的时候，它们可以看成和人类的作品相似，例如一座坟冢，一个蜂窠或者鸟窝。当我们看不出具有精神生命的作者的时候，当作者只能归于某些非人格的自然力的时候，我们仍然感受到这种同样的欣赏。任何一个人只要懂得一只鹰或一条狗鱼的构造的目的性，只要他赏识它们的形体和比例适合于飞翔或游泳，只要他知道某些花的传播花粉的机制，只要他熟悉人类神经系统的奇妙的安排，这包括上百万个传出和接受站，并由数百万条渠道联结起来，比最优秀的电话网运行得还要有效——这个人就会感到审美满足，这不仅是因为这些数量庞大的因素在他看来变成了一个有组织的、完整的、互相紧密联系的系统，而且还因为他明白了这样一种精明的、独创的和高超地作出来的安排。而当我们赞赏智慧或者独创性的时候，即使我们把它看作是自然的非人格的智力，我们的感受也就不再独立于创造者的观念之外了。

在某些形而上学假设的基础上，可以把所有自然产品都看成是同样"杰出"的。但是在美学中却不可以坚持这样一种"平等主义"。并非所有的自然产品——即使我们局限于有机产品——都能够由它们的组织的目的性唤起我们同等程度的美感。一个单细胞的低等生物在这方面就比一个脊椎动物的特殊机体具有较少的资格。即是在物种等级上是同一水平的生物种类，不同的机体和不同的门类在结构的目的性上也不是同等程度的。一只鹰或一只燕子的构造看起来就比一只小鸡更加出色。这样一种观点是否可以从自然哲学的观点加以证实，则是另外的问题。对于美学来说这是肯定的。乌·维特维奇对某些遥远的地质时期的动物同它们今天的后代进行了一些有趣的比较，他比较了他们的构造的优越性。[①] 我觉得自然最初是做出了某些

---

① 《心理学》，第二卷，第117页。

错误，只是在无数世纪的进程中才取得了适当的专业经验，学会了制造比以往更加优秀的生物，更加适合于生存斗争，尽管今天也还不是所有它的产品都是同等成功的。

9. 创造性

让我们回到人的作品上来。我们刚刚参加一个音乐会，这个音乐会因为一位青年作曲家的作品而引人入胜。我们所以喜爱这一作品不仅是由于它的音乐价值，不仅是由于演奏得高明，而首先是由于它以它的首创性和新颖性，以它对于以前的音乐大师的标新立异而给人以强烈的印象。这种相似的愉快还可以由绘画或建筑的首创性的意境，由一出空前大胆地解决了冲突、或者以不同寻常的独创方式演出的戏剧提供出来；我们还可以在一部首创性的小说或首创性的诗歌当中感受到这种愉快。《圣灵之王》(Król Duch)所以具有吸引力，不仅由于它的诗歌的美，而且还由于观念的独创。在斯罗瓦奇之前，还没有人敢于冒险写这样一个大胆的念头，即通过一部形而上学的自传来表现一个国家的历史。与此相反，对于那些不被人喜爱的作品的极为常见的责难就是平庸无奇，重复别人的观念，缺乏创造性的思想。同这一时期的其他诗人一样，安东尼·朗格[①]表示蔑视平易的诗韵。

---

① 安东尼·朗格（1863—1929），波兰诗人、文学批评家和翻译家。

半个世纪之后，波尔吉保斯表示蔑视全部用韵。他基于这样一种假定，即在作押韵诗五个世纪之后的今天，在押韵方面已经没有更惊人的东西了，"如果我们依照老方式押韵，依照传统押韵，每一个这样的韵脚就都是因袭的，每一个这样的韵脚都是一种无限的重复"①。朗格责怪诗人的公式化；波尔吉保斯则指责诗人利用韵书。

在所有这些评价当中，这里涉及的是什么价值呢？是不是新颖性的魅力呢？我们非常清楚，新的、不为人知的事物因为这一点就是新鲜的，就有一种唤起审美态度的倾向。在观看和以前所见到的东西都不相同的事物的时候，在对于新颖性的观照中，就有一种特别的愉快。到一个陌生的地方或者陌生的国家去旅行所以会吸引我们，在很大程度上就在于这一点。难道我们欣赏艺术作品的首创性仅仅是为了这一点吗？

当我们谈到"新鲜的""新颖的"事物的时候，我们有时候使用这些词语是含糊不清的，我们既可以指我们自己的感受新鲜，也可以指作品的根源。在第一种意义上，新颖的事物就是那些很少遇到的，或者我们前所未见的。它们不一定都是人造作品；我们会谈到新鲜的天气或者新鲜的风景。在第二种意义上，也就是在正确的词源学的意义上，新颖的事物就是那些没有典范而创造出来的事物，就是那些其中有着制造者个人的某种新东西的事物。

在第一种含义上，"新颖性"赋予事物我们前面刚刚

---

① J.波尔吉保斯（J.Przyboś）：《论韵》，见《微言集》1955年版。

谈到的那种新鲜的吸引力。在我们的审美经验中这是一种很重要的因素；它在对第二种意义上的新颖事物的评价中也起着相当大的作用，然而，它却不能完全解释我们所赋予这些事物的全部审美价值。

要举出事物由于其在正确意义上的新颖性而明显地受到喜爱的例子，那是非常容易的；一部意境新颖的作品，并不因为我们已经同它接触多次、对于我们已经不具有新鲜感的吸引力而减少它的美感源泉。当然我们可以假设，在观看这样一些作品的时候，即使是第几次了，我们还是回想起最初的印象来，并且重新复活它们，好像还伴随着新鲜感的全部吸引力，但是这样一种解释并非总是能够适用的。某些倾向的先躯者的作品比起他们的模仿者的作品来更加受到喜爱（假使其他情况不变），即使我们认识模仿者的作品更早，即使它们在新颖性这一用语的第一种意义上享有优势。

乔托的绘画所给人的印象，同二十世纪他的那些杰出的模仿者的绘画是不同的。作为美术家，拉斐尔的地位要比波鲁吉努高得多，然而有些人在观看波鲁吉努的作品的时候却感到更大的愉快，因为他是某些人物类型和某些绘画手法的创造者，拉斐尔从他那里接受过来并加以发展，某些瓦格纳的门徒的作品可以比他本人的作品给人以强烈得多的印象，对于某些诗人的模仿者也可以这样说。一个优秀的雕刻家的作品，即使很少具有新颖性，但是如果我们可以确信它是在比它的模型更早的时期创造的，仍然可以受到欣赏？当人们证实马克菲尔松不是《奥西安之歌》

的发现者而是它的作者的时候，这部作品在它的读者中也就失去了审美价值。我们关于作品来源的信念，在这方面影响着我们的美感。这样，对于艺术作品的审美经验就不仅取决于观者或听者的审美修养的一般水平，而且还取决于他对于艺术史上一些具体事实的知识。我们不能够同意汉斯利克的观点，他认为"审美家不知道、也不须知道一个创作者的个人关系或者历史背景"。为什么费奥莱特·勒都克（Viollet le Due）的哥特式结构不能使我们愉快呢？毫无疑问，这是因为在同最初的典范进行客观比较的时候它们往往站不住脚，它们的比例是不同的，细节也是这样；但是，在比这些客观上的不同大得多的程度上起着决定作用的，还是我们关于这是十九世纪的谬误的哥特式的知识。

如果我们不看最现代的作品在"最时髦"方面享有特别声望的话，那么我们可以看到，一个历史陈迹的年代更有利于唤起美感。在这里肯定会有许多因素出现。其中之一便是许多个世纪的联想；历代祖先对于古老艺术作品的崇拜，关于这座雕刻或那幅绘画成功地经受了许多世纪的考验的信念，所有这些对于今天的观赏者都有强烈的影响。通过这些作品的中介，我们可以和那些早已被久远的历史所吞没的人们的心理进行交流，这一点也不是没有意义的。但是，在这种对于古老艺术作品的崇拜中，一个相当重要的因素通常是对于创造力的评价。这些作品对于我们具有一种特殊的吸引力，因为我们相信它们比我们当代人的作品更富于独创性，尽管这并不总是正确的，古代的大师们没有今天的艺术家们所拥有的那些典范，而且正是他们为后世扫清了道路。

当我们考察观赏者对于视觉艺术中的复制品和原作的态度的时候,审美经验依赖于关于作品的来源的信念这一点就更加尖锐地表现出来了。整个说来,观赏原作会比观赏一件复制品引起不可比拟的愉快,甚至不管二者的外观如何。就是对同一幅绘画,当观赏者知道他面对的不是原作而是一件复制品的时候,他的态度也会发生变化,反之亦然。一件作品的可靠性的确定不仅影响对于它的评价,而且还影响观赏者的审美感受。《带鼬鼠的夫人》的可靠性问题曾经是专家们争论的题目,但是争论的结果对于那些从容地走过克察尔托里斯基博物馆的并非专家的群众也具有显著的意义。

对于原作的偏爱还有其他的原因。在这里也可以有势利主义出现;知道一个人曾经看到过一幅真正的伦勃朗或一幅真正的乔托的绘画是令人高兴的。班加敏认为对于原作的崇拜,特别是对于古代作品在这方面的崇拜,是从巫术或宗教仪式发源来的(真正的遗迹具有魔力)。[①] 名字的联想也可以是审美反应的一个重要因素。我们完全相信,出自一个大师的刷子或凿子的无论什么产品都要比任何复制者的作品美得多。但是这当中还有另外的东西,即同一件创造性的作品直接交流的愉快。

甚至当我们观看复制品的时候,我们也常常把原作作为我们的美感对象;在这种时候我们便把复制品当作从中

[①] 乌·班加敏(W-Benjamin):《机械再现时代的艺术作品》,见《社会学杂志》1936年,第44页。

得到原作的形象的一种工具。我们所感到兴趣的是原作的作者而不是复制品的作者所创造的东西。是最初的创造而不是仿制品，才使我们感到兴趣。

当然，仿制品有时候也会使我们感到兴趣。在这些情况下我们对于复制品的态度是不同的，因为我们有了某种另外的因素，即属于复制者个人的艺术品。在出色地再现了原作的复制品中表现出来的复制者的技巧，可以提供一种机器的复制品所没有的审美满足，因为机器在这些地方掩盖了人的效能。在同机器的复制品的交流中我们通常并不想到创造力，尽管正是这种创造力才使复制技术达到这样高的水平；另一方面，当我们观看一件手工复制品的时候，我们不仅对原作作者的毛刷作品感到兴趣，而且对复制品作者的作品也会感到兴趣。然而，正是因为这一原因，复制者的影子就会在我们同原作的创作者的交流当中出现，即使原作的色彩和线条都被忠实地复制出来。这就是为什么从观赏者的美感角度来看，一件优秀的机械复制品会拥有一件出色的人工复制品所没有的价值；在观赏机械复制品的时候，中介物的影子不会站在我们同原作的再现者中间。机器复制在最近几年（此处写于1957年）所取得的进展，使得这种复制品——在观众的态度方面——可以实现一场音乐会的录音磁带或者永久唱片的功能。

很显然，在评价作为某个人的艺术活动的产物的艺术作品的时候，我们不仅要考虑意图和手法的关系，不仅要考虑在出色的制作当中所表现出来的技术才能，而且还要考虑创造性，创造的程度和类型。问题在于用前所未有的东西来丰富现实。我们喜爱那些由创造性的思想产生的作品，而且我们从中发现的创造性越独特越丰富，我们就越喜爱它们。

这一点不仅仅涉及艺术作品。意境的新颖在人类活动的许多领域都是美感的一个对象。在观看一架新机器的时候，我们充满了对于创造的智慧和独创性的赞赏。我们对于何以构想出这样一个东西感到惊奇。在前面所讨论过的审美经验类型当中——它们的源泉是人造作品的目的性——我们可以发现和对于独创的艺术作品的感受相同的那种对于创造性的崇拜。最后，这种对于创造性的欣赏还可以引起对于某些科学发现的审美态度，例如对于某些数学命题的富于独创性的证明。

观赏创造性作品的愉快，是否好像就是对于艺术家或创造者的情感移情的结果呢？在这种时候，我们好像偷听到创造的喜悦的某些回声，而没有承担创造过程中时常出现的痛苦和艰辛。

然而，如果所有创造性的作品在有利的形势下都能唤起审美态度的话，那么，那些作为其目的正是生产美的东西的创造活动的结果的作品，或者那些由创造力的无利害的发泄所产生的作品，就特别容易唤起这样一种态度。那么，这些正是艺术作品。

对于艺术中独创性的创造的崇拜发展得并非如此之早。似乎是浪漫主义者明确地鼓吹了这一点，而真正变得普及只是从上个世纪末才开始。今天，概念的新颖被看作是对一件作品的一种最有价值的品评。因此，对于新颖性的疯狂的追求，有时由于过分而堕入怪诞，堕入浅薄的和刺人耳目的标新立异，这在艺术界已经成为一种并不罕见的现象了。

　　从前所追求的毋宁是另外的一些价值。目标是接近那些伟大的大师们；最大的野心不过是一个人的绘画能够被当作拉斐尔的作品，或者甚至被当作吉多·勒尼的作品。在诗歌当中，最大的野心则是取得某个著名诗人的风格。"艺术性"（artism）一词实际上指的是一种高尚的手艺，一个艺术家就是一个拥有适当技术的人。今天我们则给予这一术语一种不同的含义；我们将艺术匠人同艺术创造者对立起来了。对于艺匠，在我们认为可以称他为"真正的艺术家"之前，我们也向他要求某种"创造性的火花"，某种对待事物的独特态度。在音乐领域特别是如此。1957年6月，我们在华沙听了莫尼克·德·布鲁少勒丽的演奏，间隔十年之后，演奏的仍然是那些老节目，她却使听众着了迷。这不仅是由于技术，不仅是由于从键盘上发出的音调的丰富，也不仅是由于急烈的气质；她所以迷人是由于独创性，由于演奏上的独创性。在她的手指下面，莫扎克的C大调奏鸣曲变成了一部前所未闻的作品；肖邦的奏鸣曲也是如此；甚至还有他的那些华尔兹舞曲，这是听众从儿童时代就非常熟悉的。这些隐藏在旧乐谱中的新的可能性的这种出人意料的发现，引起一种特别的喜悦，这在听众的反应当中表现了出来。

10. 集体演出中的匠艺性

在那些以人的声音或动作为手段的美的艺术的领域里，我们还可以遇到审美价值的另外一种完全不同类型的"人文主义"的因素。这些作品，例如一节管弦乐曲，一首合唱歌曲，或者一段组舞，需要许多演出者的适当合作，而且如果这种合作成功的话，就会成为特殊价值的源泉。

正像一架有目的地安排好的机械的个别部件的功能的和谐一样，人的动作的和谐本身也会唤起观众或听众的美感。但是我们由人的动作的和谐所引起的美感是属于一种特殊类型的。这不仅仅是对于一种智力水平的满足，对于一切都组织得很有成效的满足；在这里有着更多的东西。在这里美感的基础可能还是某种对于社会情感的满足，即我们看到不同人们的意志如何出色地和谐起来，他们的活动如何互相协调。一首交响乐所产生的愉快——各种配乐的人，每一个人都独立动作，却共同创造出一部完美的作品——并非是这些个别动作的总和，而是它们的有机组织；这种愉快是不能够用某种复杂的乐器来代替的，即使它可以准确地发出和交响乐队同样的声波效果。声音的组织仍是同样的；这里也可能有乐器的各个部分的合作，但是听众观察不到人们精神上的合作，那么这种成分在他的感受中就会缺少。正是为了这一理由，一台好收音机并不能代替音乐厅。一个广播节目的听众可以通过收听演出的作品而生活，但是这种感受由于没有直接面对演出者而受到削弱。这种社会因素在演出者本人的审美情感中表现得就更加强烈。参加一次配合一致的弦乐四重奏或者其他室内音乐合奏所引起的喜悦是尽人皆知的，这是一种合作的喜悦，它常常成为深厚友谊的基础。

表演者在集体演出作品时的合作，或者取决于各种角色的恰当的组织，或者取决于同样动作的同时性。因此，就产生了不同类型的效果。一出戏剧，或者一个小型的音乐合奏，一首二重奏、四重奏或者五重奏，就是第一种类型的合作的例子。某些类型的组舞，例如一般由二十人和三十人组成的配角女演员，她们的效果完全依赖于动作的完全一致和同时性，就是第二种类型的例子。当我们观看这样一出芭蕾舞的时候，我们的审美经验是由我们在第一编所谈到的那些因素构成的，即节奏、频率，以及动作的美。但是除此之外，还有另外一个重要的因素，正是由于它这种类型的演出才可以成功——这便是许多人的出色的配合。这些人都以一种自动装置似的准确性来动作，但是观众知道这并非一个自动人，每一个配角女郎都有着独特的灵魂。

最后，更大型的合唱队或交响乐队还可以作为这两种类型的关系在演出者的合作当中同时出现的例子。例如，单独由第一小提琴以同样的角色一起构成合奏，或者个别几组乐器以各种不同的动作组织在一起。

在艺术领域以外，我们也可以看到这种由于人们的密切合作而产生的美感效果，无论是一个训练有素的军事单位的检阅，还是一场组织良好的足球比赛，或者很熟练地支撑起来的普通黑麦捆。

11. 自然美学和艺术美学

在本章的开头我们提出了这样的问题，即两类不同的审美经验是否同自然和艺术的客观对立相一致。既然单单列举一类或另一类事物的外观不能提供足够的基础以确定这两种不同类型的经验，所以，如果要区别这些经验的话，那么决定的因素就必然是一个人关于他的美感对象是自然产品还是人的作品的信念。这样，我们就必须考察哪些类型的审美经验是以它们的对象——在经验到这种美感的人的信念当中——是一个人造作品为条件的，或者不是一个人造作品为条件的。

我们已经肯定有一种特殊类型的审美经验，自然的观念要以某种方式介入其中。我们这时所赋予自然的审美价值是以我们不把它看成是人工的创造为条件的。还有这样一些类型的审美经验，其中制造者的概念是介入的。这些审美对象所以受到喜爱，正是因为我们从中看到了某个人的作品。这些事物的美于是就构成了"反人文主义的"自然美的某种"对应品"。

然而，这并非是说自然概念的介入或者制造者概念的介入，同将审美经验区分为对于自然的感受和对于艺术的感受是一致的。对于艺术性和创造性或者语义因素表示欣赏并不能说明所有对于艺术的审美经验的特性，正如感受到自然的浪漫的美并不能说明所有对于自然的审美经验的特性一样。无论是在自然的领域里还是在艺术的领域里，我们都可以感受到其中既没有自然的观念也没有艺术的观念介入的审美经验。有些类型的审美经验，它们对象的根源是无关紧要的。我们可以同样喜欢一片开满鲜花的草地、蝴蝶翅膀的装饰以及油画的美丽的色彩运用。在"人文主义的"和"反人文主义的"中间，还有一个中性美的领域。正是这个中性的领域——色彩和形状的美——才是实验美学得天独厚的领域。

并非只有这种中性领域才同自然美和艺术美的心理学分界相对立。如果像作品的表现或制造者的艺术性这样一些因素不能说明所有对于艺术作品的审美经验的特性的话，那么另一方面，它们也就可以不仅仅在美感对象是人造产品的时候才介入审美经验。我们还可以从那些不是人工作品、但我们却在某些方面把它们看成好像是人工作品的对象身上，得到和那些其源泉真正是表现或艺术性的审美经验相似的一些类型的审美经验。我们的态度决定着我们的审美经验，这就是为什么对于这些态度的特性来说，所有这些审美经验都"好像"是十分正当的。在我们的经验中，我们能够将自然产品"人文主义化"，甚至这种"人文主义化"有时还有一种特殊的吸引力。在本书的前面一部分我们曾经谈到许多审美经验是从自然的表现力派生出来的。拟人化不仅适合于儿童和原始民族，而且还可以说明文明人的许多审美经验的特点。有时候我们会把自然产品看成好像是艺术作品。我们为活的有机体的目的性、结构的完善、手段的经济感到愉快。我们赞赏自然洞穴或山脉的永久性的建筑结构；冰的晶体所以愉悦我们，不仅由于线条和几何图形的运用，而且还由于"手法的熟练和精细"。在所有这些情形下面，我们的感受和那些其对象是艺术的艺术性的感受是相似的。如果王尔德的格言"自然模仿艺术"是谬论的话，那么自然美学模仿艺术美学的说法则不是谬论。

审美经验中的"人文主义"因素是不局限于人造产品的范围的，但是自然的"反人文主义的"美事实上却一般局限于自然领域。这种审美经验还可以具有不同的特点。可以看到，正是那些自然的概念以我们了解的某种方式介入其中的审美经验，可以看作是同那些制造者的观念介入其中的审美经验相对立的一极，而在这两极之间则伸展着"中性美"的领域，即其对象的根源在特定情况下是无关紧要的那些审美经验领域。审美经验类型的这样一种划分也许是错误的；在许多情况下，对于自然的这种"超人类"的美的感受，比那些既没有自然的观念也没有制造者的观念介入的感受更加接近于"人文主义"性质的感受。

无论是自然的整体，还是自然的片断——大海，森林，沙漠或者河流，古老的山毛榉树或者冷杉——对于我们来说都可以不是某种东西，而是某一个人，甚至在我们对于人或人类文明感到无聊的时候。我们可以在自然中找到乐趣，因为它不是人或人造作品，但是同时，我们却可以从中感受到一种比人强大千百倍的生命。在某些反对崇拜自然的美感当中，我们则看到——正如我们已经谈到过的那样——一些具有宗教特点的因素。

反过来也是如此；所谓"伟大的艺术"有时可以使我们产生和我们得自自然的感受相近的感受。消失在某种永恒的和伟大的对象之中的感觉，脱离了人群和日常琐事的感觉，摆脱了智力活动的感觉——这些态度可以同样由塔特拉山峰或者大洋的海岸线唤起，也可以由布尔日或沙尔特教堂的内部唤起，还可以由伟大的音乐作品唤起。当我们阅读诗人或者非诗人关于他们在那些富于美丽的自然景色的国土上旅行的印象和伟大的艺术作品的时候，这种对于伟大的自然和对于伟大的艺术的情感反应之间的密切关系就更加显著。阿尔卑斯山，大海，威苏威火山，米开朗琪罗，丹特——作为相似情感的源泉依次浮现着。

朱里叶·舒尔茨认为，文明人如此经常地感到的对于文化的憎恶，既表现在对于自然的热爱当中，也表现在对于悲剧的喜欢当中，——只要主人公的水平不至于降低到平庸的文明程度，只要观众能够看到人的基本自然力量的冲突没有被社会生活的传统的屏幕所掩盖。①

由人参加美的生产，无限地丰富了可以达到的美的类型的源泉，开辟了通向新的审美价值的道路。在这方面，艺术在事实上远远超过了自然。然而，并没有心理学上的理由一定要把审美经验按照其源泉是自然还是艺术而分成两种基本的类型。无论对于自然还是对于艺术，我们都可以假设出一些不同的审美态度。按照情感反应的方式区分

---

① 舒尔茨：《自然美和艺术美》，《美学和一般艺术学杂志》，第219页。

审美价值同按照它们的根源区分并不一致。对于某些艺术作品的审美经验可以更加接近于某些对于自然的审美经验，而不是更加接近于对于其他类型的艺术作品的审美经验。

所以，从审美经验的观点将自然美和艺术美区分为两种互相对立的审美价值类型是没有根据的。从这种观点看来，将自然美排除于美学之外，从而把美学归结为艺术的科学，就更加没有根据。如果在当代有关美学问题的论著当中是相当经常地这样做的话，如果我们一般将自然美看得不可以同艺术美相比拟的话，或者我们将美学同艺术理论或艺术哲学当成一体的话，那么，我们作为基础的就不是观者或听者的经验，而是某些其他事实。是另外的观点决定了自然的分离。

第十八章 什么是审美经验?

《中国编年史》写道:"音乐具有将天堂搬到地上的力量。"①

——达尔文:《物种起源》

1. 审美价值的范围

在考察了审美价值的一系列个别类型之后,最后有必要探讨一下审美价值的一般概念。我们首先面临的问题是,当我们作出审美判断的时候,我们是从什么方面评价对象的?我们曾经假定审美价值是我们赋予对象的这样一种价值,即从我们对于这些对象的外观所感受到的某些类型的经验、亦即审美经验的角度赋予它们的。但是在我刚刚提出的问题当中,"从什么方面"这句话并非指的这一点。如果实际上我们总是根据审美经验来评定审美价值的话,那么我们就要两次用到"方面"这个词,当我们从我们的审美经验方面评价对象的时候,我们是从什么方面评价它们

---

① 《史记·乐记》有"礼乐之极乎天而蟠乎地"的话。——译者

的？或者为了说得更简单一些，就是，在我们的审美判断中，我们考察的是评价对象的哪些性质？这一问题不应当同美的标准问题相混淆。

在美学中，作家们经常力求强调我们在赋予对象审美价值的时候我们在这些对象当中所评价的那些东西；从而，他们力图指出在外部现象中属于美学自己的某些独特的研究领域。有一种受到广泛支持的理论认为，审美价值就是外观的价值，这里的问题当然不仅仅是视觉意义上的感性特征。另外一些广为传播的理论则认为审美价值就是形式的价值，美学应当专门研究对象的形式，而形式一词也不总是在一个意义上使用。[1] 还有一些人，他们把那些相当于再现功能的东西作为确定受到审美评价的对象范围的基础，这样就使美学处于自我循环的境地。除了其他人之外，孔哈德·郎格也是这样做的。[2] 作者力求将一种实际上仅仅涉及再现艺术的理论伸展到其他领域，正如后来社会主义现实主义和"反映论"的宣传者们企图以他们自己的方式做到这一点一样。在论证他的理论的时候，和其他人一样，朗格混淆了再现和表现的概念。[3]

这些观点没有一个是能够站得住脚的，除非当讲到审美价值总是"外观"的价值的时候，我们没有想到比这样

---

[1]　R.茵伽尔登（R.Ingarden）在其《关于艺术作品的形式和内容问题的研究》一文中，区别了"形式"这一术语的九种含义。见《哲学杂志》1949年。

[2]　K.郎格：《艺术的目的》，《美学和一般艺术学杂志》，1912年。

[3]　同上书，第178页。

一个断语更多的东西：即所有审美评价的对象都是易于被感官所接受的，都是在它们的感性外观的基础上受到评价的。然而，在这种情况下，除了需要对这种说法作出某些保留之外，这样一种观点不能作为对于所提问题的一种回答，它并没有在外部现象世界中为美学指出任何特别的研究领域。

在我们这部著作的进程中，我们看到了多种多样的对象，以及美学领域所要考察的一个对象的各种性质。在某些情况下，审美评价直接涉及对象的感性形式，在另一些情况下我们感到兴趣的则是它们的再现功能；还有另外一些情况，我们则是从表现的角度，或者从安排的目的性上，或者从创造者的艺术性上赋予对象一种审美价值；此外还有这样的情形，即正是没有任何人类活动的痕迹这一点决定着审美价值。我们看到，甚至那些似乎构成一个紧密的等级的对象，例如那些因再现功能而具有审美价值的对象，也可以由于完全不同的特性而具有审美价值。实际上可以这样说，在所有这些情况下，我们由于再现功能而赋予对象一种价值，但是它们之间的这种联系纯粹是词语上的。我们还被"由于"这一用语引入歧途。当我们说一部艺术作品由于再现功能而具有审美价值的时候，那么我们只是断定在评价这部作品的时候，我们是从语义学上判断它，这时我们可以想到两种评价，即评价的目标是再现功能（例如对于一个艺术家再现现实的方式的评价），和对于某些因素的评价，对于这些因素来说，再现功能只是一个不可缺少的条件，而绝不是评价的目的（例如对于再现出来的人物的美的评价）。

很难确定我们应当在什么地方结束这种关于审美评价的那些"方面"的分析。我们看到，例如对于再现方式的评价，可以进行多么不同的解释，作品的现实主义又如何可以有各式各样的表现。我们看到，幻觉主义的现实主义是一种东西，而在抓住某一现实片断的最本质的东西这种意义上的现实主义又是另一种东西，题材的现实主义（选择具有适当特征的对象）则又是某种不同的东西，在评价各种绘画的"现实主义品格"的时候，难道我们能够将幻觉主义的绘画同那些具有故意使现实事物变的现实主义的绘画进行比较，并放在一个共同的等级体系里面吗？

现在，当我们将要开始讨论"抓住某一现实片断的最为本质的东西"的含义的时候，如果印象主义者告诉我们，对他来说，最本质的东西就是作为知觉的直接材料的变化着的色块总体，一个传统派的画家，坚持他所认为的什么是最本质的东西，而强调不同事物的外部轮廓；表现主义者则力求抓住他所描画的事物的"灵魂"——那么我们就会怀疑，我们是否能够认为在所有这些情况下，他们都是从同一个方面涉及对象的评价问题，或者还是这些只是满足人们的不同方法，而原则则是相同的。我们可以更加倾向于承认所有这些类型的思想的阐述都是含糊不清的，而在每种类型的基础上，都还有另外一类性质作为评价的基础。对于表现的评价或者对于直接感性外观的评价，也会产生相同的疑问。

对于审美价值类型的分析，由于难以区别个别的评价因素而变得复杂了；对象的同一种性质可以从不同的观点受到审美评价，而不同观点的相互作用本身又可以成为一种全新的评价因素。所以，我不相信能够实现一种永恒的和无所不包的审美价值类型的体系。在任何情况下——尽管在划分这样一种丰富而又多种多样的材料的时候，总是有着任意性的广阔天地——我看都不可能发现某个单一的范畴，能够从对象的特性的观点包括所有这些类型。因此，也就不可能找到对于"美学研究现象的哪一方面"这一问题的圆满的答案。对于"在审美判断中评价的是什么"的问题，只有一种多元论的立场才是可能的。

所以，如果个别类型的审美价值之间的联系不是纯粹词语上的联系的话，如果一匹好看的马、一首美妙的奏鸣曲、一出优秀的戏剧的审美价值，除了名称以外，还有某种共同的东西的话，那么这不是由于某种客观的品质，而似乎毋宁是由于同评价者的经验的关系。所有具有审美价值的对象的唯一共同的特征，只能是能够引起审美经验这一特性，我们已经几乎明确地将这一特性作为对于审美价值的检验了。

对于经验的这种关系足以使我们承认，美学是一种以某种特别的、适当相对的价值为题目的科学；但是这里有个条件，就是审美经验的概念必须被证明是一个统一的概念。在我们的研究中已经讨论了极其丰富的被看作审美经验的经验类型，但是直到现在，我们还没有给审美经验下一个一般的定义。所以，如果我们要想明了审美价值的概念的话，我们现在就必须考察所有这些用以构成审美价值的相互关系的审美经验的类型，是否能够纳入同一个适当的范畴。

2. 审美经验的类型

让我们回顾一下在本书的进程中我们探讨了哪些类型的审美经验。这包括简单的感官性质的愉快，例如看到悦目的色彩和听到悦耳的声音时候的愉快；除此之外，还有较为复杂的过程，例如有时候由象征艺术或者观赏伟大的自然所唤起的愉快，当我们感到进入比日常生活问题更为重要的问题领域的时候所感到的愉快。贝多芬的D大调钢琴三重奏中的柔板，它那雕刻而成的七音基调每隔片刻就在小提琴部出现，这对于某些听众来说，就正好可以作为说明当我们想说音乐中的哲理因素时脑子里所想到的那些东西的材料。这种七音基调在一些上升变奏中，最后一音又降下来，从而构成一种焦虑不安的基调，好像是一个不断出现的问题，对它来说整个三重奏则好像只是作为背景，这一基调一直持续下去，直到音乐已经消失，它还留在我们知觉的神经末梢上，好像是从另外一个世界来的一位游客。某些审美经验则有着认知的性质，这就是对于某一现实片断感到亲切熟识的喜悦——例如当阅读巴尔扎克或普鲁斯特的时候，当欣赏一幅现实主义的绘画的时候——或者是对于现实的一种新的发现的喜悦，发现了早已了解的对象的一个新的方面的喜悦，并且同"我们对于世界的认识关系又被丰富了和加深了"这样一种感觉联系在一起。按照乌尔曼的说法就是，艺术家的眼光"比普遍凡人的眼光或者更广阔，或者更细致，或者更深刻和更能入木三分"①。这就是为什么艺术家可以教会我们观察世界。托洛茨基写道，"一个工人从莎士比亚、歌德、普希金、陀思妥耶夫斯基那里得到的首先是关于人的个性、人的热情和情感的更为复杂的印象，他将更加深刻更加尖锐地懂得人的精神力量，那些还未觉醒的因素的作用以及其他特性。作为结果，他将变得更加丰富。"②

我们还看到这样一些审美经验，其愉快的源泉是刺激观者或听者的智力去进行某些整理活动，例如去探讨一个复杂的声音或线条的形态，或者是一架机器或一个有机体的复杂的目的性安排。在另外一些时候则是相反，审美欣赏出自于我们的智力的完全消极状态，有时甚至陷入某种陶醉的状态，例如当长时间地听民间音乐或异国民族的音乐的时候，它们的节奏不断地重复一个或两个简单的基调，这些基调有时还只限于一个五度音程。拉伏尔（Ravel）在他的《保尔罗》中所追求的可能就是这样一种相似的效果。斯罗瓦奇的《贝尼奥夫斯基》中流动的八行体诗给予我们和"凡卡德"（"Vanguard"）的某些诗人的诗句完全不同的愉快，在他们的诗句中每个词都是冥思苦想出来

---

① 卡尔·乌尔曼（Karl Woerman）：《艺术史课程入门》，1894年第1版。

② 转引自耶兹莫夫：《文学社会学》，斯摩棱斯克1927年版，第166页。

的，而且这些诗句也缺乏那些语义上意料不到的韵脚和节律。在前一类诗中，诗歌以节拍和韵脚的音乐性，以涌现的互相联系的形象以及由这些形象引起的思想而吸引住读者，读者被诗人的词句的联想所俘虏。甚至当难以理解的比喻和隐喻出现的时候，他们也不打断诗歌的进程。为了被《贝尼奥夫斯基》的诗行所迷住，读者无需要弄懂这些奇怪的词语的含义是什么。在阅读后一类型的现代诗歌的时候，读者力求和诗人合作，但只能感到紧张和劳累的重负；为了抓住作品的美，就必须弄懂每一句的含义，而且在某些时候，如果作品值得这样下功夫的话，读者会感到某种和他在解决了一个巧妙的难题的时候一样的喜悦。

我们还广泛地讨论了这样一些经验，它们依赖于对于一个异己心灵的移情作用，由此我们好像使我们的生命得到了丰富。我们还讨论了这样一些经验，其审美满足的源泉是对于无生命的事物的移情。某些类型的审美经验以同时增强我们的感受能力来满足对于强烈的情感冲动的需要（悲剧）。另外一些则满足对于完善的需要；也就是说和我们从某些观点看来是完善的事物交流所感到的愉快。当一位听众到音乐厅去的时候，他在期待着一类情感，因为音乐会的节目单吸引着他；而当他到那里是为了去听一位杰出的演奏能手的演奏的时候，则期待着另一类情感，即使节目单上只包括李斯特和巴卡尼尼。一些我们认为产生审美经验的对象所引起的某些经验，则是由于它们可以增强性的因素（人体的美，色情小说或电影，某些绘画）。此外，渴望从日常生活的烦扰和人类文明当中解脱出来也是审美情感的基础。

这样，当我们从审美经验方面接近审美价值问题的时候，我们必须承认这是一些性质极为多样的经验，它们和各种不同的、有时甚至是互相排斥的手段相适应，而且以非常不同的性格气质为条件。我们必须承认审美经验的多样性似乎并不亚于这些经验对象的多样性。

它们不仅依赖于审美评价的对象和个人的心理倾向，而且还依赖于社会环境和社会地位。环境以各种方式形成我们的感受力。它还可以对某些作品提出情感反应的"责任"，于是就很难明了什么时候我们面对的是诚实的状态，什么时候只是一种按照某些圈子所承认的价值行事的行为。毫无疑问，还有一系列中间的情形。关于某些"静物画"式的现代乐曲，勒弗郎克曾经写道："作为不断重复'我们可以被隐藏在面包卷或咖啡壶中的灵魂所感动'这句话的结果，我们已经到了这样的地步，即我们真地被感动了。这对于社会学家来说是一些有着无限趣味的精神练习。"[1]我想音乐厅能够经常提供类似的观察材料。

3. 关于美学的界限的情感经验

那些限定不同类型的审美经验的特点的大多数因素，绝对不是审美经验所独有的特性。而且，某些被当作审美

---

[1] J.勒佛郎克：《美学和社会学》，《社会学学院杂志》，布鲁塞尔1928年版。

经验的特殊类型的经验,似乎更加接近于一般被置于美学领域之外的某些种类的心理状态,而不是接近于其他类型的审美情感。

我们通常不把味觉、触觉和温度的快感看作美感,而且并不考虑为什么我们不把它们和视觉、听觉、嗅觉的快感包括在同一种类当中,对于后者我们通常都不否认它们的审美品格。一场戏剧演出在观众身上所唤起的情感有时候同他们在一场体育比赛中所引起的情感完全相似,——如果他们对于体育运动或者比赛者的命运有着足够强烈的热情的话。许多人会权衡星期天到哪里去,哪一种场面更能满足情感的需要,是剧院的戏剧呢还是体育比赛?就其所能满足同样需要的观众的数量来说,丹普瑟要远远超过莫瓦西演出的索福克勒斯;[①] 就其所唤起的情感的平均强度来说,甚至他也要领先。《俄底浦斯王》肯定永远不会达到为丹普瑟和托尼的拳击所付出的那样一种座票价格。尽管在这样一些壮观的体育比赛中,观众可以欣赏比赛者的敏捷和好看的身躯,他们的动作和技术的高超,然而大多数人到那里去首先是为了另外的目的,为了一种更强烈的情感,即在看一场格斗时我们焦急不安地问谁将取胜的时候所带有的那种情感。如果这场比赛只是一种表演,结果也是事先就已知道的,而且表演也完全符合体育技巧的最高要求,它在观众身上就决不会引起像一场严肃进行的竞争

---

① 丹普瑟(Dempsey),美国著名拳击家;莫瓦西(Moissi),享有国际声誉的德国演员,他在欧洲许多国家的首都(包括华沙)舞台上都演出过《俄底浦斯王》。

那样强烈的情感。我们不妨想一想斗牛给西班牙人所带来的悲剧情感是多么强烈，当看过紧张的搏斗之后又看到挂在竞技场上的鲜血淋漓、令人生畏的死牛的时候。博克认为在剧场演出的最美的悲剧也抵不过真实处决一个国家罪犯的场面。①

一般观众在这种场面中所经验的那些感受同某些类型的戏剧所引起的情感是很接近的，不仅从主导情感看是如此，而且从观赏态度看也是如此（人们是为了观看才来的），各种第二位的细节也是这样。然而，这些情感在一种情况下被看作是审美状态，而在另一种情况下就不是审美状态。当然，在剧院里我们面对的是一种幻觉，而体育比赛或者斗牛则是真实的竞赛。正是它们的真实性才是情感的重要因素。但是这并不能成为限定这些情感的基本区别，因为一般认为是审美经验的所有类型的经验，决非都是以幻觉为基础的。

通常我们也不把这样一些情感看作审美经验，就是当观看纪念品——个人的或者民族的的时候或者伟大人物的没有艺术价值的遗物的时候所感受到的情感。但是，十九世纪末一个联合王国的诚实居民，在他去克拉科夫旅行期间，当他看到杯子上画的一只鹰的时候所感受到的欢欣，一位母亲当她看到好久不见的孩子的一缕头发时所感到的喜悦，或者一个浪漫的情人当他看到一段干枯的爱神木树枝的时候的感受，这些状态可能同对于某些类型的美的事

---

① 《论崇高和优美》，1756年。

物所感到的愉快是接近的（有时我们会遇到这一类的说法：这对我太美了，因为它是一个纪念品）。

要在某些类型的审美经验同不包括在美学范围之内的知识经验（阅读有趣的科学著作）之间，或者在另一类型的审美经验同宗教情感之间确定一条哪怕是大致的界线，也是非常困难的。试图将审美经验从色情性质的情感当中分离出来也是一件相当棘手的任务。有时候人们把明显的生理基础和私人性质作为性感的显著特征。但是，这些标准的一般公式也是难以成立的：那些审美性质不成问题的经验也要依赖于机体的一般状态，陶醉于音乐之中也可能伴随着令人高兴的隐秘。在性爱的兴奋之中，一般的审美感受力常常被加强，而在表达色情情感的时候，还会使用我们用来说明我们对于音乐、诗歌、视觉艺术或自然的审美态度时所使用的同一些词语，"美""吸引力""欣赏"。当我们将色情情感从审美经验当中分离出来的时候，我们一般不会考虑到色情情感的巨大分量，或者性交形式的微细程度，这有时候是很惊人的——我这里讲的是许多所谓"原始民族"的好色之徒；而一个在欧洲中等阶层环境下成长起来的人，就会只期待着一些简单的生理动作。无可怀疑，基督教文化中对于"肉体问题"的蔑视，在将性的因素排除于审美情感之外的倾向中是起了作用的。印度的先哲著作将六十四种美的艺术（Kalas）和丰富的象征主义从属于爱的艺术（Kama Kala）。

所有这些现存的、多少具有传统性的区别，都不是从心理学上促成的。在这里我们也不能够求助于经验对象的审美价值，因为前面已经表明，要想给审美价值下定义，必须在审美经验概念的基础上。

所以，在那些从心理学方面而不是从艺术理论方面接触审美经验问题的著作中，我们可以经常看到将审美经验的概念扩大化的倾向，从而造成许多含糊不清的情形。维特维奇在他的《心理学》中写道："一个乐于品尝口味并且精于此道的食物品尝家，还会从中得到一种审美满足——看到满满的肉食橱也会使一个勤劳的家庭主妇满眼高兴。"① 维特维奇甚至把一个医生看到一个癌症或结核病的经典病例时的愉快，也包括在同一类情感状态当中。

在确定心理学的概念的时候，对于它们的范围所感到的疑难总是要引起许多麻烦。然而，这对于我们的思考进程并不是一个决定性的障碍；我们可以先将那些审美性质有疑问的经验领域搁置起来，而局限于那些审美性质没有疑问的经验。对于我们来说，根本的问题是在各种类型的经验——它们在审美性质方面是没有问题的——之间，是否可以发现一种充分的联系。

到现在为止，我们更多地看到了各种类型的审美情感的不同点，而不是它们的相同点。在一种审美经验类型中作为最主要、最"本质"的东西出现的，而在另一种类型中却根本不出现。我们必须在由阅读卡斯波罗维茨（Kasprowicz）的《赞歌集》所唤起的心理状态，同由观看一匹好看的马或一幅精致的阿拉伯壁画所唤起的心理状

---

① 维特维奇：《心理学》，第2卷，第90页和124页。

态之间，找到一种相似性。这些相似性应当能够将审美经验从其他情感状态中区别出来，还应当是充分重要的，以便使在其基础上形成的审美经验范畴，反过来又可以成为审美价值概念的基础。

4. 审美立场的概念

在说明我们所探讨的各种情感状态的特点的时候，我们常常提到"审美立场"。正是这种"审美立场"将所有这些经验区别出来，而不问它们的对象以及情感色彩的种类如何。但是"审美立场"这一用语却又有着不同的解释：它可以是对于看到或想象到的对象的立场，也可以是对于经验本身的立场，而在这第二种情况下，我们既可以指对于现实的经验的"立场"，也可以指对于预期的经验的"立场"。由于这一点，"立场"这一用语本身也在改变它的含义（作为一种态度的"立场"和作为一种准备的"立场"）。

让我们从后面这种解释方式开始。在这种意义上，审美立场就是以某种特殊方式接受感觉到的或派生来的印象的一种暂时性的意向。换句话说，它就是对于审美经验的一种准备。

这种概念可以在什么程度上用来限定审美经验呢？如果事先设想的这种立场是审美经验的一个必要条件的话，也就是说，如果只有当我们对于这些经验有了准备的时候，我们才能感受到审美经验的话，那么审美立场的这样一种概念就真正成了说明这些经验的一个重要因素。然而，这样一种立场不一定出现在审美经验之前，它们可以自行出现。毫无疑问，一种接受审美情感的准备可以加强我们的审美感受力。正是艺术的这种特权，使我们在接近艺术作品的时候，我们知道我们是在从它们那里期待着审美经验；当我到剧院或一个音乐会去的时候，我事先已准备好感受某种类型的情感。但是这种准备是完全不必要的。在许多情况下，尽管我丝毫没有期待它们，审美经验还是可以产生。

在第二种意义上，审美立场可以依赖于我们自己现实地经验到的情感状态的某种特殊关系。当我们说审美立场所产生的审美感受和其他种类的情感不同，由于这种立场，每一类型的心理状态都可以成为审美经验的基础的时候，我们脑子里所想到的可能就和上面所谈的一点相似。按照这种观点，审美经验似乎就是"第二级"的心理状态，即当我们的注意力指向我们自己的经验的时候而引起的意识分离状态。例如，当我看一幅以现实主义手法制作的绘画的时候，而想着我所感受到的幻觉。

斯·巴雷好像就是这样解释审美立场的。[①] 但是，这种立场并不能够说明所有那些由对象的美而在我们身上引

---

① 斯·巴雷（S.Baley）：《成年心理学》："真正的审美立场要求一个假定具备这种立场的人必须将自己分成两半：当一半对某个特定对象感到移情并以某种方式安息于其中的时候，另一半则必须保持自由，即不是积极地进入这一过程，而只是观照这一过程的内容和形式。为了审美地体验某种东西，必须能够取得一定的自由，一种完全的'无利害'的观照。"第227—228页。

起的各种情感的特点。这些情感当中的一些最强烈的情感同这种自我观照几乎是没有关系的。如果我们一定要把它看作是审美状态的一个必要条件的话,那么我们就必须首先否认当美的对象完全把我们迷住的时候那些经验的审美性质。由于完全沉浸于音乐之中而感到的愉快也就不是审美经验了。对于经验对象的意识分离状态和经验本身,可以更多地在其他场合遇到,例如,在为了心理学的目的而进行的自我观照中,或者有时在同所谓的"自我作品"的尝试的结合中,因此,这就越出了美学所专门研究的现象的界限。我们从经验中知道,将注意力集中到我们从自身所体验到的那些东西上头,常常会导致削弱——如果不是破坏的话——审美情感。

这种"第二级"的审美状态,亦即一个人的审美经验的源泉是他自己的心理状态的改编,这是在任何情况下都不能够作为准则的情形。而且那些在审美立场中寻求一种意识的分离的人们脑子里所想的也不是这些情形。

如果"假定一种审美立场"这句话不是意味着"以适当的方式准备着"或者"假定某种对于我们自己的现实经验的态度"的话,那么所剩下的就是将"审美立场"当作和"对于对象的审美态度"这一说法等同的东西了。但是在这种情况下,审美立场的概念对于解决我们的问题毫无帮助。这只是另外一种表达形式;既然可以表示一切审美经验的特性的因素不可能是经验对象的任何客观的特征,那么代替"在所有审美经验中共同的东西是什么?"这一问题,我们可以用下面的话提出同样的问题:"对于对象的审美态度在于什么？"或者"对于对象的审美态度包括什么？"

5. 对于事物的审美态度

在我们的研究过程中，我们曾经多次从这种意义为说明审美立场的特性而进行了各种尝试。有一种观点认为，我们假定对于一个对象的审美立场，就是当看到这一对象时我们将它从其周围的现实中孤立出来，而且按照某些人的观点，还要将它从"我们的思想世界"孤立出来。① 这种观点有着不同的表述，通常并不十分清楚，使我们难以确定这种孤立对于审美经验来说是一个必要的条件呢，还是一个充分的条件。按照另外一种理论，审美态度就在于非概念的观照，不动一点脑筋，没有任何加以组织的倾向，尽可能地摆脱概念思考和词语表达。在这些状态下，对象被认为是直接显现它的特征，无需我们的智力对它加以改造。还有许多人支持这样的理论，即审美态度就是对于所看到的对象的移情。还有另外一些人则认为假定一种审美立场就是意味着直接对于对象的外观发生兴趣。

当我们在本书的前面几部分考察各种类型的审美经验的时候，我们搜集了大量的事实，它们可以用来支持这些理论当中的每一个观点。但是，这种考察本身所提供的材料也使我们确认，审美立场的这些特性——如果我们在含

---

① 立普斯：《审美观察与建筑艺术》，第60页。

糊不清和一般性的解释当中没有失掉其具体含义的话——没有任何一个能够包括那些被我们看作审美经验的所有种类的经验。

在第三编我们讨论了移情问题，在这里我们还是这样肯定，只要"移情"这一用语具有一种确定的含义，那么就不可能将所有审美经验都从属于这种审美立场。就孤立理论来说，它可以在面对再现现实的艺术时所感受到的经验中找到特别的支持。在再现领域之外，对象的孤立在审美经验中无疑也要起相当的作用，但这只是像它在所有其他情感状态当中所起的作用一样。

在波兰，正是爱德华·阿玻拉莫夫斯基鼓吹将一切审美经验都归入非理智的观照这种理论的。对象和我们自己之间的审美态度，被认为是在当"我们拒绝理智的因素，即假如我们在思想的门槛停住"的时候才出现的。"我们从现象获得一种感性的变形的轻纱，我们通常正是通过这种理智的面纱来观看整个物质世界——而当现象移开的时候，就向我们展示出它的第二种直觉的特征，一种先于思想的感觉的特征，正是我们同这种离开思想的特征的相遇，才是人们心灵中美的产生"[①]。

关于审美态度的这样一种观念，肯定是从这样一些审美经验中产生的，即当我们有时在同自然交流或听音乐的时候所感受到的。它们事实上具有一种非理智的性质，并且有时候是如此强烈，以至于吸引了我们的全部知觉。我

[①] E.阿波拉莫夫斯基（E.Abramowski）：《什么是艺术》，《哲学杂志》1898年，第102页。

们还可以想到视觉艺术中的某些倾向（印象主义），以及那些极力追求观察现实的新颖、力求摆脱理智的习惯和理智的范畴的诗歌。有时诗人有意地力求用儿童的眼睛来看现实。

阿波拉莫夫斯基正确地确定了这样一些非理智状态的特性，正确地强调了它们对于精神生活的意义。然而，当他企图将所有审美经验都归结为非理智的观照的时候，他就作出了一种和许多事实相违背的一般化。我们非常清楚，对于一个能够用儿童的眼睛来看世界的人，世界可以对他具有吸引力。然而我们不会忘记，有一些审美经验正是建立在理智的紧张活动的基础之上的。只是在某些情况下，艺术的目的才可以是使观者或听者陷入一种非理智的状态。而在另一些时候，艺术作品则恰恰需要理性的解释。甚至对于音乐，无论是非理智的欣赏、被动地为情绪所俘虏，还是为了逃入作品的结构而进行理智上的努力，这都是可能的。在这两种听音乐的方式当中，我们都必须承认有一种审美立场。

6. 无利害的观照

所有这些理论都太狭窄了。它们并不互相矛盾，甚至某些理论家还以这种方式或那种方式将它们结合起来。它们的基础可能都包括某些共同的模糊不清的直觉性，只有当试图使这些直觉性变得更加明确的时候，人们才将一类或另一类事实作为进行一般化的基础,所以,审美立场就以这种方式或那种方式被规定出来。这种共同的基础好像首先就是被康德称作审美状态的无利害性的那种情感。这种"无利害性"的概念是如此难以准确地规定,如此令人困惑不解,以至于今天只是在不得已的情况下才使用这一术语。然而,当我们从阅读康德进到上面所提到的那些关于审美立场的更新的理论的时候,我们感到它们是以某种方式依赖于这种"无利害的观照"的概念的。的确,在将一个对象从现实中孤立出来的时候,我们自己也便摆脱了其中的任何实际利害。任何人只要直接对于对象的外观感到兴趣,而将其全部注意力集中到对象是怎么样而不是是什么,那么他所采取的也不是实用的立场。对于对象的非理智态度也应当是一种明显的无利害的态度;正是在这一方面它才同作为利益的保护者的理智相对立。

不管这些同康德相联系的印象在多大程度上得到证实,康德的旧概念仍然不失为论题,尽管关于它的阐述既不清楚又有歧义,并且在心理学领域康德的概念体系的僵硬形式也一定使我们感到烦恼,甚至比在其他任何领域都更为利害。iucundum(合适),pulchrum(秀雅),sublime(崇高),honestum(诚实),这些个别范畴正像它们是化学元素那样,尖锐地对立。[①]然而,这并没有妨碍某些心理学观点的流行。

通常并不考虑康德美学范畴的范围和今天讨论这些题

---

① 《判断力批判》,莱比锡1902年版,第10页。

目的各种论著中所使用的概念的范围,并不是完全一致的。应当记住,所有康德的论述——它们已经得到普及并被认为代表着康德的美学——涉及审美经验的整个领域。除了无利害的观照这一概念之外,我们还可以从康德那里找到对于美的对象的审美态度的概念,尽管阐述得并不清楚。①对康德来说,这是一个比"无利害的观照"要狭窄的概念,它只涉及这样一些经验,即它们的平静状态没有被任何较强烈的情感所打扰。对于康德来说,美只是在我们的意义上的某种类型的审美价值;即一种冷淡的形式美,它虽然受到喜爱,但是却不能引起情感。那种认为康德不承认其他种类的美的错误观点已经变得陈腐了;事实上,他只是对于它们的叫法不同。无论如何,他讨论了崇高的事物(das Erhabene)——同他的美的事物相对立的审美价值,这些事物可以唤起强烈的情感,它们的价值也可以由于无秩序而得到加强。在康德那里,无利害的观照对于美和对于崇高都有不同的表现。还有其他一些我们可以归入审美经验的经验,对于它们康德没有使用无利害这一概念,这就是对于具有吸引力的事物(der Reiz)的经验。

对于康德的无利害概念的解释不是一致的。在我们从《判断力批判》中所看到的表述的基础上,无利害的喜悦可以解释为:

(1)不依赖于关于存在对象的观念的喜悦;

(2)不含欲望的喜悦;

---

① 《纯粹审美判断》,同上书,第41页、65页及别处。

（3）不以任何私人动机为基础的喜悦。

所以，在这里就存在着向错误的理解敞开大门的意义分歧。维特维奇写道，"无利害的喜悦是一种自相矛盾的怪论，在诚实的状态下这在心理上是不可能的。"[①] 当然，如果对无利害给予某种解释，这样一种观点可能是正确的，但是康德主义者却是从这一概念的另外一种解释出发的，于是审美经验的"无利害性"就同占有对象——它们是这些无利害的审美经验的源泉——的欲望丝毫不相冲突。

无论怎样说，没有疑问的是即使在对原文的最有利的解释当中，康德的无利害概念还是引起许多疑难，我们在这里就不作深入探讨了。我们只关心某些康德式的直觉性，它们仍然是今天的论题，我们可以在各种新式理论当中发现它们，尽管是以不同的方式表达和运用的。

今天我们还是倾向于认为，除了对于现实的实用态度和认识态度之外，还存在着一种明显的、某种"无利害"的态度；我们倾向于认为，当我们面对美的事物时所感受到的特殊情感的显著特征，就是同由关于这些事物的存在的信念所产生的情感无关，换句话说就是，我们的这种心理状态不是建立在关于存在的判断的基础之上的，尽管在我们的思考进程中曾经遇到某些类型的经验，它们对于存在判断并没有这种独立性，然而却属于审美状态。而今天我们还准备将审美判断看作是一种有着客观要求的主观判断；一种以对于评价对象的个人情感反

---

① 同前书，第2卷第82页。

应为基础、同时在某种意义上又同一切个人境遇（Keine Personalbedingungen）无关的判断。只有当我们开始建立审美经验范畴的时候，这些不同的直觉性才以一种适当的方式不相和谐了。

7．"生活于这一刻"

在寻求作为所有这样一些心理状态——即当"我们感到美""感到审美满足""感到欣赏"时的心理状态——的特有的基础的一般特性的时候，最好是从现代心理学所常常接触的方面、亦即从游戏方面去接触这些经验。从这条通道上可能比较容易解释为什么所有这些心理状态都是"无利害的"。

审美经验在许多方面可以看作所谓的游戏感（"Ludic experiences"拉丁文Ludus——game, play）。无论是从游戏的宣泄性的动作或者它的代替作用（以虚构的手段丰富生活）来看，还是从游戏作为脑筋从日常的繁忙当中的一种放松来看，都是如此。

然而，在所有游戏和所有审美欣赏中，一个首先值得注意的重要的共同因素——它可能正是我们同这些心理状态联系在一起的那种无利害感觉的源泉——就是在所有这些情况下，我们都是"生活于这一刻"（Living for the moment）。

以亚里斯多德的功能区分——旨在某个目标的功

能（例如手工艺人的工作）和为了自身的功能（例如跳舞）——作为出发点，我们可以从我们的内心生活中区分出两种基本的倾向，朝向将来的倾向和朝向现在的倾向。在某些情况下，我们完成一个功能或者被某些印象所俘虏，是因为它们直接地吸引着我们；而在另外一些情况下，则是因为我们关心将来可能发生的事情。

那些我们可以赋予其"像是将来的"立场的经验，是一种不同的经验。我们首先是指这样一些时刻，即在这时将来直接地吸引着我们，我们不关心在我们面前发生的事情，不关心我们周围的事情，因为我们的思想已经完全贯注于将来的事件。这可以是期望的心理状态，也可以是焦急的状态，可以是关于将来的令人欢欣鼓舞的幻想，也可以是阴郁悲惨的幻影，可以是恐惧的心理，也可以是充满希望的心理。

随之，我们还可以谈到这样一些朝向将来的心理状态，例如当我们事实上被现在所吸引的时候，我们却很喜欢从它的烦扰印象中摆脱出来，因为它们是令人不快的（例如牙痛，或者讨厌人的同伴）。伴随着这些印象就有一种伸向将来的倾向。

最后再回到出发点，我们将把伴随着一切有目的的活动的经验，都看作是从属于未来的一个非常重要的经验领域。这些活动的全部价值，在活动者本人的眼里看来，就在于它们同某些未来的事件的关系。在这种时候，我们的知觉可以被现在所吸引，即被正在完成的活动本身所吸引我们可以有目的地活动，但是并没有想到目的。这就是为什么在许多情况下，很难靠内省来确定我们所看到的是一种朝向将来的倾向，尽管目的并不像是一种潜意识的动机或活动。有时候在完成一个为了某种目的而采取的行动时，而它又不能直接吸引我们，另外一个动机可以在脑子里出现，即完成已经采取的决定的欲望。那么，我们的行动还是指向未来的。我们朝着这样的时刻进行，即我们将能摆脱义务的重负，我们将会感到完成责任的平静。

我们内心生活的绝大部分就是以这种方式度过的，即把目前的时刻从属于将来。正如我们可以看到的，这不仅当我们实现某些遥远的意图时会发生，而且当我们完成我们的日常责任的时候，当我们计划将来的行动的时候，当我们预见将来的时候，当我们等待某种东西的时候，当我们对将要发生的事情——不管我们对它高兴还是苦恼——感到担心的时候，也都会发生。

蒂尔·俄兰斯匹格尔，当他从山上下来的时候就担心着他可能还要爬上去，而在爬山的时候则又展望着下山的前景，但他并非是一个传奇人物，我觉得不少滑雪或雪撬的爱好者都会有某些相似的感觉。不快的事尽管还很遥远，甚至可能根本不会出现，但却已经毒化了我们的现在。在这种时候我们生活在那些还未实现的事物之中。将来吞没了现在的时刻。

我们可以拿来同这一切相对立的就是我们在现在感到快乐的时刻，而不问将会发生什么事情。这就是那些本身可以吸引我们的活动和印象，它们好像成了我们严肃生活的延续中的缺口，因为当我们严肃地生活的时候，我们总是看向未来。

然而，区别朝向未来的时刻和我们被现在所吸引的时刻的问题，并非象看起来那样简单。当一个农民在春天到新耕过的土地上去播种的时候，他的行动的目的性并没有妨碍他从眼前的美好事物中得到欢乐——清新的空气，蔚蓝的天空，灿烂的阳光，歌唱的云雀。而劳作本身，那节日一般的谷物收割也可以直接吸引着他，直接给他以快乐。我们采取行动时的立场不一定伴随着这一行动的完成。考虑到遥远的目标而采取的行动本身就可以使我们感到兴趣，以至于所进行的工作的目的成为不必要的了，如果它很快被完成的话，我们还会感到不快，这样就使我们失去了继续工作的动机，或者我们宁肯继续完成我们的行动，尽管它不再是有目的的了。例如，当一个职业舞蹈家因职业关系而表演的时候，她却被舞蹈深深地迷住了，以至于忘记了一切的物质考虑，这就是我们上面所说的那种情形。在许多这样的情形下面，这两种倾向——最初的朝向将来的倾向和第二位的朝向现在的倾向——就在我们心里交互出现，或者甚至互相冲突，有时候，这种第二位的倾向可以取得完全的胜利。

还有这样一些情形，当我们事先力求使我们所采取的行动有某种可以直接使我们感兴趣的目的的时候，而行动却离开了这种目的，因为如果没有这种直接的兴趣，它就不再是一种有目的的活动了。例如，一个人由于脑力劳动或严重的精神危机而过度疲劳，为了恢复精神平衡而不得不进行休息；或者为了自我教育的目的而追求的审美活动

（例如认为审美可以提高和丰富灵魂）。在这些情况下，行动越能很好地为目的服务，我们就越容易忘记它的目的性。

由于在各种类型的经验中，这两种立场有着不同的关系，所以就很难更准确地确定这些概念，特别是由于在确立这种"将来向"的倾向的时候，我们有时候必须求助于潜意识，这就会引起各种疑问。然而，我相信，"生活于这一刻"的观念却很容易进入我们的直觉，如果我们同意将所有这样一些时刻——其间我们的意识具有明显的缺乏"未来向"的倾向的特点，或者至少有着被"现在向"倾向所统治的特点——叫作"生活于这一刻"的话，也不会有什么错误的理解。而且，这两种类型的倾向还可以在我们对于过去的关系中发现；我们既可以形成对于过去的事件的"未来向"倾向（当我们改正过去的错误的时候，当我们想到事件的影响的时候），也可以形成"现在向"倾向（当我们被动地陷入对于过去的幻想之中的时候）。

然而，在某些情况下，这种经验的"方向性"在同我们关于生活于这一刻的定义相联系的时候，却可以产生误解。在我们包括在生活于这一刻的那些最合式的心理状态当中，还可能有这样一些经验，即其中我们十分清醒地在追求着某个未来时刻，关于未来时刻的思想在很大程度上限定着这些经验的强烈程度。在许多游戏当中，游戏者是在追求着某个确定的目标；下棋的人意在将死对方，网球运动员通常都想赢得这一场，在一种叫作"牛虻睡觉"的游戏中，参加者怀着不安的心情等待着牛虻醒来的时刻。在阅读一部迷人的小说或听一出有趣的悲剧的时候，未来时刻也起着一种相似的作用,例如当我们焦急地等待着将要发生的事情的时候。当我们为它将怎样结束而感到不安的时候,当怀着希望而害怕冲突的时候。

除了表面之外,这些事例和我们对于生活于这一刻的解释并不矛盾。在所有这些情形下面,我们所期待的未来仍然是在生活于这一刻的范围之内,这整个一段时间还是被排除在我们以严肃方式生活的那种延续之外的。游戏可以有一个明确的目标,例如战胜对方,但是如果这只是一场真正的游戏而不是一场"决赛"的话,那么这种目的倒是服务于游戏而不是游戏服务于目的,我们是为了游戏才给自己提出一项任务。阅读一部小说或听一场戏也是如此,我们不得不焦急不安地等待结束,以便在通向结局的过程中能够感受到一系列的情感。在这里,这最后一刻的主要价值也是在于刺激通向这最后一刻的过程,阅读不是达到它的最高潮的手段。

我们在这里看到的是一种动态的生活于这一刻,同它相对立,我们还可以看到一些无方向性的生活于这一刻,例如荡秋千的快乐,打网球而不记分,观赏美丽的绘画,陶醉于自然美之中。这些动态的经验是有方向性的,但是正如在无方向的经验当中一样,并不需要将现在从属于将来时刻;尽管我们期待着将来时刻,但正是现在才重要。所以,我们将这样一些过程看作是正式的生活于这一刻。我们将赋予观众一种"现在向"的倾向,在舞台演出期间,他屏息静气焦灼不安地等待着戏剧的情节高潮的解决;同时赋予厌倦了的戏剧批评家一种"将来向"的倾向,他虽然同看这场戏，但对将要发生的事情一点也不感到不安，他看戏只是为了要写一篇评论。

在不同人们的生活中，这两种立场具有不同的关系，正如那篇关于蚂蚁和蟋蟀的寓言所说明的那样。在旧时代，一些人宁愿将他们所有的兴趣都放在积聚财富上；另一些人脑子里则只想着将来的生活。还有一些人终日怀着对于疾病的恐惧，他们整个一生只关心自己的健康，但是却不能够利用这种健康。然而，对于完全献身于事业的人来说，这种始终如一的朝向未来的倾向也是爱好行动的人的一个特点。我们还遇到另外一些人，对于他们来说，生活于这一刻具有广泛的意义。这可以是一个生就的流浪者，一个"太阳底下的永恒的醉汉"，也可以是一个彼特罗纽斯（Petronius）或者朱庇特型的好伙伴。对于儿童来说，如所周知，生活于这一刻完全是一种主导的立场，而老一代的各种教育措施的目的都是为了限制这一点。

这两种类型的立场的形成和范围取决于生活和工作条件，而能够从由经济强制或直接暴力所强加的劳动中解脱出来的时间的长短，则是一个具有头等重要性的因素。① 我们在这里想到的不仅是特权阶级和那些受歧视的阶级的对立，而且还有同一国度同一时代的高原地区的农牧民同工业区的工人之间的对立。另一种社会因素也会发生作用，即个人的行为型式和价值等级，这在一些特殊的圈子里得

---

① 弗·波阿斯（F.Boas）根据长期的比较人种学的研究认为，在少数民族当中，艺术创造活动的范围直接取决于他们所支配的自由时间的长短。见《原始艺术》，奥斯陆1927年版，第300页。

到宣传，例如，一方面，在生活豪放不羁的艺术家当中和商人阶层中，或者在各种类型的文化领域。在较早的文化中，游戏和所有那些——正如亚里斯多德所说——为了本身的目的而进行的活动会受到积极的评价；而劳作，因为不能产生愉快，便受到否定的评价。劳作的概念本身有时就可以被看作是一种否定性的概念；正如"negotium"（necotium）这一词的词源所启示的那样。巫术活动和宗教庆典中的游戏因素的作用是众所周知的。古代社交中的游戏特征也是很著名的。① 尤易金卡搜集了许多材料，这些材料强调指出过去宫廷礼节和神裁法中的滑稽可笑性。以及军队仪式中的滑稽可笑性。② 他还注意到在所有文化中诗歌先于散文的事实。在上一个世纪的进程中，散文取代了叙事诗。在日本，直到一八六八年政府文件还被认为具有诗的形式。③ 身为工匠、艺术家、诗人和社会主义者的威廉·莫里斯，将功利用品的生产同人们可以从中得到直接满足的创造之间的明显区别，看作是区别理性的资本主义文化和具有早期经济形式、尚未商业化到如此程度的社会的一个特征。正是为了这一理由，他认为在他当代的

---

① 参见M.马乌斯（M.Mauss）：《论礼品，交换的古老形式》，《社会学年鉴》1925年；B.马里诺夫斯基（B.Malinowski）：《西太平洋的淘金者》，伦敦1922年版；P.弗劳申（P.Freuchen）：《北极探险》。

② J.尤易金卡（J.Huizinga）：《荷马·路登》，伦敦1949年版。

③ 同上书，第127页。

社会中，只有各个阶级的艺术家和小偷才是幸福的。①

十八世纪末，本杰明·富兰克林（Benjamin Franklin）在他给一个年青人的著名建议中表达了对于生活于这一刻的敌视立场。几十年之后（1844），青年马克思强调了在我们的文化基础上的这种立场同被几十年之后的马克斯·韦伯称作资本主义精神的东西的结合。马克思在他写给浩利家族的短笺中挖苦地写道："政治经济学是……科学中最有道德的。它的基本原则是自我克制，放弃生活和一切人类需要。你越吃得少喝得少，你越少买书，你越少去看戏、看球赛或者少去咖啡馆，你越少想、少爱、少进行理论思考、少唱歌、少画画……你的财富就越多，它既不会被蛀虫吃掉，也不会受到锈蚀，这就是你的资本。"②

8. "生活于这一刻"和审美观照

正是我叫作"生活于这一刻"的对待现实的态度所具有的特征，好像使它分享了某些涉及审美经验的观点。我特别指的是孤立理论和无利害的概念。我想这些理论正好产生在资本主义的古典时期不是没有道理的。我们曾经指出，这种关于将审美对象从周围世界孤立出来的理论太狭隘了，不能够作为审美立场的一般概念的基础。但是，当对象的孤立发生的时候，与这些对象相关的经验的孤立也

---

① W.莫里斯（W.Morris）：《艺术中的社会主义理想》，伦敦1897年版。

② 《马克思恩格斯全集》，德文版，第一卷第3册，第130页。

会发生。而且从根本上讲，这一理论的问题似乎就是经验的孤立。当我们生活于这一刻的时候，我们就总能看到这种孤立，这种在时间上的孤立；于是我们所感受到的一切——从主观上讲——都和将来没有联系，都被排除在我们的"严肃"生活的进程之外，一切都好像是处于过去和未来之间。

就无利害而言，生活于这一刻使我们对这一用语又多了一种含义。从某种观点来看，我们可以将我们对于某一对象的关系叫作有利害的，这不是当我们想得到这一对象的时候，而是当我们从中看到一种达到未来目标的手段的时候。关于利害态度的这样一种解释同日常的直观并不冲突，不难承认任何自私的利害总要涉及将来。所以，从这种观点看，"生活于这一刻"就是一种对待现实的"无利害"的态度。

无利害的这种概念，同我们前面所讨论过的美学理论中的那些概念是不同的，但是我感到当我们将一切审美经验都限定为无利害的经验的时候，那么如果我们要更深入地加以分析的话，就可能会发现，正是这样一种关于所有各种"生活于这一刻"的广泛的概念，同对于"无利害"的其他解释纠缠在一起。一种一般性的信念确实同审美经验的无利害理论联系在一起了，这就是说美是一种价值，我们从其本身来评价它，除了同它交流所带来的愉快之外，而不考虑其他效果。

"生活于这一刻"是一个非常宽泛的范畴，比起我们这里所考察的题目来要宽泛得不可比拟。它既包括积极性质的经验,也包括观照性质的经验。跳舞或者体育比赛可以使表演者和观众都生活于这一刻;而前者的经验是积极状态的,后者的经验则是观照状态的。

这种区分好像使我们接近了对于审美经验的特性所作的一种适当的规定;观照地生活于这一刻是审美经验的一个非常重要的特征,它的范围包括这些经验的所有类型。然而,这一范畴对于我们来说,还仅仅是一个最接近的概念(genus proximum),它还同时包括那些通常不属于审美状态的各种类型的经验。它们可以是所有感官的愉快(包括低级感官的快感),宗教的入神,各种性欲的冲动,看到亲人的喜悦,以及对于胜利的"无利害"的狂欢等等。当然我们可以将审美经验的概念扩大到包括这些种类的经验;从心理学的观点来看这是完全可以证实的。不幸的是,当接受这样一种范畴的时候,我们就会彻底破坏在审美经验和审美价值的概念之间确定一种相互关系的可能性,而审美价值概念的范围多少是和在我们的文化基础上所采取的评价方法相一致的。

为了避免这种分歧,我们必须承认我们所讨论的经验领域——在现时的观照愉快——是关于审美经验的一个较大范畴。我认为这在实际上是一个同所有类型的审美经验最接近的大范畴。但是我还认为在这种属类概念的框框之内,我们不可能为它们找到一种一般性的"特别种差"("differentia specifica");我们不可能发现任何能够将所有审美经验从那些生活于这一刻的观照状态——我们不打算将审美经验的名称给予它们——中区分出来的特征。

像这样一种区分,只有借助于一系列的个别的保留才能够实现。例如见到亲人时的愉快,就可以用康德的一项原则将其排除于审美经验之外,这就是美感不能由个人的境遇来确定,也就是说只有当感受情感的人将他的快感归于所看到的对象的审美价值的时候,当他相信这一对象不仅是对于他,不仅是为了某些特别的原因才令人喜欢,而且每一个有着相似趣味的人看到它时都会感到相同的愉快。低级感官的印象也要被排除,因为美感对象要有一定的复杂性(然而,简单的视觉和听觉印象应当除外,例如一种好听的声音,一块好看的色彩),或者提出另外一项原则,就是审美经验应当限制在以视听为基础的经验之内。还有其他一些原则可以将某些由于对象而被看作不够高尚的情感置于审美现象之外,例如,某些人在看到街斗时所感到的快感。

利用这种方式,我们最后可以得到一种范畴,它的范围大致符合于日常的直观或者语言习惯。但是,这样一种建立在各式各样的、互相独立的保留——它们或者涉及经验本身,或者涉及经验对象——基础上的概念,是一种过分累赘的概念。这种复杂范畴的区别不是从心理学上造成的,而只是在历史上造成的。我们所寻求的适当的范围,是我们知识界的欧洲文化所特有的,它的界限也相当明显地是偶然的形势所强加的。

所以,如果我们希望立于心理学的基础之上的话,我们就必须或者承认那些被看作审美经验的心理现象存在着不同的范畴,这些范畴又是互相联系的,但是它们却不能够用一个共同的充分的概念来包括,或者接受一种范围较广的范畴,例如承认一切观照地"生活于这一刻"都是审美态度,或者再引入另外一种标准。

第十九章　美与创造

1. 审美价值和审美经验

我们曾经假定可以在审美经验的概念中找到审美价值的一般概念的根据。同时，事实证明，我们不可能形成这样一种关于审美经验的概念，它对于所有类型的审美价值都是互相一致的，并且仅仅对它们如此。如果我们一定要以上一章最后所提到的方式形成一种适当范畴的话，那么同这样一种支离破碎地形成的、事先就依赖于价值体系——它们应当在审美经验概念的基础上形成——的概念之间的相互关系，还是不能用来规定审美价值的一般概念。另一方面，如果我们将审美经验的名称和一种较广的概念联系在一起，那么审美经验的范围就会同具有审美价值的对象的范围不相一致。

非常明显，如果无视那些流行的观点和我们的临时假定的话，审美价值并非总是因为我们从对象当中可以得到某种类型的经验而赋予对象。非常明显，没有一种特别类型的经验可以作为充分的标准。非常明显，在认为对象是美的、认为对象具有审美价值的时候，我们的脑子里也不是仅仅只有这一种关系，即这些对象同我们看到它们时所感受到的那些经验的关系。

还有另外一些事实可以支持这种假定。审美价值可以形成某些等级，这或者是在某个人的个别评价的基础上，或者是在某些社会环境所接受的客观等级的基础上。如果审美价值仅仅取决于所唤起的审美经验的话，那么我们就可以期望它们的等级将按照特定对象所唤起的审美经验的强烈程度来构成。（作一些适当保留可以使我们避免这样一些困难，例如甚至同一个人对于任何一个对象的情感反应也是极其变化多端的，特别是在程度方面。）在美学中，我们有时候可以遇到这样一种关于审美价值的等级的观点。阿波拉莫夫斯基认为情感的强度是衡量一部艺术作品的优越性的尺度。[1]这种观点还受到表现主义者的鼓吹，我们在某些后期立体主义者的观点中也可以发现某种相似的东西，例如奥藏芳。然而，这种观点是不能够成立的。如果我们认为在两个引起审美经验的对象当中，那个总是能够引起较强情感的对象更美的话，那么当举出一些相反的事实的时候，这种论点便会被证明是错误的了。审美价值的等级并非是按照审美经验的强烈程度构成的。有时候，那些我们并没有赋予较大审美价值的作品，却可以非常强烈地感动我们（普鲁斯特写《赞美糟糕的音乐》并非毫无道理）。在另一些时候，我们从美学的观点对一部作品评价很

---

[1] E.阿波拉莫夫斯基：同前书。

高,尽管我们面对它的时候并没有感到较强烈的情感。正是这样一些事实启示了康德的无热情的美的观念,对于这种美的评价可以没有情感的介入。如果情感强度一定要作为审美价值的尺度的话,那么同绘画和雕刻相比,音乐就总要占着优越的地位;一个二流的作曲家或小说家有时也就可以蔑视伦勃朗和塞尚了。

人们还可以通过对审美经验进行分析,并从中区分出严格的审美情感和"非审美"情感——或者照德国人的说法,叫作"超审美"情感——这样来支持那种认为审美价值一定要以审美经验的强度为基础的论点。情感的强度可以是由强烈的超审美情感和微弱的审美情感所决定的。①既然充分地规定审美经验的特性是如此困难,所以要想指出审美经验的审美成分就要更加困难了。在讨论这一题目的时候,我们经常遇到非常分歧的观点;被某些人认为是突出的审美因素的——例如一部音乐作品所唤起的欢快或忧伤的情绪,或者对于一首诗的主人公所产生的同情——另一些人则断定是一种审美状态的"非审美"的混合物。

审美经验中的审美情感和"非审美"情感的区分,通常是关于审美价值的某些特殊价值的结果。作为情感混合

---

① E.乌梯茨(E.Utitz):《艺术中的非审美因素》,《美学和一般艺术学》,1912年。或立普斯:《审美观察与建筑艺术》,《审美象征和非审美象征》一章。

波兰,从审美评价的观点谈到非审美因素的,除其他人之外,还有瓦里斯的《艺术作品中的超审美因素》一文。他认为:"超审美因素不能够挽救一部缺乏审美品格的作品,但是却可以提高一部具有审美品格的作品的价值,其审美品格是不依赖于这些超审美因素的。"

物的审美情感，应当是仅仅由评价对象的这样一些因素所唤起的情感，就是那些从某种观点看来具有审美品格的因素（例如色彩和形状的组合可以是这样一种优惠的因素）。同一对象同时还可以通过它的"非常美"的因素感动我们，其中可以包括形式主义的因素，例如一幅画的文学内容。但是，这样一种观点应当看成或者是一种任意采取的假定，或者是为我们开辟了一条次要的原则——如果我们希望将审美价值这个概念置于审美经验的概念基础之上的话。

即使我们必须事先假定一种形式上的立场而不用关心它的证实的话，那么，在审美观照中，无论如何也不能够离开同特定对象交流时的情感混合物，来单独评价由这些"严格的审美"因素所唤起的情感的强度。那些被称作"超审美"的因素，在唤起"无利害的"观照当中，无论如何是同审美因素合作的，有时甚至达到这样的程度，正是它们在这方面占着首要的地位。一部艺术作品的"超审美"因素在我们身上所唤起的情感冲动，影响着我们对于这部作品的整个观照关系，同时还加强我们想作为正确意义上的审美情感而加以区别的那样一些情感。所以，我以为那种要在审美观照状态中区分"严格审美的"情感因素（按照这种或那种概念）和"非审美的"因素的企图，从心理学的观点来看是没有意义的。

最后，不管对于称为审美经验的情感混合物的分析可以具有什么价值，我们必须看到这种分析并不是由观众或听众进行的，他们不是这方面的理论家，而只是感受到审美经验并把这些经验对象放在一种或另一种等级体系里面。

这种假定可能会造成这样一个后果，即这一听众或观众所承认的审美价值等级同他的审美经验的强烈程度之间的差异——同时还有某一阶层的审美等级的相对永久性和审美情感的非永久性之间的差异——可能带来以个人标准为基础的评价和由特定社会环境所强加的同一类型的审美标准之间的差异。社会可以将审美标准强加于个人，正像可以将道德标准强加于个人一样。

事实上，我们可以看到社会环境的偏爱对个人审美评价的这种影响，以及同个人情感反应的对立，甚至在表述评价的方式方面（"我个人确实不喜欢这一点，尽管我知道应当喜欢它"）。然而我们必须记住，社会的意见不仅可以影响我们的评价，而且还可以影响我们的感受。社会环境强加给我们一种价值尺度，它们对于我们具有一种客观的性质；而我们的审美反应在很大程度上也是在社会环境的审美文化的影响下形成的。①

在谈到审美评价同审美情感之间的差异的时候，我们并没有局限于个人的评价和个人的经验。为特定社会环境所接受的审美价值等级也不是按照这一社会环境或其精华人物的正常的情感反应强度构成的。所以，即使肯定在个人的审美评价中出现的是社会环境所提供的标准，也不能够解释这种差异。

除了情感反应之外，还有其他的因素决定着我们的审美评价。

---

① 本书附录当中的《社会环境在形成公众对于艺术作品的反应中的作用》一文是专论这些问题的。

2. 价值的两种观念

正如我们已经看到的，美学所研究的现象不是以一种统一的方式来对待的。无论是在日常评价中，还是在理论论述中，我们总会遇到某种二重性的观点；它既在审美价值中表现出来，也在审美经验中表现出来。当给审美经验作规定的时候，通常会有一种双重性的制约介入；除了说明我们的经验的特征以外，还有加给这些经验的对象的某些条件。我们将审美价值看作是一种同审美经验的概念有着相互关系的概念。在审美经验的基础上我们赋予对象以审美价值（经常用"它受人喜爱吗？"或"它能够受人喜爱吗？"）。另一方面，在规定审美价值的等级的时候，我们还要运用某些其他的原则，以及另外一种观点。我们承认客观地证实艺术作品的价值的可能性；在艺术论争中我们可以看到这一点。我们承认专业的审美评价在某些领域存在着（我们可以是一个评价艺术作品的专业人员）。但是必须说明，如果——加上某些保留——审美经验是审美价值的检验的话，却并非是它的尺度。我们的审美判断具有某种主客观相混合的性质，正像康德在他的时代所已经指出的那样。①

在所有这些复杂性和不一致性——无论是在关于审美经验的解释中，还是在关于审美价值的解释中，以及在关于这些价值的科学的解释中——的基础上，我们可以看到

---

① 参见本书附录《关于美学中的主观论》。

同价值的一般概念相联系的一种基本的二重性。我们有两种完全不同的价值观念。我们赋予对象一种价值，或者是从这些对象是怎样产生的角度，或者是从它们给予我们什么的角度。所以在经济学当中，除了作为投入产品的生产当中的劳动量的尺度的价值概念之外——除了这个在马克思的社会理论中起了如此重大作用的价值概念之外——还有另外一种基本的价值概念，它被叫作有用性，它的尺度就是可以满足我们的需要的能力（考虑到这些需要的重要程度）。有一些物品，在生产它们的时候花费了大量的劳动，但是它们的用处却是微不足道的；相反，另有一些极其有用的物品却不具有第一种意义上的任何价值，例如空气和春天的雨水。

这样两种观点在刑法中也互相冲突；只是这里的问题是否定的评价，即对于罪行的评价。我们知道，刑法既考虑犯罪的意图和犯罪前的情况，也考虑犯罪的结果。一方面，法律判决误杀和情杀相当不同，和判决谋杀就更加不同；另一方面，它判决已经杀人和杀人未遂也不相同。刑法在这方面也不是一成不变的；判决既不是单单根据犯罪意图，也不是单单根据所犯的罪行。

我们日常在评价人们的品德的时候会遇到这种相似的二重性，在评价审美价值的时候也会遇到这种相似的二重性。

我们评价美学所处理的对象，在某些情况下是根据观众或听众的经验，在另一些情况下则是根据产生某个特定对象的创造活动。有时候我们赋予对象一种很高的审美价值，因为它在我们身上唤起一种强烈的情感，引起"赞赏""引人注目"；而在另一个时候，我们赋予一个并不引起强烈情感的对象以很高的审美价值，则是因为它是伟大的技艺、伟大的独创性、熟练的技巧或者创造力的高度紧张的产物。这种评价的一个例子就是我们可以在各种美学著作中以及在某些艺术领域中看到的对于形式因素的崇拜；一部符合于很高的形式要求的作品，虽然不能引起较强的情感，但也不是废物，因为它代表着一个困难任务的完成，是一部富于匠心的作品。我们在这里毋宁是根据原因来评价对象，而在另外一些地方则是根据结果来评价。

根据前面所说，这种对立不应当看作个人性质的评价同一般性质的评价的对立，因为对于审美经验的评价同样可以是对于我们个人自己的经验的评价，它们被假定为在我们的文化背景下是多少具有普遍性的。

如果我们赋予"美"这个词一种特殊的心理学的解释，并由此理解为只是这种唤起审美经验的特性（即只保持同审美价值概念的一种单方面的联系，而不将那种标志着"审美价值"这一用语的意义分歧转移到"美"这个用语上），并运用"艺术性"这一术语来包括制作者的技艺以及实际上的处理，那么美学中的这两种评价方法就可以简单地叫作"对于美的评价和对于艺术性的评价。"①

按照对象的本分赋予它们价值是民主的，任何人都有

---

① 这一术语学的命题是从语言习惯出发的，尽管经过某些考虑。"美"这一词也带有价值概念的两重性，但是我认为在程度上不如"审美价值"这一术语。

权利这样做，按照艺术性赋予它们价值则是贵族式的，这是鉴赏家们来确定的。一般来说，我们评价自然只是根据它所唤起的经验，这就是为什么没有关于自然的审美价值的专门家，却有关于艺术的审美价值的专门家。

当我们明确地区别了这两种类型的评价的时候，于是将我们不是根据观赏者的经验、而是根据创造者的艺术技巧而赋予一部作品的价值称作审美价值，就显得不适当了。特别是还存在着另外一种更为合适的说法——艺术价值，这就更是如此。然而，这并没有改变问题本身，不说审美价值的两种观念，我们却可以继续说美学中的价值的两种观念。但是，价值的这两种观念通常是不加区分的，无论是在日常的评价中，或者甚至是在一般的审美考察中。在审美判断当中，这两种观点极为经常地是合作的，只是在评价的动机当中，才会有时候主要强调观赏一件作品时感受到的情感，有时候则主要强调创造者的艺术技巧。在当代欧洲文化背景下，审美价值是一个概念的大杂烩。

这两种价值概念的混淆在美学当中更加容易发生，因为在它们之间存在着重大的相互关系；在许多情况下，观者或听者的审美经验就构成评价创造能力的标准。它们是对于创造成果的检验，因为艺术创造的一个基本特征就是能够在"接受者"身上唤起审美经验。反过来说，我们根据体现在一部艺术作品中的艺术创造性而赋予它的价值，在观者或听者的审美经验中也是一个非常重要的因素，我们在第十五章曾详细地讨论过这种因素（对于艺术技巧的欣赏）。在观者或听者的反应中表现出来的作品的美，可以作为对于它的艺术性的一个证明，另外，作品的艺术性也可以是它的美的一个因素（在心理学的意义上），成为审美经验的一个动因（是动因而不单单是原因）。很难在评价一部作品的技巧的时候而不会感到审美满足。除了艺术领域之外，一个物品制作得精巧也可以成为审美经验的源泉——如果我们能够看出这种精巧的话。

这就是为什么不可能有这样的例子，即我们给予作品很高的地位仅仅是根据它的艺术性，而不是根据审美经验。只是对于审美评价的更为细致的分析以及对于某些美学问题的考察，才表明在审美价值的流行概念中混合着两种不同的观念，它们又是如此难以准确地规定。

3. 两个兴趣中心的干扰

传统哲学美学的代表人物不了解他们所使用的范畴以及那些涉及文化现象的概念，是在多种传统——它们是建立在各种世俗的权威基础之上的，例如科学院、社会团体、大学讲席、博物馆、剧院、政府部门的影响下形成的，而没有理由假定这些概念都是始终一致的。为了解释美学问题上的某些互不相容的分歧的根源而纵观一下这些概念的范畴——在我们的情况下，社会事实已经使其成为可能——那么，试图在多少是由审美传统形成的这些范畴的基础上来建立概念的体系和关于审美价值的始终一致的理论，我相信是很容易失败的。我感到在这里我们才接触到这一复杂事物的核心和根本性的问题。

我们为了得出一个关于审美经验的适当定义而进行了努力。非常明显,有时候某些类型的审美经验与其说接近于其他类型的审美经验,还不如说更加接近于那些不属于审美经验的经验。当我们将在所有类型的审美经验当中都能看到的那些特征作为基础的时候,那么这样形成的范畴又过于宽泛了。这些困难的根源就在于要求保持审美经验的名称必须给予这样一些经验,它们不仅具有某些共同的心理特点,而且它们所涉及的对象还必须具有某些特别的价值。关于审美经验的这样一种观念是不可能从心理学的分析当中产生的,毫无疑问,它是在关于艺术的概念的影响下形成的。当然,美感先于艺术,但是这并不妨碍艺术的概念先于美感的概念。

艺术作品领域——这并非是一个严密的范畴——从两个不同的方面使我们感到兴趣,我们在艺术作品中或者看到某些特殊的、经常是有意义的情感——它们是由艺术提供给观众或听众的——的对象,或者看到一种特殊类型的创造活动的产物。

审美经验的概念可以向我们解释一种具有重大意义的社会学的事实,这一事实就是从人类文化的最早阶段就有艺术存在本身;一个无限广阔的人类产品——其根源是无法用有用性(在这一词语的日常含义上)来解释的——的领域的存在,花费了巨大的社会力量才创造了这一领域。而且,非常明显,甚至无需进行心理学上的分析,我们还可以在那些不是艺术创造的目的的对象面前,感受到和那些作为艺术创造的目的的情感状态相同的状态。于是，就产生了在审美经验的概念和对于艺术作品的评价之间保持一种紧密联系的愿望。

价值概念的二重性在更大的程度上影响了作为一门关于美的事物的科学的美学的概念。这门科学的概念无可怀疑地是在艺术的概念的影响下形成的。如果不是这样的话，那就没有理由不把美学看作是心理学的一个分枝，看作是一门关于某些类型的情感的科学。我们曾经得出结论，即美的事物，赋有审美价值的事物，并不具有任何它们本身之外的客观特征；能够成为区别这样一种范畴的事物、并建立一门专门研究这些事物的科学的基础。

然而，那些自主美学的拥护者们却强调美学不是一门关于审美经验的科学，而是一门关于具有"审美价值"的对象的科学。这就无疑于是向美学保证自主权。

在我看来，这种自主权是偷运进来的。具有审美价值的事物的独特的客观范畴（这一范畴的范围并不限于人造产品）的存在是可以假定的？因为确实存在着一种独特范畴的事物，这就是艺术作品。但是在这里被遗忘了的是，艺术作品范畴的独特性，却正在于那些不能够扩大到整个美的事物的领域中去的客观因素。这种偷运所以可能，是由审美价值概念的二重性造成的。它一方面作为某些类型的情感（审美经验）的相互关系，一方面又作为某些类型的创造活动（艺术创造）的相互关系。艺术正是这样影响了我们看待美的事物的方式。它还影响了美学的范围，除了艺术作品之外，美学还首先包括这样一些事物，就是多少世纪以来在诗歌中受到赞美、在绘画中得到再现的那些事物。

作为一门关于美的事物的科学的美学的概念，在作过这些说明之后，就不会像看起来那样是人为的了。它不仅适应着那些向美学保证一种完全的自主权的倾向，而且还适应着我们日常兴趣的自然倾向，那些并非专家的人们的审美兴趣一般是在于美的事物，而不是这些美的事物所唤起的经验。他们所感到兴趣的问题，首先是"这个事物为什么这样美"，而不是"当我看到这一事物的时候感到了什么"。最后，美学的这样一种概念还直接符合某些实用的需要，即建立某些规则的需要，它们可以帮助我们赋予事物那些可以在观赏者身上唤起审美经验的特征，或者帮助我们发现这样一些事物，我们能够将这些特征赋予它们。

因此，在关于一般美学的范围的复杂问题当中，存在着两个性质不同的兴趣中心，美和艺术。这两个兴趣中心的相互作用决定了美学的领域，而两种不同观点的相互作用则影响了它的概念的形成。许多关于美学的范围以及它的任务的讨论所以没有希望，根源也就在这里。

4. 审美情感的心理学和关于艺术创造的科学

梅伊曼在他的历史研究中[①]对美学中的倾向进行了区

---

① E.梅伊曼（E.Meumann）：《现代美学导论》，1919年莱比锡版。

分。他分为"心理学美学"和"客观美学"。他的心理学美学既研究审美经验，也研究艺术创造中的心理学。客观美学则分析艺术的类型以及艺术和自然的审美形式。这样，是依附于这种倾向还是那种倾向，只是根据我们在特定体系下所谈的是一些经验呢，还是这些经验所涉及的对象。

如果梅伊曼的划分不单单是对于这样一个事实——即这一领域里的当代作品的问题是最经常地这样分类的——的肯定，而且同时还要作为一种成体系的划分的话，那么这样提出问题是无助于消除美学中的复杂性和不一致之处的。尤其是这种客观美学还有着审美价值概念的二重性的麻烦。为了避免这种二重性，我们可以始终只考虑客观对象同审美经验的相互关系，但是这样一来，这种"客观"体系同心理学美学的适当体系之间的区别在理论上也就可以归结为一种形式上的区别了；涉及二者之间的关系的问题也就同样既可以从这一方面来表述，也可以从那一方面来表述，因为同是这些判断，既可以说成是审美经验问题，也可以说成是审美对象问题。当然，在实际上是强调关系的这一方还是那一方，还需要改变对于问题的这一方面或那一方面的研究分量。

如果我们一定要寻求一种对于概念和观点的一致划分的话，那么我们所研究的一系列问题就必须在与梅伊曼不同的基础上加以解决。我们将按照上面谈到的兴趣的两个中心和价值的两种不同的概念来进行划分。

美学好像正在朝着这个方向发展。很久以来，我们就看到一些企图使美学具有一种一致的有系统的性质的尝试，其中某些作者从审美经验方面处理材料，而另一些作者则从艺术创造方面处理它们。选择第一条道路的大都是心理学家，而那些从艺术史的路上走向美学的人们则倾向于选择第二条道路。这些尝试或者导致美学中敌对倾向的产生，或者使美学中以前所包括的问题分化为各种名目的学科。

除了立普斯、麦叶和伏尔盖特式的包罗各种类型的审美经验以及它们的对象的美学之外，还产生了艺术哲学或艺术的一般理论，它们也探讨审美价值，但是是在不同的范围内。在某些作者（例如乌提茨、德苏瓦尔）看来，这两门学科在某些部分是一致的，但仅仅是部分地一致，因为艺术理论还探讨艺术作品的超审美的价值，而另一方面，美学还包括自然美。在另一些作者（康拉德、朗格、席格尔）[①]看来，美学和艺术哲学应当是一体的，或者把美学当作艺术哲学的一个分枝，但在这两种情况下，自然都应当从审美考察中被排除出去。自然的审美价值应当同诗人相关，而不是同学术研究者。在最近的马克思主义论文中，"美学"则被解释为一种艺术理论，而且首先是研究摆在苏联马克思主义者面前的那些问题，他们在二十年代把它们叫作"艺术社会学"（弗里契）或者"文学社会学"（叶菲莫夫）。[②]

另一方面，在很长时间内我们还看到为将美学归入情

---

① 参见C.席格尔（C.Siegel）：《美学基础，作为分析—综合的艺术哲学》，《美学和一般艺术学杂志》，1927年。

② 普莱克哈诺夫（Plekhanov）关于这些问题也使用这"社会学"这一术语。

感心理学所作的努力。费希纳和他的后继者就是以这种方式解释美学的。阿波拉莫夫斯基也是从这条道路上接近美学的。当美学成为情感心理学的一个分枝的时候，那么美的问题就可以不再局限于审美价值——审美经验将是它的根据——的等级划分了。而研究也就可以从那种建立一个审美经验的概念以便代替这些等级的职责当中解脱出来了。

与其估计美学中的哪一种倾向将会胜利，还不如承认两个不同的学科各得其所更为正确、更为简单；从接受者的观点来看美的问题，亦即审美观照的问题，还有"受人喜爱"和"不受人喜爱"的概念，都将被情感心理学所接受，而"客观"美学将被一种关于某些类型的人类活动产品的科学，即关于艺术的科学所代替，从而成为关于文化的科学的一个分枝。

很明显，这两门学科的对立同梅伊曼的客观美学和心理学美学的划分毫无一致之处。我们不仅可以在关于审美情感的科学中发现心理学的问题，而且还可以在关于艺术产品的科学中发现它们。艺术创造的问题说到底还是严格的心理学问题。①

---

① 这里所说的这种对立，同关于美学是不是一门规范科学的旧的争论毫无共同之处。如果我们希望维护美学的规范的或可以评价的性质，那么将美学分为两个不同的学科这一点绝不意味着使它失去这一性质。在某种意义上来说，这种规范性既可以被审美情感的心理学所接受，也可以被艺术科学所接受。这两门学科都可以为建立一个关于价值及其标准的体系提供基础，但是在这两门学科中，价值的不同概念也都会出现。我并不打算结束这一论争，因为在我看来，承认美学是一门"规范科学"就是一种误解。任何一门关于现实的经验

5. 审美观照和创作感受

将关于审美经验的科学从关于艺术产品的科学中分离出来,是同普通美学所研究的具体材料的划分不相一致的。同一些题目可以同时进入这两门学科的研究领域,因为一部艺术作品既属于艺术产品的范围,同时又是审美经验的源泉。在这同一部艺术作品当中,我们可以看到一种两重范畴的经验的对象:那些看到这部完整的作品的人们的审美经验和艺术家创作这一作品时的经验。

在讨论美学中价值的两种观念的时候,我们曾经注意到创造者的经验同接受者的审美经验之间的相互关系。不管在审美观照的问题和创作的经验问题之间还可能出现哪些其他的相互关系,在创作过程中艺术家总要体验到一些情感状态,它们必然被包括在审美经验之内。它们不一定在创造作品的所有阶段都出现,但是在某些阶段创作者却可以非常强烈地感受到它们。无论如何,创造者既是他的作品的接受者,而且在此之前还是他的创作念头的接受者,当这些念头还处在幻想领域的时候,它们就可以使他感到喜悦,或者甚至可以激起他的灵感。他的这些审美感受同

(续前注)科学都会按照特定的目的给标准提供前提,而任何一个目标明确的标准也都可以看作只和一个关于现实的条件句式相符合。(例如《旧约全书·申命记》中的这一圣训:"敬尔父母,好好过活"(Honour thy father and thy mother to fare Well),便和这样一个条件句相符合:"如果你想尊敬你的父母,你就要好好过活。"

创作中的感受结合成为不可分离的心理情结。在我们的研究中，我们只是探讨了接受者的审美经验，但是也可以对创造者的审美经验专门进行一种有趣的心理学的研究。

另一方面我们也看到，观者或听者在同一部艺术作品进行交流的时候，有时也会被驱使去进行某种近似于共同创造的活动，而且在某些情况下，正是这种共同创造才使他有可能从作品中得到审美愉快。在艺术创造和完全被动的观照之间存在着一些中间阶段。例如，在一个被动地屈服于所听到的音乐作品的影响之下的听众和作曲家之间，我们可以看到这样一些中间阶段：首先是听众，他以一种积极的方式来听音乐，力求掌握作品的结构，其次是一位音乐家，他演奏一部并非他自己的作品。所有这四位音乐欣赏者——我们按照他们在音乐作品的创造因素中的作用的大小进行了排列——都可以强烈地感受到审美情感，但是要想从他们的经验中的创造因素中排除那些观照因素，却是一件困难的任务。

由于事实上的联系，首先是由于兴趣上的联系，就不仅能够将审美经验和创作过程结合起来研究，而且还可以将一切关于美的问题和一切涉及艺术的问题结合起来研究，正像普通美学所做的那样。我们只要明了这样一个事实就行了，即这些材料是在两种不同的选择原则的基础上被考察的，并且是从两种不同的观点受到评价的。

在作过这些思考之后，就不难理解我们在关于自然美的问题中所遇到的困难的根源了。它们的根源也是这种美学中评价的二重性。自然美和艺术美的尖锐对立是这两种观点混淆的结果。这在一门关于审美经验的科学（或者，如果我们高兴这样说的话，就是一门关于从审美经验的角度评价对象的科学）[①]中是不会发生的，因为在这里，唯一可以采取的立场是多元论，而不是二元论。自然美和艺术美的对立在另一门美学中可能也不会存在了，因为这是一门关于某些类型的人类创造活动的科学，或者是关于从创造活动的角度评价对象——它们是这些创造活动的结果——的科学，根据定义，我们在这里将不探讨自然，但是，这丝毫不意味着某些自然产品不可以使我们感到兴趣，特别是由于它们和某些类型的艺术品的相似性。

---

① 参见J.塞加尔《美学基本问题的心理特征》一文。

第二十章 艺术与文化

1. 艺术发展中的外在因素

将关于艺术产品的科学和关于审美经验的科学分离出来,还使得艺术作品评价中的"超审美"因素的概念所带来的困难容易解决了。

我们称作"艺术"的产品领域,在文化史上发挥了极其不同的作用。对于近代欧洲人来说,这是不言自明的。像雕刻和绘画,音乐作品和诗歌作品,舞蹈和建筑,以及剧院这样一些不同类型的人类世界的事物和现象,都可以包括在一个共同的范畴中,在这样一个广阔领域里的艺术创造活动是一种特殊范畴的人类活动,无论是雕刻家还是画家,无论是诗人、音乐家还是演员,这些艺术家都发挥着一种特殊的社会作用。但是,这些我们已经习以为常的范畴,这些艺术范畴,这些在今天意义上的艺术家和艺术创造活动,相对来说毕竟还是我们文化的新近的产物。当然,我指的是概念的范畴而不是其指示物。

在所谓的原始社会中,艺术并没有作为一个独特的领域被分离出来。在这些部落当中,我们可以到处看到一种生气蓬勃的生活。在这种情况下，将艺术看作是某些种类的事物的"代用品"就是不恰当的了，而不如说是它们的"形容语"；在这种情况下，它们就构成了那种文化的某种面貌，正像透过我们今天的艺术概念的折光镜所看到的那样。

在更加不同的社会里，例如古代埃及，波斯战争之前的希腊，中世纪的欧洲以及长达两千多年的中国，艺术生产仍然没有成为文化的一个独特领域，但是通过创造者和表演者的专门化，艺术生产才成了少数领域的人类活动（绘画、砖石建筑、音乐），但是它们还没有被纳入一个共同的概念。

这些特殊形式的创造活动所服务的目的是不相同的，甚至在每一种独特艺术的框框之内也是如此。我们知道巫术在艺术的起源上以及在它的早期发展阶段中所起的作用。我们知道那些同宗教职能有关系的活动、那些为上帝和众神服务的活动，在几乎所有民族的艺术创造活动中，包括音乐和戏剧表演，占有相当大的比重。我们非常了解歌唱对于减轻集体劳作或者迁徙的劳累的有效作用，[①] 我们也非常熟悉公共事务中的艺术，了解它们的教训、增长知识以及纪念（在它的词源学的意义上）的任务。

如果我们用当代社会背景下的眼光来看整个艺术史的话，它的很大一部分是属于其他文化领域的历史的。非洲人、锡兰人或波利尼西亚人的艺术面具是作为巫术活动的产物而出现的，它们是巫士职业活动的一部分，正如收集

---

① K.毕舍尔（K.Bücher）：《劳动和节奏》，1896年。

具有毒性或治疗特性的植物一样。很可能是一个巫士的手用彩色黏土画出了西班牙和法国洞穴里的那些"壁画"。熟练的模仿性舞蹈也是巫术或宗教仪式的一部分。中世纪的神秘剧是在教堂墙壁的外面演出的,《荷马史诗》《冰岛传说》《摩诃婆罗多》,以及《罗摩衍那》都是属于历史知识的范围以内的。还有,卡鲁斯(Gallus)在他的编年史中也混杂着诗句,这丝毫也不损害他作为编年史家的作用。相当一部分的亚洲浮雕和墨西哥浮雕,也是出自那些执行一个历史家或档案保管员的工作的人们的凿子。在没有陶工旋盘的情况下制成的前哥伦布美洲的美丽的陶瓷制品,肯定也是由那些以陶工为专业而不是以艺术家为职业的人们创造出来的。罗马教堂的雕刻,印度和中国庙宇的雕刻,是由那些被看作工匠的人们制作的,他们正像那些鞋匠、马具匠一样,只不过是一个切割皮革,而另一个则挖凿石头。即使雕刻者需要更多的尊敬的话,那么可以肯定地说,这也不是由于这位雕刻者的艺术,而是由于他为上帝建造居室的工作。一些艺术杰作在艺术作为一种独特的文化领域解放出来之前就已经产生了。

逐渐地,人们开始意识到在各种形式的艺术创造活动同各个艺术领域里的艺术家的社会作用之间的某种关系。但是将这些相关的领域归入更加一般的范畴的选择方式是各式各样的,它们的具体关系也是不同的。毫无疑问,希腊九位缪斯的观念的基础是艺术的某种概念,是高贵的艺术的某种概念。但是正如可以看到的那样,它既不包括绘画,也不包括雕刻;而另一方面,却可以在这一群当中发现主管历史的缪斯和主管天文的缪斯。在中国，高贵艺术的范围是以非常简单的方式标志出来的，它们由一种共同的工具——毛笔联系在一起。这样，高贵艺术的概念，即书面艺术，便包括诗歌、绘画和书法。由于政府的保护和理论家的阐述，音乐在中国文化中也占有一个很高的地位，但它是一个独特的领域，而不包括在书面艺术的共同概念之内。

不等同于任何一种个别形式的艺术创造活动的艺术的概念，是在某个社会环境认识到独立于宗教、教训或实用任务的艺术创造活动所服务的特别价值的时候才出现的。同时，从这一概念还可以演化出艺术家的概念，即一个具有一定社会作用的人，而这种作用的意义又是不能仅仅用他的产品同宗教崇拜、同为君主的尊严增派荣耀的联系来解释的。

艺术的解放过程发生在中世纪，发生在这样一个在生活的一切领域都渗透着宗教组织的时期，这是相当有趣的。勒弗郎克——他试图在十三世纪经济变化的背景上描绘出一幅艺术的这种解放的图画——认为在意大利乔托是一个在这方面具有转折点意义的人物。他的革命性被认为不仅是在于技术上的创造或主题的新颖，而且还在于对待艺术的一种新的态度。按照勒弗郎克的说法，除了其他东西之外，这一点还表现在这样一件事实上，就是席玛布和他的助手工作一天拿到二十三法郎的工钱就满足了，而乔托却为了六幅画而向教皇伯纳蒂克特十一索价一万八千法郎。"乔托的发现就是发现了一个画家能够成为什么。他不满足于仅仅充当一个天主教芳济会的神秘主义的阐释者的角色，而第一个理解到绘画除了指导感情、净化感情和交流感情之外，还有另外的一种任务。"①

不管勒弗郎克关于乔托在中世纪的艺术解放中的作用的说法是否正确，我们的艺术概念的确是通过这些类型的"发现"而形成的。莱茵岛的爱克哈德（1260—1327）——乔托的一个同代人——除了他的宗教神秘主义之外，似乎也怀着对于艺术本身的崇拜，他谈到了艺术家的灵感，艺术家的作品和上帝的创造有着某些共同的特征，还谈到作品不是为着上帝的，而是为着作品自身的，是受画家人格的那些精华引导的。② 以自身为目的的创造在一个艺术领域里的发展，可以在其他领域里引起热烈的回响下以自身为目的的创造气氛活跃起来了，而不再问职业的关系，③ 这

---

① 《美学和社会学》，见前，第114—117页。

② 我在这里引用的爱克哈德（Eckhard）的话，转引自库马拉斯瓦米的《自然输入艺术》一书，第88页。据爱克哈德作品英译本，伦敦1824年版。

③ 自为的创造活动（Autotelic Creativeniss）是一种目的就在其自身的创造活动。所谓自为的艺术——和外在的艺术（heterotelic art）相对照——就是那种不为宗教、知识、政治或医学服务的艺术。整个来说，这些目的具有一种享乐主义的性质；自为的艺术被设想为是为了满足艺术家的创造需要的，同时又向观众或听众提供美感。这种享乐主义的性质也可以作广义的理解；自为的艺术既可以是毫无价值的琐屑小事，也可以成为庄重的、崇高的或者甚至是悲惨的情感的源泉。问题仅仅在于，这些作品的"存在理由"——从创造者或接受阶层的观点来看——就在于能够在"生活于这一刻"当中找到它们的位置，从而一方面使创造者得到享受，另一方面则使观众或听众得到享受。这样，从创造者的观点来看，我们将包括作为"琐屑小事"来创造的和带着"艺术迷狂"的情感来创造的这样两种艺术。在许多情况下，讲艺术功能的自为因素和外在因素比说自为艺术和外在艺术更为合适。

就是古代希腊和那些希腊文化繁荣到极盛程度的国家的情形；这就是西欧和中欧文艺复兴时代的情形，这就是印度古普塔时代的情形，①当时"纯粹"艺术的繁荣表现在许多方面（绘画、雕刻、建筑、音乐、诗歌），并且有着许多和文艺复兴时期欧洲艺术的世俗化相似的特点。

2. 两种传统

当我谈到艺术的解放过程的时候，我指的是被严肃对待的艺术。只有不以自身为目的的艺术，其重要性在于具有神圣的目的的艺术，才被当作严肃的事情。只有这样一种艺术才要求普遍的尊敬。它所以受到这种尊敬，首先是由于它的神圣的职能。

宗教组织变成了强有力的机构，影响着千百万的信徒，需要大规模的艺术。它们需要盛大的慑人心魄的神庙，这些神庙就成了各种艺术的中心。除了各种类型的实用艺术之外，这里还需要绘画，雕刻，音乐，歌唱，甚至还有戏剧和舞蹈。严肃的艺术还包括那些用于世俗权威的作品，这可以包括宫殿艺术、纪念碑艺术和战争艺术。王宫还可以由于一个神圣的光环而增加荣耀，因为统治者本人这样就有了宗教的尊严。埃及就是这种情形，在那里最富于纪念性的建筑遗迹就是这些统治者的坟墓。在罗马帝国，在

---

① 古普塔王朝（Gupta dynasty）是在公元前四世纪初开始它的统治的。

教皇国家，在拜占庭王国，或者在印加人的国家，都是这种情形。

但是无论在什么地方，只要外在的艺术被看作是严肃的，并且存在着对于纪念性作品的垄断，那么"严肃的"艺术就不可能独霸艺术创造。在埃及，除了那些有关典礼仪式的艺术作品——它们的风格在三千年之中变化是如此之少——之外，还产生了许多现实主义的小雕像，在其中可以发现观察感官和创造自由的解放。那些通常是小型的、用石头或木料制成的雕像，无论是画着一个文牍员或一个头顶重物的妇女的一幅画，还是一幅不知道什么人的肖像，有时候都是如此富有生命力和个性特征，以至于同那些节日典礼的艺术形成了鲜明的对比。埃及艺术的这种两重性是非常明显的，甚至对于那些卢浮宫中的埃及收藏品的偶然的观众来说也是如此。前哥伦布的墨西哥艺术也表现出这种相似的二重性。

无论在什么地方，只要艺术问题中的宗教传统不是那么僵硬和严厉，例如在波斯战争之后的古希腊，或者中世纪后期的欧洲（同拜占庭文化相比），自由创造或者通过改变宗教艺术的典型而为自己找到一个位置，或者在同生产那些认可的作品的纯粹外部联系的保护下将自己偷运进去。哥特式教堂的墙壁和圆柱，产生了大量的完全非宗教的雕刻，它们是中世纪的幽默、幻想和观察感官的产物。中世纪的书籍插图，或者宗教神秘剧的轻浮的间奏曲，也是以一种相似的方式产生的。这样，"非严肃的"创造甚至也能够取得一种受尊敬的地位了。这种"非严肃的"创造倾向,这种娱乐性质的创造,还可以在诗歌、歌曲、装饰艺术以及典礼舞蹈之外的舞蹈音乐领域看到它们的踪迹。我们可以到那些能够假定有个人的"怪癖"、或者英国人叫作"癖好"的地方去寻找它们。至于外国文化,我们则通常缺乏确定在什么时候艺术开始从巫术功能中解放出来的标准,例如,对于现实片断的独创性的模仿只是一种娱乐的形式呢?还是用来服务于巫术活动?我们知道,在这方面人种学家和考古学家的立场是互相冲突的,并且进行了长时间的争论,例如关于在某些美洲印第安人部落中装饰的功能问题。这些争论所以难以解决,不仅由于缺乏可靠的资料,而且还由于当巫术本身可以作为娱乐的题目的时候,就很难区别活动的类型。同样,希腊人在什么时候不再将关于神话主题的绘画和雕刻看成是同宗教迷信有关的事物,也是很难确定的。

我所以不厌其详地谈论这些细小的历史枝节,是为了使人们注意这样一个事实,即艺术——它在我们的文化当中是很独特的——的概念,在我看来是从一种两重性的传统当中起源的,是从这种具有两种倾向的艺术创造传统起源的,这两种倾向的开端好像可以追溯到艺术的开端。艺术的解放——无论是在文艺复兴时期的欧洲,还是在古代希腊——就是那种严肃对待的艺术倾向,那种以前从外在的、神圣的任务中获得了严肃性的艺术,开始取得了"非严肃的"艺术的自主性，正像一个儿童的艺术那样。① 经过这种综合，艺术创造活动就被认为是文化中一个独特的意义重大的领域了，而艺术家也就具有了特殊的社会作用，这种作用有时还可以打开通向社会等级中最高地位的道路。

在欧洲，自从文艺复兴以来，自主的艺术就不需要再借助于宗教题材来赢得尊重了。在十七世纪民主荷兰的绘画中，艺术已经完全解放了自己，甚至没有任何同外在的功能相似的功能了。戏剧在十六世纪末的自主艺术的历史上占据着头等的位置，在十七世纪就更是如此。世俗音乐逐渐地压倒了宗教音乐，而宗教音乐就从此一蹶不振了。

然而，自由的艺术在欧洲文化中为自己所赢得的这种地位在理论上的证实，只是到了浪漫主义时期才实现的。

鲍姆加通在出版他的那部将对美学史发生如此重大影响的著作的时候，对于解释他何以将一部大型的学术著作献给像艺术这样的一个题目，还感到难乎为情。② 浪漫主义把自主的艺术创造活动看作是人类的基本任务之一，并且赋予艺术以宗教的尊严——这种尊严虽然多次变换了它的形式以及实质，并且还经过了一些涨落起伏，但是却一直持续到今天。

"纯粹"艺术从宗教艺术那里继承来的这种神圣性质，

---

① 我这里讲的是欧洲文化。同那些严肃地对待以爱情为题材的享乐主义艺术比起来，印度文化中的宗教艺术和自为艺术的两重性有着不同的表现。带有享乐主义功能的美的艺术仍然具有婆罗门本身的约束力。

② 鲍姆加通：《美学》，1750—1758年。

向我们解释了这样一个事实：即抽象派艺术家的图画，或者那些使现实事物变形的图画，或者更广一些，那些和绘画传统不一致的图画，当它们在展览大厅被检阅的时候，为什么会激起最强烈的愤怒，而另一方面，在实用艺术上，在挂毯或瓷器上的同样一些作品却会被心安理得地接受。毕加索所画的盘子并不使那些一看到他的油画就冒火的人感到震惊；盘子是不包括在神圣的传统之内的，而作为一个其图画要镶嵌在框子里并被挂进展览大厅的作者，毕加索则是列奥纳多和伦勃朗的后继者。当斯特拉汶斯基（Stravinsky）的《春之典礼》1923年在罗马奥古斯都大厅演出的时候，曾经受到强烈的示威，这恐怕也是为了同样的理由。事有凑巧，我正好从奥古斯都大厅的顶楼上亲眼目睹了这些吵闹的人群，他们跺着脚，吹着口哨，吼叫着："Basta, Basta, Il Barbaro!"（意文："坏种，讨厌鬼！他是个野蛮的家伙！"）十年之前，巴黎的人们对于《春之典礼》也是给了这样一种接待。这些示威并不仅仅是爱好音乐的表现。同是这些听众，他们不止一次地平静地接受了他们并不喜欢的作品。斯特拉汶斯基的作品被看作是对于音乐圣殿的挑衅性的亵渎，对于它的反应就像对于一桩渎圣罪的反应。这就是为什么当演出《春之典礼》之后，罗马乐队就又演奏了罗西尼的某些作品，听众站起来鼓掌，并且整个大厅都在高呼："Ecco la vera musica!"（意文："诚实的音乐万岁！"）

3. 特殊价值和多重任务

那种认为艺术家创造的特殊价值本身使得他的社会地位合法化的观念的传播，使得人们有可能将艺术看作是文化中的一个独特的意义重大的领域，并且用一整套的社会机构来稳定这种地位，从协会，代表大会，科学院直到政府的艺术部门以及国家的奖励。这些机构反过来又影响了艺术概念本身的范围的界定，由于许多不同标准的相互影响，这一概念的内容毋宁是通过范例才一致起来的。甚至所有国家的财政部长也不得不甘心乐意地承认艺术、甚至自主艺术的意义。

在国家的教条范围之外，那些像我们在慕尼黑协会——颓废艺术博物馆——所接触到的艺术创造，还被看作现代文化中最新形式的创造；但是艺术在今天的地位，在很大程度上是由于它的美感之外的社会功能造成的，这种功能通过许多头绪使艺术同各个领域的集体生活联系起来。正是那些在我们的审美经验等级中占着头等地位的作品，我们发现它们的许多作者所追求的目标是不在审美范围之内的。我们十分清楚，很多伟大的作者是很少将自己活动的目标仅仅限制在创造美的作品和唤起观众或听众的审美情感上面的。在浪漫主义时期，那些宣称理念的人们，同那些拥护"为艺术而艺术"口号的人们一样，都表明了艺术家同时又是一个教师、预言家和指导者的角色。他们不仅希望成为艺术史上的先驱者，而且还希望成为人类史上的先驱者。不仅席勒、雪莱和密茨凯维支的诗歌，而且还有贝多芬的《第九交响乐》，都是用来服务于建立"四海之内皆兄弟"的事业的。如果某个人是"为艺术"而创造，这并不意味着他创造仅仅是为了艺术。

在关于艺术作为人类文化的一定领域的探讨中，亦即在艺术社会学中，艺术的外在功能可以和它特有的自主的任务同样重要；创造者的"超审美"的目的可以和他的审美目的同样重要。正如已经提到的那样，从创造者的观点看来是"超审美"的价值，对于听众或观众来说，却可以成为审美经验的源泉。可以成为审美价值——如果我们从另外一种观点来看的活。所以，在充分承认将审美意图同艺术创造的其他意图相分离的必要性的同时，我认为将审美观照中的审美因素和"超审美"因素也加以分离是不适当的。

4．"伟大"的标准

那些在我们的审美等级中占据头等位置的艺术作品，那些赢得了"伟大的不朽的作品"的声誉的作品，对于我们的思考来说也是特别重要的。许多世纪以来，艺术问题在文明人中所引起的兴趣，首先应当归功于它们；艺术的尊贵和在其他领域的人类创造中的显要位置，也应当归功于它们。正是在它们所构成的典范的基础上，才形成了我们的艺术概念。这就是为什么在结束的时候，我们应当谈一谈这些作品。

我们应当深思一下，当我们赋予某些作品很高的客观评价的时候，当我们客观地将它们包括在杰作之中的时候，还有当我们为它们的创造者竖立塑像的时候，是哪一种观点起了决定性的作用。在这里我不准备讨论这样的问题，例如是什么形势使得某些作品获得了最高的评价，在文化珍品的官方等级中获得了最高的地位，无论是在学校的教学大纲中，还是在国家甚至是国际的典礼中都得到支持；也不准备讨论这些官方等级和这同一社会的特殊阶层的精辟的评价之间的关系。我们也不打算谈论对于"不朽的作品"的概念本身的影响问题，这种影响是在现代音乐和造型艺术探讨典型和灵感源泉的过程中产生的，这时候欧洲伟人祠的神圣墙壁被抛到了后面，并且学会了从那些先辈们只能看作是人种学博物馆的材料中看出艺术作品。对于我们来说，问题只是这样一些评价是怎样促成的，问题是这一特殊文化阶层的人们对于这些被赋予不朽的价值的作品所采取的立场。这一点甚至能够在联合国教科文组织里看到，例如当他们讨论哪一位诗人或艺术家有权利受到国际纪念的时候。

我们考察了在我们的审美评价中互相影响的美学中价值的两种观念。我们考察了对于原因的评价和对于结果的评价。我们说过审美判断所以具有客观或半客观的性质，往往是由于价值的概念是同艺术创造相关而不是同审美经验相关。在一部作品中，对于艺术家为了创造它而从他自身拿出来的那些东西的评价，就是对于那些能够客观地确定的事实（意境的新颖，技术困难的克服，制作的完善等等）的评价，这是一种以专业知识为基础的评价，而不看一个人感受的强烈程度。

这样，就可以认为，如果我们将一部作品包括在伟大艺术的范畴，并且我们的评判具有客观基础的话，那么这只是以对于创造活动的评价为基础的。然而，这样一种看法可能是不正确的。如果认为当埃斯库罗斯的剧本或贝多芬的交响乐被置于艺术作品的等级体系的最高位置的时候，人们可能只是客观地考虑到对于这些作品的艺术分析，只是考虑到它们所表现出来的独创性和创造力，那么这种想法就是错误的。对于作者自身所贡献给作品的那些东西的评价同对于作品所给予接受者的那些东西的评价之间的区别，和客观评价同主观评价之间的区别是不一致的。环绕着某些艺术杰作的宗教一样的崇拜，不是仅仅由于我们将这些杰作看作是人类天才的征兆，而首先是由于我们从中看到，对于所有那些能够从杰作当中受益的人们来说，它们是崇高情感的源泉。

我们是将这一问题叫作神秘主义，还是使用某些其他的用语，这是无关紧要的——正如米凯尔斯基关于巴赫的《圣·马修的热情》所写的那样——这种一致性的极致造成一种印象，好像如果没有这种一致性，现代人就好像是一粒原子，一个被抛在汹涌澎湃的怀疑和不安的大海上的果壳，一个被抛在大洋的波涛之中的果壳。①

---

① Z.米凯尔斯基（Z.Mycielski）：《圣·马修的热情在劳兹交响乐团》，《文化杂志》1956年第27期。

当都哈麦尔这个人——他似乎是没有偏见的——激烈地攻击电影"滥用"艺术——即在它的画面中使用伟大的音乐作品的片断,以及有时将伟大的文学作品改编成电影剧本——的时候,他的言词与其说是反对亵渎神圣的愤怒抗议,还不如说是对于这种作法将使艺术丧失提高人们的力量、丧失激励他们去进行高尚的努力的力量而感到遗憾的悲叹。这不仅是一个亵渎伟大艺术的问题,而且还是一个使它失去作用的问题。都哈麦尔总是要求艺术具有提高人们的功能。对他来说,真正的艺术的价值恰恰就在于此,

贝多芬,瓦格纳,波德莱尔,马拉美,乔尔乔涅,芬奇——我随便引几个,我举出六个来,实际上有一百——这就是真正的艺术。为了理解这些伟大人物的作品,为了表达这种理解,为了吸取它们的精华,我过去和现在都一直在努力提高我自己,而且还要计入我一生当中那当最令人兴奋的胜利之列。电影有时候可以使我得到消遣,甚至有时候还使我感动,但它从来不要求我超越自己。这不是一种艺术,这干脆就不是艺术。"①

正是这种同样的基调,我们曾经听到浪漫主义者如此经常地鼓吹过,而且还不仅仅是他们。我们知道这不是一个电影问题,有些电影艺术作品可以和巴尔扎克的作品相媲美。而且我们也不清楚为什么乔尔乔涅的明朗的绘画就一定要比某些影片向观众要求更多的向上的努力。这种对于电影的厌恶,无疑地暴露了都哈麦尔的保守主义,但是

---

① G.都哈麦尔(G.Duhamel):《未来生活场景》,巴黎1931年版。这一点特别与二十年代的美国电影有关。

这种保守主义是同艺术的神圣的性质相联系的。另有一些人虽然讲得不像这样郑重其事，然而也要求艺术杰作应当成为愉快的源泉或者深刻情感的源泉，而且还不仅仅对于一个时代、或世界上的某一部分人是如此。一部伟大作品的影响应当是超时间、超空间的。卡尔·马克思在他的时代曾经注意到这个问题，关于希腊艺术，他曾在历史唯物主义的理论中谈到过解释它们的困难。[1]

不管我们是否应当要求这些伟大的作品赋有教育的使命，提高和净化人们的使命，还是应当更加享乐主义地看待它们，从中寻求快乐的源泉，我们都必须承认，除了从艺术作品的艺术性角度对于它们的评价之外，还存在着另外一条通向艺术价值的客观化的道路。我们可以确定包含在一部艺术作品中的某些"力量"，这些力量的客观证据就是对于人们的生活和创造活动的影响。特别是对于那些我们通常归入伟大的艺术作品的作品，所谓"时间的检验"就是这样一个证据。而且这种时间的检验还不仅仅是一个证据。这种对于人们的影响就像是投于复利的资本的增长一样。这种时间的考验，不仅表明作品富有成果，而且还将这种成果带到将来；许多世纪的联想可以加强作品的影响，只要作品不会引起对于官方等级制度的反抗，而且还可以净化那些"伟大艺术"的崇拜者的怜悯情感和师范行为的话。

在评定艺术杰作的时候，无论是对于质量的评价，还

---

[1] 马克思：《政治经济学批判》，1859年。

是对于影响的评价，二者都要考虑。作品的伟大，既是由创造性的程度决定的，也是由作品的不朽性决定的。在思考艺术作品的时候，我们一般不会停留在考察这两种因素中的单独一种是否已经是充分条件，或者它们的共同出现是否需要，因为艺术作品所以伟大的这样两个标准是同时发生作用的，好像心理功能的某种不可破坏的规律将它们联系在一起，好像一部从伟大的创造情感中诞生的作品变成了一个永不枯竭的能量源泉，这种能量通过许多世纪发射出来，用以改造人类的个性，并且启发着新的创造者的灵感。

附 录

附录一　关于美学中的主观论[①]

1.我们在两种意义上使用"主观的"这一限定词：我们或者把某些判断叫作主观的，或者把通过这种主观判断而赋予事物的某些特性叫作主观的。在特征的主观性和判断的主观性之间存在着密切的联系。"这一特征是主观的"这句话和"对于事物的这一特征的判断是主观的"这句话，在意义上是等同的。

一般说来，当我们意在强调一个人的判断的内容依赖于作出这种判断的人的个性的时候，或者观察的内容依赖于进行观察的人的个性的时候，我们就使用"主观的"这一用语。因此，任何一种主观的特性都是一种相对的特性，而任何主观论的立场也总是某种形式的相对主义。

相对于主观的特征来说，客观的特征就是独立于观察者个人性质的特征。但是，这种独立性却可以有各种不同的解释。

如所周知，任何特性的确定最终说来都是以我们的感觉为基础的；当我不想通过对于温度的主观感觉来测定温度的时候，我就看一下温度表。但是即使这样，我仍然不

[①]　本文最初发表于《达多兹·科达尔宾斯基（Tadeusz Kotarbiński）纪念文集》，1934年，华沙。

能抹掉我个人的感觉,即心目中的看法。如果我把根据温度表而给予大气的温度看作是一种客观特性的话,那么这并不是因为它的确定完全独立于我的感觉,而是因为它在物理现象方面具有一种永恒的相互关系;同样,这些相互关系在外部世界的现象中又有着永恒的依存条件。因此,当我们能够在一个具有永恒的依存关系的普遍体系——外部现象世界对于我们来说就是这样一个体系——当中总结出某个特性的时候,我们就认为这一特性是一个客观的特性。

除了谈到同其他物理现象的永恒的相互关系之外,我们还常常谈到别人的证明。从这种观点来看,一个客观的特性就是一个可以根据所有正常人(最后,某一特定环境的所有正常人)的一致来确定的特性。

对于行为主义者来说,客观性的这样一种生物学的或社会学的标准可以归结为上面所说的概念,即在物理现象的某些范畴中的永恒依存性;只是在这种情况下,这些永恒的物理现象将是对于具有某种特性的事物的类似的行为(例如,类似的运动,摹拟表演,当看到美的对象时所说的话语——如果美是一种客观特性的话)。

当我们谈到心理学的标准的时候,我们有时候也谈到客观的特性,例如"客观的感受"。在这种意义上,客观特性将是事物的这样一个特性,我们将它看作是独立于我们的一种特性,这种特性看起来好像是独立于我们的。

有时候,主观的判断和心理的判断这两种说法是混合不分的。一个主观判断也就是一个其内容以某种特殊的方式依赖于某个人的心理的判断，但是这绝不意味着一个主观判断必须是一个心理判断，如果心理判断并非是指关于某个人的内心体验或性格的判断的话。

另一方面，这种对于某个人的心理的依赖关系说明，在对于这样一些判断的内容的研究中必须引进心理学的方法。所以，主观论者往往就是心理学家。那些将美的问题看作是一个心理学问题的十八世纪的英国学者，就导致了美学中主观论的开端（哈奇生、休谟、霍姆、博克）。

2. 美学中的主观论者和客观论者之间的一切争论的基础，就是审美评价的这种主观——客观的二重性，这一点似乎是由康德第一次明确地将它突出出来的。

为了说明我们的审美评价，我们既可以谈到评价对象的某些特性（"这部作品是美的，因为它有一套熟练的形式，因为它非常细腻地刻划出人物的心理，因为形式和内容达到了独创性的和谐"，等等），也可以谈到在感知评价对象时所感受到的体验（"这部作品真美，当我们听它的时候，我们感受到一些奇妙的，深刻的情感"，等等）。我们通常是以同样的方式来表达我们的审美判断和所有其他关于外部事物的非评价判断的，但是当我们停下来考虑它们的内容的时候，有时候也很难明了这些判断之间的差别，例如，"这是美的，而这种判断'——'我喜欢这个，或者说——这是一般都喜爱的。"正是在这里存在着美学当中不同立场之间的争论的根源，存在着美学以及其他涉及人类价值的科学的某些基本问题的根源，尽管局部地来讲，它们是审美考察的一个特有的特征。

审美评价是否主观评价这一问题，可以有各种不同的理解。客观论者和主观论者之间的争论是在不同的水平上展开的，并且包含着各式各样的论题。各种问题又是极为经常地互相混和着的。

我们思考的目标是准确地分别出美学中主观论的各种说法。这将使我们有可能明了和这一术语相关的争论是关于什么的争论，以及和这一术语相关的哪些问题一直成为论题。

3. 首先，我们将注意到美学中的主观论问题可以在这样两个不同的领域出现，即我们所关心的或者是评价对象的特性，或者是评价判断的特性。我们在两方面都将会看到主观论者和客观论者。

主观论，无论是作这种解释还是那种解释，这一术语的第一种含义是指审美价值的主观性。这一术语的第二种含义是将审美评价看作是主观的评价，

我担心在这里就存在着某种误解。某些人可以认为，这两种立场之间的区别就在于第一种意义上的主观论者坚持审美价值是主观的，而第二种意义上的主观论者则认为审美评价是主观的。这并不是问题所在。这可能仅仅是一种形式上的区别，因为当我们承认某一特性是主观性的时候，那么如前所说，我们也就承认了将这一特性赋予对象的判断也是主观的，反之亦然。

如果我们假定在这两种情况下，这两种立场所涉及的都是评价的话，我们就将可以避免一种误解。由此，我们将说在一种情况下，问题就在于审美评价是否主观的

(这就完全等同于这样一个问题,即"审美价值是否主观的?");在第二种情况下,就在于审美评价是否被看作是主观的,即我们在作出这种评价的人的内省中所看到的是什么,而不问评价真的是主观的还是客观的。

在一种情况下,我们从客观的观点来看审美评价是否主观的;在第二种情况下,我们则从主观的观点,即从评价者的观点来看它们是否主观的。涉及主观论——在这一术语的第一种含义上——问题的一个例子将是这样一个问题:从依赖于观察者的观点来看,对象的美是否存在于和红色或者绿色不同的地方?第二种含义上的主观论则可以通过这样一个问题来说明,关于某个事物是美的信念是否和关于某个事物是红色的信念有着不同的性质?

4.现在,我们再来试图区别第一种含义上的主观论,即将审美价值看作是主观性的主观论的不同说法。

作为主观论的第一种说法,我们将把它看成是这样一种观点,即这种观点是同认为美可以包括在和外部世界的其他特性具有永恒相互关系的一个系统之中的信念是相对立的。任何一个这样看待主观论的人都会认为不存在一个普遍的客观标准——我在这里使用"客观的"一词,是同我前面谈到这些相互关系的体系时作同样理解的;这同一说法可以用心理学的语言来表达,那么,代替"美的标准",我们将说审美经验的永恒的客观限定条件。

如果并不存在同事物的美相关的永恒的客观相互关系的话,那么以一种绝对的方式来谈论美,就将可能只是一种建立在对于某个世界的神秘前提基础上的说法。这一世界并非我们的现象世界,它只同我们的心理存在着某种神秘的联系。

因此,这种说法的主观论的结果就是承认美是一种相对的特性,它丝毫不能确定我们认为美的事物是仅仅对于我或我这一环境的人才美呢,还是审美反应对于所有正常的人来说都是共同的。

对于许多心理学家——在波兰,例如阿波拉莫夫斯基或者席加尔①——来说,美的客观标准问题就是伪科学的。另一方面,另外一些人则认为这一问题是美学的中心问题。这并非是说他们认为必须找到所有美的事物的某种共同特征。可能存在着许多这样的特征,它们每一个都能够成为美的充分条件。

与此相联系,我们可以在这第一种说法的主观论、即否认存在美的客观标准的主观论中区别出两种不同的观点:

(1)不存在这样一种客观特性,它是美的充分而又必要的条件;

(2)不存在这样一些客观特性,它们是美的充分而又必要的条件,它们又可以纳入一个逻辑总和。

上述第一种主观论否认发现事物的这样一种特性的可能性,即根据这一特性,下面这一句话将是真实的,如果一个事物是美的,那么它就具备客观特性 X;反之亦然,如果一个事物具备客观特性 X,那么它就是美的。例如,如果一个事物是美的,那么它的成分将构成这样一件

---

① 席加尔:《美学基本问题的心理特征》,《哲学杂志》1911年,第248页。

作品，按照简单的公式它能被分成四等份；反之亦然，如果一件作品的成份可以按照简单的公式分成四等份；那么这些作品就是美的。这条定律无论如何不能看作仅仅是语法意义上的例子；它在一定程度上正是笛卡尔，或者莱布尼茨，或者荷兰的荷姆斯特鲁易斯（Hemsterhuis），或者法国十八世纪理性主义者中的某些人的认识。严格遵循对称性和周期性原则的阿拉伯图案，音乐作品——特别是古代音乐，像笛卡尔和莱布尼茨所听的那种音乐，建筑作品——特别是古典建筑，花朵和晶体，甚至一部古典悲剧的结构——对于这些人来说，这些就是可以具备所假定的美的普遍标准的那些事物。

不管怎样，一个这种主观论的拥护者不会承认任何这一类的普遍规律。在这种情况下，他就会力图找到这样的作品，在他看来，它们是不可能按照简单的公式来把握的，但尽管如此，它们却可以引起审美情感。

上述第二种主观论的拥护者甚至拒绝所有这一类的一般判断：如果任何事物是美的，那么它就具备客观特性 x，或者客观特性 y，或者客观特性 z；反之亦然。例如，如果一个事物是美的，那么它或者是可以构成这样一件作品，它的成份可以按照简单的公式分成四等份；或者是可以忠实地再现现实（如果我们面对的是一幅图画或一段描写的话）；或者是具有这样的一种外观，它特别适合于某些目的是一眼就可以看出的（不管它是八件建筑作品，一架机器，还是一只鹰或一条狗鱼的躯体）。反之亦然。我想强调指出，在这里我们面对的是一个逻辑总和，即"或者"这一用语并不具备排除的性质，同一对象可以同时具备特征 x，特征 y 和特征 z。

美的充分但非必要条件是可以一一列举的，同时这种可列举性又必须是整一的，即作为一个逻辑总和，它又包括美的非必要条件，这样的例子是可以在不同美学家的著作当中遇到的。

这种主观论者不承认所有这些多重成分的可逆规律是真实的。他只承认"美的可能种类的无限数量"，它们既不能归结为一种类型，也不能归结为几种类型。

不管怎样，这种主观论者可以承认存在着美的充分条件，它们可以加以一般性的描述。只是他不相信这些条件可以集中起来。

然而，我们还可以再进一步，我们可以承认能够作为美的充分条件的普遍的客观特性是不存在的。按照这种说法（我们把它叫作第一种意义上的第三种观点），所有这一类的一般性的说明都是不能成立的：如果任何对象具备特征 x，于是这一对象就是美的。这一公式同我关于上述第一种观点所说的公式是不同的，在这里它是不可逆的。

在美学家和艺术理论家的各种著作中，有着大量的关于美的充分条件的规律的这种规定，但是他们通常不像这样公式化和严格。例如，这种特征 x——它可以成为美的充分条件，但不是必要条件——可以是一定数量的交叉斧形的对称，正像我们在阿拉伯图案、雪花或万花筒中所看到的那样；它也可以是占支配地位的优美曲线，例如螺旋或者中国纺锤（Sinoid）（按照荷加斯的理论）。

当然，这里所说的这种作为充分条件的特征，决不意味着只能是某个狭隘等级的成分的特征。为了使它清楚起见，作这样一个保留是必要的，即在这里我们不考虑历史性的说明，例如说："如果一个对象是伦勃朗的绘画，那么这一对象就是美的。"

这种主观论的结果便是断定不存在客观标准，即使是对于个别种类的美的事物也是如此；所有的艺术规律只能具有相对的价值。这里所谈的只是这样一些规律，例如布瓦洛的《论诗艺》或黑尔德勃朗特（Hildebrandt）的理论中所谈的规律，按照这些规律，当一件作为立体作品的雕刻能够向观者启示一个理想的前景而同一幅绘画的平面相似的时候，它便是美的。

这第一种意义上的第三类主观论——它可以叫作"审美反常论"，当然包含上述两种不那么激进的变种。

5. 现在让我们来看被我们叫作美学中的主观论的第二种说法的立场。这种立场认为所有个人的审美判断都是主观的，这也就是说它们都依赖于个人的性格，因而不具有普遍性。另外，这里还有一个前提，即所有个人的审美判断都具有平等的权利——如果它们是真诚的话。

这种说法的目的首先就在于反对这样一种客观性的概念，即认为客观特性只有一个，它是按照所有的正常的人来确定的——如果他们知道自己是处于为了这种确定而进行评价的条件下的话。

同第一种说法的主观论否认关于对象的某些客观特性和审美经验之间的关系的审美规律具有一般性相反，第二种说法则否认人们对于任何个别对象的审美反应的说明具有一般性。在第一种情况下,是说审美价值不具有外部世界的永恒限定条件;在这第二种情况下,主观论者则认为不存在这样的对象,对于它们能够说它们对于任何人都是美的,或者说都是不美的。

如果没有我前面所说的附加前提的话,这种说法从逻辑上讲就将完全独立于第一种说法。不管怎样,如果我们肯定所有个人的审美判断具有同等权利的话,那么,就不存在错误的审美评价,而只会有真诚的和非真诚的审美评价——这样一来,情形就发生了变化,第二种说法就包含了第一种说法的所有情况(如果美的客观标准存在的话,那么审美判断就应当或者是普遍的,或者是并不具有同等的权利)。另一方面,第一种说法并不包含第二种说法;如果不存在美的客观标准的话,并不会由此就得出这样一个结论,即我们不具有共同的审美反应,它们能够使我们的审美评价具有普遍性。

这里所讨论的主观论的这种说法,可以加以多少有些激进的理解。它的最为激进的一种形式便是认为不存在这样一个永恒范畴的事物,它们是专门用来唤起美感的。任何外部刺激都可以引起美感;所需要的仅仅是某种心理态度。如果一个对象有这样的好时气,即正好在我采取这种态度的时候被我看到,那么它就是美的。

这是美学中主观论的最为激进的一种说法,它可以叫作"审美平等主义"或者甚至叫作"审美虚无主义",因为它不承认任何永恒不变的审美价值。

审美平等主义不可能从概念分析当中推演出来,但是必须在心理学的事实当中找到支持。既然事实说明了某种不同的东西,我们就不再考虑这种如此激进的理论。另一方面,我们将考虑它的某种冲淡了的理解;在原则上讲,任何对象都可以在我们当中的任何人身上引起审美经验,如果考虑到适当的接受能力的话,但是这种唤起审美经验的能力却可以标志出对象的不同等级。因此,我们可以肯定,尽管审美价值的等级不具有任何客观的范围,它的范围是由有关个人的性格标志出来的。但是,一些对象却可以比另一些对象更加容易引起审美立场;如果不是普遍如此的话,那么至少在某些阶层中是这样,这是某种环境在这一阶层的人们的心理中所形成的结果。

主观论的这种冲淡了的说法,受到了那些否认存在着一个清楚的、专为美学所研究的对象领域的心理学家们的拥护。

休谟无疑就是这样一个主观论者,因为他认为"美是这样一种秩序和成分结构,它或者是出自大自然的最初创立,或者出自习惯,或者出自任性,从而适合于引起灵魂的愉快和满足"①。

按照第二种说法,"这一对象是美的"这句话就是不完整的;能够表达全部意义的一种说法将是:"这一对象对于那个人或那些人来说是美的"(即它在那个人或那些人那里引起这样一种反应)。

---

① 《人性论》。

6. 第三种说法并不直接涉及审美评价或审美标准。它更进了一步；它怀疑审美评价的对象的客观性。按照这种说法，为我们所感知的所有特性——由于它们我们而赋予对象以审美价值——都已经是主观的了，即都依赖于我们的性格。

从这种观点来看，不同人们的审美判断可以显而易见的一点仅仅在于所涉及的是同一对象。天空中的同一簇星星对于两个不同的人可以组成两种完全不同的形态，两个根本不同的星座。实际上，每一个作出审美判断的人所谈的都是他自己主观感知的对象，这一对象和其他人所感知的并不一定完全相同。如果对于第二种看法的拥护者来说，"我面前的这幅色彩构图是美的"这一判断是主观的，那么第三种看法则要求我们承认下面这一判断也是主观的："我面前有一幅这样或那样的彩色构图"，即一个包含在其他审美评价中的判断。

这里出现的问题，首先是感觉材料的主观性，一般来说，就是我们的感知对于我们的感官的依赖性。其次，还存在着对于感觉印象的判断的主观性（在这里我既指非语义判断，即对于直接感觉材料的组织、简化或者补充；也指语义判断，这在我们看一幅画或从感知对象中看出其他事物的符号时便会发生）。

只有判断的主观性对于美学的具体问题才有意义，因为感觉材料对于我们感官的依赖性——非正常情况除外，例如色盲——这一点并不介入，它在我们对于物理刺激的反应当中似乎是有普遍性的（所有正常的人感知到的感性材料肯定是大体相同的），所以，它并不影响审美判断的普遍性。

另一方面，感觉材料的主观性有时候被用来作为反对绝对主义美学家的一个论据，这些美学家力图确立独立于人类经验的价值。

伏尔盖特写道："美依赖于我们的感官；如果我们的眼睛拥有一个一千倍或一万倍的显微镜的话，那么今日世界的整个的美就会烟消云散。希腊神像所以这样美，仅仅是由于我们的眼睛是以这种方式而不是以另一种方式来感知特别的对象；旋律所以这样迷人，也仅仅是由于同我们的耳朵的关系。"①

附带说一下，绝对主义者在这样的论据面前绝不会放弃他们的立场，因为他们可以继续坚持美是某种绝对的东西，它只是在进入我们的意识之中的时候才依赖于我们的感官。

这第三种说法，特别是当我们指的是对于感觉印象的判断的主观性的时候，可以作为第二种说法的辅助论据。如果作为美感源泉的特性依赖于一个人的立场的话，如果同一对象由于看它或听它的人不同，而构成一个完全不同的总体的话，那么不同的人对于同一对象的审美反应将是不同的。不管怎样，这不是一个决定性的论据。似乎可以肯定，美的对象是这样构成的，它按照不同的判断，不同的感知方式都可以引起喜爱。

---

① 《美学基础》，1927年慕尼黑版，第6—7页。

严格来说，我们可以将第三种看法看作是独立于前述两种看法的。

7. 我们将进一步讨论作为审美判断的特征的某种心理学观点的主观论。这里的问题是将审美特性赋予个别对象的个别人的判断。

当我说"这幅画非常美"的时候，我说的是什么呢？是说的图画呢还是我的感受呢？就个人来说，我不相信这就能够是关于这一问题的某种一般的立场。不同的评价，不同的判断，甚至当它们是由同一句话表达出来的时候，也可以具有不同的特点，可以是不同意图的结果。

一个人说"这幅画非常美"，是希望表达他的赞赏，另一个人说这同样一句话却是为了引起对于这件作品的客观美点——在他的信念当中——的注意，而没有将他的感受透露给听话人的意图。

所以，在我看来，客观论者和主观论者的鲜明对立如果放在心理学分析的基础上，就会失去它的全部尖锐性。

让我们明确一下这种对立：

客观论者认为，如果某个人作出一个审美评价的话，他谈的是外部事物的特性，而且是以同他谈到它们的颜色和温度时相同的方式谈到这些特性的。而在主观论者看来，当某个人作出审美评价的时候，他实际上是谈的他个人同这一特定对象的关系。

例如，在这种意义上伏尔盖特就是一个主观论者：当他强调"这使我产生美的印象"这一判断等同（gleichbedeutend）于"这是美的"这一判断的时候，而"这个东西给我的印象是它是圆的"这一判断，同"这是圆的"这一判断则又有着相当不同的含义了。

然而，这整个问题又是相当复杂的，因为"某个人实际上讲的是这或者是那"这句话，可以有各种不同的解释。它可以指："如果说话人能够选择适当的言辞来表达他的意图的话，那么他就会讲一句这样或那样的话。"但是它也可以指"如果说话人能够确切地明了他在表达判断时的状态的话"，或者甚至"如果他仔细地考虑过他的判断的话"。

在对第四种说法的主观论的多种可能的不同观点进行更加细致的分析之前，我只限于讨论它们当中的两种观点。

最为激进的一种观点——我们将称它为第四种说法中的第一种观点——认为，审美判断从说话人的意图来看，就是一种关于他自己对于评价对象的经验的判断，因而也就是一种心理判断。说"这是美的"也就等于说"我喜欢这个"。

另一方面，第四种看法中的第二种观点，则不把审美判断归结为心理判断。按照这种看法，审美判断是对于外部事物作出的判断，但是这些判断却是通过明显的或不明显的感觉功能完成的，因而这种评价就在某种程度上依赖于评价者的爱好，或者说，"这是美的"这一判断总是要比"这是红的"这一判断带有更多的个人性质。

主观论的第四种看法中的这两种观点，和上述各种看法都是不同的。

不仅前提不同——在上述各种看法中审美价值都是主

观的；而且逆前提也不同——即不从作出判断的人的角度预先判定审美判断的性质。例如，康德就认为，关于美的判断（Geschmacksurteil）正是一种主观判断，但却是在充分相信其客观性的情况下作出的。如果采取这种立场，那么就会肯定，甚至一个知道只要采取审美的态度，审美判断就是主观判断的理论家，也会把他的判断当作是对于外部事物的客观判断。当然，在这里必须接受一个附加的前提，即审美态度和理论态度是互相排除的。

在这里应当注意这样一个事实，即在关于这样一个问题——即"审美判断所谈的是什么？""作出审美判断的人所表达的究竟是什么？"——的讨论中，存在着经常造成误解的根源，这就是将含义的功能和表达的功能加以混淆。一方想的是作出审美评价的人所希望表达的是什么，另一方所想的则是应当赋予"美"这个词、或在审美评价中所使用的其他用语的含义，而不问说话人所想表达的是什么。这样一种争论显然是不会有什么结果的。

8. 在对于主观论的许多说法进行了一番区别之后，现在我们可以清楚地了解，在美学中，在那些自认为是主观论者和那些自奉为客观论的拥护者之间所争论的问题的焦点是什么了。我们将只考虑那些实际发生过的争论或者有其代表人物的论点。

（1）在客观论者和主观论者之间争论得最为平常的问题是本体论的问题，绝对美的信奉者受到这样一些人的反对，他们认为把事物的美说成是独立于任何人的经验的一种特性的说法是没有意义的。

这种本体论的或认识论的争论，在今天看来毋宁说只具有历史意义了。在现在，很少有人会再挑起"美为它自身而存在"的争论了。如果我们仍然会遇到把美叫作"绝对价值"或一种"为其自身的价值"的说法的话，那么这种说法的作者们所关心的毋宁说往往是对于审美经验的评价，而不是对于这些经验对象的评价；对于他们来说，问题在于审美经验本身总是更为珍贵的。

然而，在今天（这是1934年）仍然可以发现真正的绝对论者——特别是在德国人或俄国流亡者中间，他们力图复活这一古老的哲学沉思。对于他们来说，美仍然是一种柏拉图的理念式的独立存在，而审美等级也具有绝对的法律效力。

美学中的这种绝对论受到了不同观点的主观论的反对，这里包括上述第一、二、三种看法。

（2）在讨论不再涉及一般的形而上学前提，而仅仅涉及审美问题的范围内，我们首先遇到的一种冲突便是这样两种观点之间的冲突：即一种观点认为存在着关于所有美的对象或者至少是特殊范畴的美的对象的一般客观规律；另一种观点则认为在美学中不存在那种标志着审美价值同某些客观特征之间的依存关系的永恒规律（主观论的第一种说法）。

（3）主观论的第二种说法使我们看到这样两种观点之间的对立，即一种观点认为普遍有效的个人审美评价是存在的；另一种观点则认为不存在这样的评价，将对象分为具有审美价值的部分和不具有这种价值的部分都是偶然的和个人性质的,正像所有审美等级都是偶然性的一样。

（4）最后,主观论者和客观论者之间的论争可以是关于审美判断的性质的论争,正像我们在讨论主观论的第四种说法时所看到的那样。

关于主观论的第三种观点所涉及的那些专门问题的讨论,是超出于美学领域之外的,所以在这个总结当中我将把它们略去。

应当补充说明的是,在某些情况下,当我们考虑客观美学和主观美学的对立的时候,另外一个我们先前所不曾思考过的问题可能会出现,这就是美学问题的分界问题,或者说两种阐述问题的方式的对立问题。

例如,梅伊曼就区分为"客观美学"——它旨在对艺术和自然进行审美形式的分析——和"心理学美学"——它则涉及两种心理过程,这就是审美经验和艺术创作活动。[①] 我们还可以在这样两种美学之间看到一种区别,即一种是其目的在于描述审美经验的美学——这可能就是主观美学,另一种是旨在说明这些经验的对象的美学——这可能就是客观美学（这样一种区分从根本上来说是很表面的,因为我们随处都可以发现二者之间的相互关系,这同一些问题既可以从这一方面加以阐述,也可以从另一方面加以阐述）。这些是方法论的问题,除了它们的名称以外,它们同美学中的主观论问题并没有直接联系。

9.让我们暂时回到美学中客观论者和主观论者之间的

---

① 梅伊曼:《格冈瓦尔特美学引言》。

实质性争论上来。

某些问题，从这些争论的主题来看，已经成了词语上的问题。另外一些问题，从总的方面来看，也不再成为论题了，因为当具体资料开始积累起来的时候，它们在事实面前已经得到了解决。它们的地位被详细的心理学的研究所取代，而心理学研究的目标并不在于解决任何一种主观论和客观论之间的争论问题。例如，在我看来，它将研究哪些类型的对象——作为整体——能够在我们心里引起各种经验，这些经验我们由于习惯而把它们叫作审美经验；或者研究是什么造成了这一事实，即在某些情况下，这样一些对象可以引起这种经验；或者研究对于某些对象的爱好（例如对于某些类型的艺术作品的爱好）同相应类型的社会阶层或某些特殊的个人性格之间的依赖关系，等等。这样一些问题的出现，其本身就已经是主观论立场的一个胜利。

在我们关于主观论的多种说法的讨论所涉及的那些问题中，有一些问题仍然没有失去它们的现实性。例如，关于审美判断的特征的心理学问题；审美评价是否是一种和对于所谓的"中性特征"的判断根本不同的立场的问题。在我看来，这一问题仍然有待于更加深入的心理学的分析。但是，并没有理由仅仅局限于审美评价的问题，也就是整个评价判断的特点问题。这样一个广阔的领域，就是勒·彼特拉基奇（L.Petrazycki）所思考的题目。

在这里我想谈及另一个仅仅涉及美学的问题，这是一个真正的基本问题：即如何使下列矛盾的双方调和起来：

一方面不存在客观的审美标准,另一方面又存在着赋有客观有效性的审美等级;一方面我们的审美经验有着任意性即个人的性质,另一方面,无论是在日常生活中还是在理论著作中,我们又经常可以看到关于各种对象的审美价值的讨论,在讨论中每一方都力图借助于客观的论据来说服对方。

每一个进行一般美学思考的人,或者每一个仅仅想明了美学到底是什么的人,都会遇到上面这一问题。在《美学基础》的最后一章我曾试图给以纲要性的解决,它侵害了所谓的美学自主权。在我看来,只要美学被看作是某种清楚的东西,无论是涉及心理学或审美经验的,还是涉及艺术科学或文化科学的,它就必须妥善处理这一问题。

附录二 关于艺术起源的探讨[①]

艺术创造和性生活

在研究艺术创造的根源和艺术在人类文化史上的地位的时候，我们迟早都会遇到艺术和性生活之间的相互依赖关系问题。

如所周知，在这个问题上鼓吹一种最为激进的观点的是精神分析学家。对于他们来说，艺术首先是一种性生活的功能。他们大讲色情动机在这样一些艺术领域里的巨大作用，例如在诗歌、小说、戏剧、绘画、雕刻、舞蹈和电影当中。他们还谈到在各种艺术领域里的在象征掩盖下的色情动机，甚至装饰艺术和实用艺术也不例外。正是关于艺术象征的解释以及弗洛伊德根据同一精神对于梦想的解释，才使得精神分析学家能够将他们的观点扩大到那些看来同性生活的问题毫无共同之处的艺术领域。

按照这种观点，艺术被设想为是用来完成一种类似于梦想的功能；艺术被认为是隐蔽的性欲的一种实现，是生

---

① 本文最初发表于 *Wiedza i Zycie*，1938年。

活中所经受到的限制或不足的一种补偿。弗洛伊德曾说："甚至在我们的文化基础上，只有一个领域思想的主导作用被维护着——这就是艺术领域。只有在这里才会出现这种情况，即一个被欲望所困扰的人可以创造出某种和他的目标相像的东西；而由于艺术的幻想，这种游戏就可以引起同欲望的真正实现所可能引起的情感反应相似的反应。"

艺术家在艺术中"找到了一个发泄机会"。我们知道，杰罗姆斯基笔下的美丽、骄傲而又热情奔放的女人，和康拉德笔下的美丽、娴静而又感情细腻的女人，同这两位作家的个人渴望不是没有关系的。这样一种艺术的满足极为经常地是以不自觉或半自觉的方式实现的；精神分析学家正是这样来解释艺术家在各种艺术作品中所表现出来的象征主义倾向的。

艺术对于性生活的依赖关系，似乎还可以由色情因素同一般审美经验的联系而得到肯定。歌曲，音乐，鲜花，香味，色彩和光线的变幻，无论是在漂亮的室内还是在美丽的大自然中间，众所周知，都会成为有利于引起或增强性爱情感的因素。按照中世纪印度作家的说法，所有美的艺术据说都是用来服务于一种主要艺术的，这就是爱的艺术。它们的最为重要的任务就在于丰富性爱情感。

这种通过美感来丰富性爱情感的做法还不仅仅是对于人类才如此。为了爱人的到来而用鲜花装饰居室，到美丽的城市或地方去度蜜月，这在低等动物那里也有着它们相对应的现象，例如澳洲凉亭鸟，它为了恋爱的目的而建造一个"凉亭"，并在它的前面堆放一些装饰性的贝壳，闪闪发光的卵石，五彩缤纷的羽毛，白色的骨头，以及其他一些适合于它的珍宝，这有时候是花费了很大的努力才采集来的。还应当附带说明，这种凉亭仅仅是一个用于爱和美的地方，好像并没有实用价值，因为这种凉亭鸟是在树上做窝的。园丁鸟也有类似的行为，所不同的是凉亭鸟采集的是经久耐用的装饰物，而园丁鸟则是用各种颜色的浆果和鲜花来装饰它凉亭前面的地面，而当它们枯萎了的时候就更换它们，并特意把它们放成一堆。

性爱和美感之间的联系是双方面的。如果说美感有助于性爱情感的话，那么反之亦然，性爱冲动的时刻似乎也正是审美感受力特别增强的时刻。这是可以理解的；无论是审美情感，还是那些我们归之为性爱的情感，都属于这样一种心理状态，即在这种状态下朝向将来的态度消失了，这也就是我们集中"生活于这一刻"的状态。

对于这里所讨论的问题来说，那些涉及人物、特别是女性的美的丰富的词汇，不是没有意义的。我们可以发现这样一些用语，例如美丽的，漂亮的，温雅的，优美的，引人注目的，极其可爱的，女性十足的，雅致的，等等。这些形容词当中的某一些只用于对于人物外貌的评价（雅致的），或者它们只对于人物才有审美意义；有一些从词源学上来看则是从同人物外貌相关的用语派生出来的。这一点似乎可以说明，在具有审美价值的对象当中，人物所占据的特殊重要的地位，反过来，这一点同时又有助于说明关于美感同性爱领域之间的相互依赖关系的前提。

从历史上来说，在将艺术理论同性生活联系起来的理论方面，达尔文和他的学派是走在精神分析学家的前面的。然而，当精神分析学家谈到艺术的性特征的时候，他们指的是对于在生活中得不到满足的性欲的补偿作用，而达尔文主义者并不是以这种心理观察为基础的。但另一方面，他们也力图将艺术创造活动从属于性的选择问题。精神分析学家首先感兴趣的是在现代人当中艺术同性本能之间的关系，而达尔文主义者则似乎是通过从我们的动物祖先到我们之间的数千代的遗传，来推断艺术来自性本能的，所以，他们的兴趣首先是在原始艺术当中。

达尔文和他的信徒们通过许多事例，企图证明原始民族的艺术——而且通过它的中介，还有更高文化阶段的艺术——是同动物的性生活相联系的某种现象的进一步的结果。艺术的最终目的被认为是在于唤起异性的喜爱。

艺术的最原始的形式之一是装饰人们自己的身体。就直接的化妆而言，它们是各种形式的，特别是在那些居住在气候允许裸体的条件下的民族当中。因此，在这里我们看到身体的绘画，涂了颜色的平面花纹，隆起的花纹，即通过适当的切割而造成的一系列的疤痕，梳理头发的艺术，最后还有从改变头盖骨的形状开始的各种类型的身体变形。在这些变形当中我们可以区别出两种类型：在某些情况下，变形是以增强种族的特征为目的的，例如在短头的民族当中使头盖骨变窄，而在前额较窄的民族当中则使头盖骨变平，这都是为了这种目的。在另一些情况下，变形所造成的形状则和种族的特征毫无共同之处，例如使门齿具有最奇怪的形状，截去某些手指的一节或两节，使耳朵或嘴唇长到难以置信的程度。

某些民族在装饰他们的身体方面达到了很高的艺术。只要回想一下新西兰的毛利人光彩夺目的纹面装饰就够了，构图既具有丰富的几何线条，又适合于面部的形状，这就向毛利人提出了一个专门的艺术问题。

直接装饰身体的进一步发展就是外部装饰的利用：手镯，项链，梳子，羽毛，耳环，以及可以包括在衣着当中的那些东西。南美洲玻利尼西亚和美拉尼西亚的早期旅行者的报告总是不断地重复那些惊奇的话语，从欧洲人的眼光来看，这些异国的居民们甚至还没有最必需的日常用品，对于衣着毫不关心，然而对于各种装饰品却是那样地重视。

就衣着来说，众所周知，可以区别出三种主要的功能：（1）保护身体免受物理环境的有害影响（特别是寒冷）；（2）遮蔽身体不使他人看见（由于所谓的裸体禁忌）；（3）装饰作用。

在赤道国家，衣着的这些原始功能当中最为重要的、有时甚至是唯一的功能就是装饰的功能。在这种时候，甚至很难在衣服和手镯或项链这样一些装饰品之间划出一条清楚的界线。（在现代欧洲环境下，不是衣着的这种功能就是那种功能占支配地位，这依赖于环境。只要比较一下冬季服装、浴衣或舞会礼服的功能就够了。）

从心理学的观点来看，在身体的直接装饰和非直接装饰之间并没有太大的区别，因为外部装饰被看作是身体的"收养"部分，特别是在原始文化当中，在那里，人们相信在个人和他日常生活中所使用的东西之间有着一种密切的内在联系。

直接和间接装饰身体的艺术,似乎和大自然赋予动物的那些形形色色的装饰是一致的,它们除了唤起异性的欣赏之外,并没有任何使用价值——无论是野鸡的色彩斑斓的羽毛,公鸡的红冠,某些哺乳动物的蓬松的尾巴,还是某些绝种了的驼鹿的触角,这种触角竟然大到异常的程度,它们不再是防御的工具,而成为生存斗争中的一种障碍了。

在动物的装饰和原始民族的装饰之间的相似性,由于这样一个事实而更加接近了,即在这两方面所涉及的首先都是男性。的确,动物是通过生物遗传而得到它们的外表的,而人则是通过他自己的技艺来装饰自己,正像通过这种技艺来获得服装一样。但是动物——特别是鸟类——也不是仅仅被动地接受大自然的这种赠品的。在许多情况下,只是由于翅膀的适宜的扇动,羽毛的扬起,脖颈的弯曲才显示出美来。鸟类通过适当的姿态和动作而表现出它们的美丽,这是普遍熟知的——无论是天鹅,松鸡,孔雀,还是普遍的公鸡或者火鸡。除了许多其他的例证,达尔文用了几页的篇幅突出地描写了华丽的阿尔古斯野鸡的求爱。

如所周知,鸟类和动物的这类活动,除去某些极其个别的种类之外,主要是集中在性欲冲动时期。在这些时期,某些种类还表现出另外的装饰,例如在身体的某些无毛和不长羽毛的部位出现某种光彩(火鸡的垂肉,某些类型的猴子皮肤上不长毛的部位)。这些事实,有时就被用来作为证明原始民族的装饰艺术起源于性欲的进一步的论据。

关于舞蹈和歌唱艺术,问题也很相似。无论是舞蹈还是唱歌，都不是人类的创造。在动物世界，这二者都可以在鸟类当中首先看到。舞蹈往往是同前面刚刚提到过的展开美丽的羽毛联系在一起，这主要是发生在求爱期间。在某些种类中，唱歌是和性的活动紧相联系的（森林松鸡的嘟嘟声），而在另一些种类中，虽然不限于在这一时期，但是这一时期却起着相当大的作用。

性的因素在几乎所有民族的舞蹈和歌唱当中都表现得相当清楚。达尔文艺术观点的拥护者们是不难找到性爱舞蹈的例子的，无论是在原始民族当中，还是在文明民族当中。这些例子包括那些有两性代表参加的舞蹈，也包括那些只有一个性别的代表参加的舞蹈，这特别是男性。初级阶段的舞蹈的性爱基础通常是很明显的。在这里可以有男女跳舞者之间的直接接触，或者求爱的象征，为了一个女子而搏斗的象征（在《波兰舞曲》的一个人物身上和叫作"奥得比亚尼"的《奥博莱克》中仍然存在着这种痕迹），或者恋爱场面在舞蹈当中的风格化。但是在那种只有一个性别演出的舞蹈中，并且在它的形式中不可能发现任何性爱的暗示（例如波兰高原居民的强盗舞），它对于异性也仍然可以是动作的技巧和美的展现，这样做也是为了性的选择。

爱情歌曲和爱情抒情诗是在全世界到处可以看到的艺术形式，特别是在所有文化水平上都可以看到。乐器也常常用于性爱目的。著名的美国人类学家匹特－理维斯布伦抄录了一个皈依宗教的安哥拉居民的一封信，他是一个宗教学校的教师。这位黑人基督徒虔诚地相信，使用一种叫作"企使叶"的独弦乐器是应当禁止的,因为它可以助长性爱关系在本土青年中的发展(和西班牙青年中的吉他相似)。这样一些例子是可以随处发现的。然而,原始生活对于性生活的依赖关系往往是被夸大了的。

甚至文身艺术——它好像是同性功能最接近的——从根本上来说还有其他的目的和另外的根源。文身还服务于"显示"的本能,它在程度上并不弱于性本能。即使在动物世界,美丽的装饰也不仅仅是用于性的目的。鸟类在观赏者面前用嘴打扮自己,但是这些观赏者却不一定是它们的雌性;它们甚至可以不属于它们的同类。达尔文自己曾经写道,孔雀可以在任何观赏者的面前展开它华丽的尾巴,甚至是在一只小鸡或者一只猪的面前。

在所谓的原始社会里,文身往往是社会地位的一种标志,无论是在一个部落组织当中,还是在一个具有严密等级组织的社会里,像马索尼克的管理机构那样一种体制。在这些情况下,这整个的个人装饰就要适合于军队的服装和装饰,或者适合于外交官的礼服。即使社会地位可以置之勿论,它还可以用于个人的区别,它能够使一个人的外表特征突出出来。(某些人认为正是这种功能在原始环境里具有特别的意义,在那里由于缺乏劳动分工,个别人之间便非常相像。不管怎样,这样一些有关某些异国种族或文化的个人之间的相互类似的描述是可以批判地接受的;如所周知,黑人就认为所有白人都是相互相像的。)

我们将依次谈到魔术和宗教的目的;在某些文化基础上,它们在文身和佩戴特别装饰方面起着重要作用。这些装饰被认为可以避免灾难,正像一枚神圣不可侵犯的徽章那样。这种描绘或者刻画身体的过程本身便常常是在特别的巫术或宗教仪式期间进行的。有一次我曾遇到一位水手,在他的背上就刻画着耶稣在十字架上钉死的场面。这幅极其细致地刻画出来的图画几乎盖满了他的整个后背,并且是由在通常的耶稣在十字架上钉死的图画中都会出现的那些人物组成。这位水手完全相信这样一幅宗教图画可以保护他在风暴当中平安无事。在原始社会里,对于某些绘画和图形的超自然效力的信仰肯定还要更加深广,但是我们在看这些图画的时候,却不能够抓住它们的含义和神秘力量。

在谈到这些问题的时候,我们应当注意到面具的地位,它在外国艺术的所有组成部分当中具有这样大的重要性。同运用色彩描画、刺花纹和变形来改变面部的外观相比,面具代表着一个更高的发展阶段。它几乎在全世界都可以发现;在不同类型的文化环境下,它拥有最为丰富多彩的形式,并且通过不同的材料展现出来,从羽毛和皮革开始,直到大理石为止。面具用于各种目的——魔术,宗教,医疗,戏剧,但是,它同性生活的直接联系恐怕是某种例外的东西。没有理由认为制造面具的同一些动机在身体的直接装饰当中不起重要作用。

最后还有一件事情。我们也许记得,对于一个原始文化的代表来说,他自己的身体不仅是他自己个人的处所,而且同时还是进行艺术活动的最适宜、最方便和最安全的材料。文身装饰不会丢失,也不会成为强盗的掠夺品。在

"原始人"的智力情况下,在他自己的身体和他周围的环境之间的区别,从各方面来看,好像还没有在文化的更高发展阶段那样清楚和严格。一方面,当巫术把属于某个人的东西看作是他身体的组成部分的时候,那么另一方面,不仅是原始人,而且还有属于十九世纪文化水平上的毛利人。又可以把他的身体看作是同构成他的财产的那些东西相等同的东西,把它看作是一块大理石,根据技术的可能条件,可以在上面作出各种图形。在这里并不存在对于保存一个人的自然外貌的关心,因为似乎并不存在"自然"的概念。这就是为什么这样容易放弃自然表现而特别喜爱装饰。在这方面,较低文化水平上的人比文明人离开自然更远。

在某些情况下,对于原始人来说,他自己的皮肤可以代替羊皮纸。在十九世纪中叶,人们在塔易蒂可以遇上某个冰岛人,在他的前臂上刺着这样一幅图画:"那是一个值得记忆的事件。伟大的石头神像——它们现在在大英博物馆——离开了它们原来的处所,被搬到这艘英国轮船上,它正载着他们横渡大海。铁巴尼(这是这位冰岛人的名字)可以在这个小型的历史图画的人物中间指出船上的大副和二副,他们站在旁边正在看着水手们工作。"①

就原始舞蹈来说,它的性爱特征也往往被加以夸张。这一方面是由于某些旅行家的见解,他们的欧洲式的拘谨在某些异国舞蹈的强烈表现面前受到了震惊,例如澳洲的《科罗保拉》舞就是这样一种舞蹈;另一方面则是由于对现

---

① Y.希尔恩:《艺术的起源》,1900年伦敦版,第223页。

代欧洲舞蹈的一般观察。

在基督教文化和欧洲社会传统的基础上，跳舞在某些社会范围内几乎成了唯一的可以使两性在家庭之外自由接触的通道。这显然是一个重要的功能，因为性爱性的舞蹈把所有其他类型的舞蹈都推到了一边——至少在资产阶级范围内是如此。在人民中间，像强盗舞这种类型的古代舞蹈，在今天则属于由酷爱传统的人们所保存下来的古代遗风了。

和原始舞蹈相类似的情形似乎更容易在现代舞台舞蹈当中看到，尽管在这里性爱性的舞蹈也非常明显地压倒了其他类型的舞蹈。

在"原始"社会中，舞蹈起着非常重要而又多种多样的作用。除了性爱舞蹈之外，我们还可以到处看到巫术舞蹈、宗教舞蹈、战争舞蹈，而且在某些情况下，它们甚至不允许妇女观看。这样一种"原始"舞蹈，除了它的巫术或宗教职能以外，还经常发挥着原始戏剧的功能，同时，它也是一个表现所积累起来的能力的机会。它还完成着一项重要职能，正像原始舞蹈的考察者们所强调的那样，就是在组舞当中动作的惊人的和谐或一致，这时舞蹈的所有参加者会感到一种极大的社会一致性，他们的情感和动作就好像他们是一个有机的整体一样。

美的艺术起源于性爱的拥护者们，在音乐方面，在日用品的装饰技艺方面，最后，在再现艺术方面，会遇到更多的困难。在最初的艺术创造领域里，再现艺术是由这样一个事实被区别出来的，即在动物世界没有和它们相类似的活动。这是一种人类的创造，至少绘画和雕刻是如此（我们好像能够在动物的某些游戏当中看到戏剧的萌芽）。而且这是一种很早的创造。用凿子刻划的、用颜色描绘的、或者是雕刻的图画，可以在最低文化水平上的民族中间看到。

当我们谈到歌曲、舞蹈、文身的性爱特征的时候，我们指的是性的目标，即吸引异性的欲望。当达尔文主义者比较同动物的性生活的相似性的时候，就是这样理解性爱特征的。另一方面，当我们谈到绘画、雕刻、文学、戏剧（包括哑剧舞蹈）方面的作品的性爱特征的时候，那么我们指的则是这些作品内容的性的动机。精神分析学家正是在这种意义上谈论艺术的性爱特征的。绘画和雕刻在原始环境下几乎常常是完全没有性爱动机的。如果这种动机出现的话，那么我们通常也只能在巫术或宗教的象征中看到它们。在不同民族当中都会看到这种含义丰富的象征，以及对于性爱的偶像崇拜，例如在西部非洲就可以看到。它们在全部作品中只占一个很小的比数。

现在，如果我们这样浏览一遍的话——从西班牙北部和法国南部的旧石器时代的人们在洞穴壁上所画的美丽的动物画，从爱斯基摩人在骨片上熟练地凿划出来的微型场景，从布什人画在洞穴壁上的打猎场面和战争场面，直到一个更高水平上的异国文化，如果拿它们同欧洲文化相比较的话，那么我们就会深深感到它们是缺少性的刺激动机的。

前哥伦布时期的墨西哥艺术和秘鲁艺术就是这样一

种艺术，它们是如此丰富多彩。在整个秘鲁人的肖像画廊中——无论是现实主义的还是表现主义的，它们是一千多年以前用黏土模制出来的——就没有女人的肖像，更不用说裸体了。而它们在希腊艺术和后期文艺复兴艺术当中，却占着这样重大的地位，而且在现代艺术中，好像占着一个更为重大的地位。让我们附带说一下，古代秘鲁的陶瓷制品是非常丰富的，不仅有高贵的印第安贵族的形象，而且还有奴隶和残废者的形象，更不用说动物的形象了。

性爱动机在希腊艺术和较高的亚洲文化的艺术中占据一个很大部分。例如，我们已经提到在印度艺术中，艺术和色情之间存在着密切的联系。但是在印度，严格的婚姻道德是和对于性生活的充分尊敬同时并存的，这种联系是在和欧洲不同的条件下形成的。在欧洲，在基督教文化的基础上，所有性的问题都被一种罪恶的气氛包围着。

印度女神们的那种成熟的形体符合于印度人的爱好，她们的高贵的塑像没有任何挑逗的味道，她们的裸体并不引起违反社会传统的情感。她们不是后期文艺复兴时期的诱惑的圣·玛格德莱纳和巴洛克风格的绘画，也不是卢本斯或者布歇尔的那些卖弄风情的美女。

当代印度学者A.K.库玛拉斯瓦米曾经写到，从欧洲人类中心说的观点来看，裸体人像似乎总是具有一种特殊的意义；但是在亚洲，在人的生活和其他生物的生活、甚至无生物之间，只有程度的不同，裸体从来没有被这样看待过。另一方面，在印度，任何同人们的爱情相关的事物，从眼睛的初次相遇直到色情冲动的迷狂状态，好像都有一种精神的意义。这就是为什么性爱的图画总是可以在宗教象征主义当中自由地运用。①

弗洛伊德关于艺术功能的观点是同我们的欧洲文化紧相联系的。在这里,弗洛伊德主义者可以发现大量材料来证明他们关于艺术的性欲补偿作用的绪论,这种补偿作用不仅是对于性的不足的补偿,而且还是对于性生活的普遍受到贬黜的补偿。但是,这丝毫也不意味着我们可以同意用性欲补偿理论来普遍解释欧洲艺术的艺术动机。正像达尔文的艺术观点一样,弗洛伊德的观点对于特殊文化基础上的某些现象是正确的,但是无论是前者还是后者,都不能够进一步宣称可以解释艺术创造的普遍根源。

无可怀疑,性的因素在艺术中占有一个非常重要的部分,因为它们在生活中就占有一个非常重要的部分;但是艺术创造活动不能够仅仅归结为是从这一个领域的人类冲动和情感出发的。关于艺术创造的其他根源的考察——例如那些同性生活没有直接联系的根源——将会超出这篇论文的范围。所以还是让我们再看一下上面所讨论的这两种理论,它们使我们看到了性本能在艺术创造中的表现。

这两种理论都不仅揭示了某种关于艺术的观点,而且还揭示了某种关于人的观点,而且正是在这一方面两种理论之间产生了一个有趣的矛盾。对于弗洛伊德主义者来说,人在某种意义上是反自然的,人仅仅是为心理情结所拖累,因为心理情结是随着人类文化而产生的;而且人也只能够

---

① A.K.库玛拉斯瓦米:《艺术文化的变迁》,哈瓦德大学1934年版。

用虚构来代替那些实现不了的秘密渴望的目的。这样，我们就有权利认为，精神分析学家所理解的艺术的性欲特征，是来自这样一个事实，即在他们看来，这是一种特殊的人类现象。与此相反，从达尔文主义者的观点来看，人以及他的文化只是大自然的一个微粒，并且和整个动物世界一样，从属于同一些规律。艺术——我们为它如此感到骄傲——在动物世界也有着和它相对应的现象，而且正是通过这些联系，它的最本质的功能才被突出出来。对于达尔文主义者来说，艺术的性欲特征所以变得明显，首先是由于这样一个事实，即在他看来，这不是一种特殊的人类现象。

附录三　社会环境在形成公众对于艺术作品的反应中的作用[①]

1. "客观的"评价和"主观的"评价

哲学美学曾经在如何调和审美价值的客观性要求同缺乏一般的和普遍的审美标准、同美感的主观性之间的矛盾的问题上，进行过毫无结果的论争。对于社会学家来说，审美评价的客观性问题就不再是一个危险的问题了；审美价值的"客观"等级，就是一个相信这种等级的客观性的人所属的那个社会环境所认可的等级。然而，美学家会问，谁有资格作出这种有效的审美判断呢？而社会学家则可以仅仅对于在某一个环境中谁被认为有资格作出这样一个判断感兴趣。

对于社会学家来说，审美评价的二重性——它相当普遍地在这一类说法当中表现出来："这确实很美，尽管我自己并不喜欢它"。——仅仅是根据某个社会团体所认可的标

[①]　本文节选自题为《艺术社会学》的论文，《社会学杂志》："问题评论"，1936年。又见《美学基础》波兰文版第363页。

准的评价同以个人情感体验为基础的评价之间的分歧的一个例子。

另一方面，这种社会性的有效评价可以从某些有影响的人物的个人偏爱当中派生出来。某个人可以将他个人的评价看作是客观评价，并且行之有效。但是，只有当某个社会团体愿意承认他在审美问题上的个人权威的时候，他的评价才会取得这种客观性。

当对审美评价的"客观性"采取一种社会学的解释的时候，我们丝毫也不认为这些评价在个别情况下就不具有某些确定的事实基础。如果我们赋予某个作品一种特别的价值的话，例如，由于意境的新颖或者制作技巧的完美，那么，这样一些特征是可以客观地加以确定的，而不管这一个或那一个社会团体的观点如何。因此，我们仅仅是认为，一个人归根到底必须将自己置于对"客观性"的社会学解释的基础之上（即同某个社会团体相关的客观性），因为不存在这样一种一般性的标准。在任何情况下，它既能够确定审美价值，又能够确定审美等级；而总是某个社会团体来确定哪些事实因素在个别情况下可以决定一部艺术作品的"客观的"审美价值。

我在其他地方曾经试图表明，这些因素是如何地多种多样，审美价值的概念是如何地不一致和不一贯，无论是在日常生活中，还是在理论论述中。社会学家没有必要为此而麻烦自己，因为他的任务不是建立审美价值的体系。另一方面，当他开始考察审美价值的等级是如何在一个特定环境中形成的问题，以及美的理想和审美标准的社会根源是如何产生的问题的时候,他应当明了并不存在这种统一的审美价值的概念。

在更为悬殊的环境里,例如在当代受过教育的欧洲人的环境里,就更加难以发现可以普遍接受的审美评价。除了个人爱好同所谓客观性的评价之间的分歧之外,我们还可以在这样一个环境中看到同时存在着互相对立的美的理想,互相对立的审美价值等级,它们都宣称自己是客观的,都有自己的某些拥护者。在这样一种环境中行动的每个人都可以在这些互相对立的评价当中决定承认哪一种是正确的,是客观有效的。当然,这种选择极为经常地是自动进行的,是在教育的启发影响下,在一个或另一个社会团体的启发影响下,以及在将个人爱好同"客观"有效的评价加以调和的倾向影响下自动进行的。

接受这一种或另一种价值等级,就同时意味着将自己置于这一个或另一个社会团体一边,有时候这种团体还不仅仅是由于艺术趣味的相投才联合在一起的。有流行于外交界的审美价值等级,有流行于小资产阶级当中的审美价值等级,有流行于生活放荡的艺术家当中的审美价值等级,还有流行于那些生活在贵族圈子里、企图保存贵族传统的人们当中的审美价值等级。在本世纪初叶,杰罗姆斯基文学作品的艺术价值的拥护者们,同希昂凯维奇文学作品的艺术价值的拥护者们,是来自不同的文化环境的。今天(1936年),对于绘画中的"社会主义现实主义"的态度,在某些环境中被看作是一个人的社会——政治同情的表现。最近在纳粹德国,非现实主义的现代艺术的拥护者们被认为是"文化布尔什维主义"的代表；而在布尔什维克的俄国，这种艺术的拥护者则被认为是一些屈从于资产阶级影响的人。在英国，当谈到文学作品或艺术作品的评价的时候，人们是将高额头阶层（或博鲁姆斯布雷阶层[①]）的评价同中额头或低额头阶层的评价加以区别的。例如乔伊斯在高额头阶层的价值等级中是居于领先地位的，而高尔斯华绥则在中额头阶层的等级中居于这种地位。[②]

不同的审美价值体系之间如何相互冲突，它们在不同团体之间的相互影响方面以及在不同社会团体对于个别人们的竞争方面如何相互冲突——这是一个更进一步的问题，对于这一问题，我们刚刚引用过的这些具体材料就提供了这一类的事实。

同这一问题相联系，我们还可以指出另外一个问题，这一问题还涉及评价的动力：什么社会因素使得某一特定环境的"客观"价值等级发生了变化？作为这种变化的例子，我们可以举出这样一些情况，即正是一些显然被忽视的或者不著名的艺术作品，在同一环境中却赢得了第一流作品的尊严。例如，马奈的《奥林匹亚》被送进卢浮宫，在他那个时代就是这样一个革命的时刻。

[①] Bloomsbury，伦敦市内英国博物馆所在的地区，原为上层阶级住宅区，后为文化设施集中地。——译者

[②] 关于表明个别社会团体的特点的不同审美价值体系的问题，勒佛朗克在他的论文《美学和社会学》中曾经加以论述。见前书。

2. 社会团体所认可的评价对于个人情感反应的影响

尽管前面我们将观者或听者的个人审美反应同他关于"客观的"审美价值的信念对立起来，但是，我们必须考虑这一事实，即这种客观的评价——它是某个社会环境所认可的评价——不仅可以严重影响个人的审美评价，而且还可以严重影响他的情感反应，他的审美经验，而个人的"主观的"评价正是依赖于此的。（我在这些词语上面加上了引号，因为我们这里所说的主观性和客观性，是按照特定个人的信念来说的。）

我们知道社会的意见对于审美经验的影响是何等强烈。相信我们面前的这部作品是一部真正具有重大价值的作品，这一点通常就会使我们容易采取一种审美的态度，有时候则是非常容易采取这种态度。但是，社会的意见并不总是引起积极的结果。这一点取决于我们对特定社会团体的态度。在个别情况下，人们自己环境的意见会转向反面，普遍接受的评价对于审美经验的影响可以是否定的；一种作品，恰恰由于人人都知道应当喜爱而不受喜爱。

对于社会环境的态度还可以以另外的方式影响我们的审美经验。例如，一方面是和当代社会的一致感，对于进步的热情；另一方面是对于当代性的疏远和轻蔑，因此就形成这种或那种对待现代艺术的态度。由于缺乏同当代社会的一致感，就可以产生对于异国艺术或古代艺术的崇拜。

在这里既涉及艺术作品的评价问题，也涉及审美经验的问题。对于当代社会的敌对态度或反抗态度也可以是一种社会的产物，这样一种态度可以由某个更小的社会团体强加给个人，例如，无论是罗斯金时代的前拉斐尔派，还是某些其他的浪漫派别。

不难发现这样的情形，即这种意见参与并主导着审美反应可以清楚地加以确定。有一次我遇到一位酷爱中世纪艺术的旅行者，他怀着衷心的赞赏看了一眼卢昂的圣武安教堂的主体正面，就喃喃地说他认为现在的人们不可能创造出这样一部杰作。他知道圣武安教堂属于最美的哥特式建筑遗迹。但是他不知道这一正面却是十九世纪建成的，尽管它模仿哥特式，但却损坏了教堂的外观。

3. 对于某些主题和形式的情感态度

特定环境所认可的审美评价的影响，仅仅是在研究社会对于个人的审美反应的决定作用时所遇到的问题之一。让我们再看一下这种决定作用的其他方面。

环境形成个人对于某些主题和某些形式的情感态度，不管这些主题和形式的艺术作品是怎样被评价的，这种情感态度都可以在个人对于这些艺术作品的情感反应中反映出来。如所周知，在浪漫派中间是以一种特别的情感态度来看待中世纪的，这一点不仅在对于中世纪艺术的审美经验中反映出来，而且还在对于有关中世纪的题材或主题的作品的审美经验中反映出来。假使其余情况均保持不变的话，宗教艺术对于特定宗教团体成员的影响，是和对于这一团体之外的人们的影响不同的。

对于某些主题或形式的情感态度，不仅可以是在特定环境中盛行的情感气氛的结果，而且也可以是这一环境所奉行的信仰的结果。中美洲的印第安人相信每一个完好无损的罐子都有一个灵魂，如果人们敲打罐子的话，它就回答。古代秘鲁最美的艺术作品就是人头形或动物头形的罐子。一个现代欧洲人的审美感受由于这些现实主义的、富有表现力的肖像同时是一些缸罐而会受到某种损害。对于一个古代秘鲁人来说，它们就可能具有一种特别的吸引力，如果今天印第安人关于罐子的灵魂的信仰曾经广为传播的话。

4. 社会环境在判断艺术作品上的影响

社会环境还以另外一种方式影响对于艺术作品的审美反应。作品的判断也依赖于社会环境。我在这里是在一种非常宽广的意义上使用"判断"这一术语的；我指的不仅是理解象征和形象的方法，阐明作品所表现的内容的方法，而且还包括在我们的观察中对于感觉材料的自动的组织、补充、简化或者修正。在天空的一群星星当中我们可以看到一种排列或另一种排列，在一个偶然的墨水斑块当中我们可以看到各种不同事物的形象；在一只钟的均匀的敲打声中我们可以听到三拍子或四拍子的节奏，或者某些更为复杂的节奏类型。我使用"判断"这一术语还包括我们观察当中的所有这样一些因素，即它们不是由感知对象和感官的物理特性决定的。①

理解图画和描写中所包含的象征和内容的方式依赖于社会环境，这是十分清楚的。整个来说，关于观者或听者对于所接触的艺术作品的感知方式依赖于环境这一点，我们就知道得少些。

布隆德尔曾经提出过我们的感知依赖于社会环境和文化环境的问题，但是他指的是我们感知当中的一般因素，指的是对于以这种或那种概念范畴感知的对象的判断。②我们还注意另外的东西，注意这样一个事实，即"成形"本身，也就是将感受到的色彩、线条、声音结合成某种类型的组织，这也是受社会习惯制约的，也就是说，特定视觉、听觉因素的组合在不同环境的个人那里可以有不同的方式。

一个在传统调性音乐当中成长起来的人将会感到现代无调性音乐或复调音乐是一种很难听的声音混和。一个印度人最初会认为欧洲音乐在音与音之间充满了空当，因为他在他自己的国家里已经习惯于每两个相邻音之间的连续过渡，他不仅仅习惯于听乐音，而且还习惯于听它们之间

---

① 参见本书第一章。

② "任何一般感知都是一下子就集中起来的"，参见布隆德尔《集体心理学导言》，1928年巴黎版，第117页。

的音程。① 对于欧洲人来说，印度音乐由于这种连续的滑降而变得模糊不清，而建立在一种不同的音列划分上的阿拉伯音乐则好像是一些错误音调的堆积。听变调或复调音乐的方式也同样依赖于环境。

原始人们的装饰在一个欧洲人看起来就同一个"异国"社会的成员看起来不同，因为后者知道所有这些几何装饰都有它们的含义，而一个外国人却不能理解。作为这种知识的结果，不仅这种装饰的重要性发生了变化（如所周知，它可以严重影响审美情感），而且根据这些线条和色块的不同含义，组织线条和色块的方法也发生了变化。在后一种情况下，审美经验对于熟悉某种传统的依赖就出现了。然而，在分析对于某些艺术作品的审美反应的时候，还必须考虑除了熟悉传统以外的东西，即还必须考虑对于某些艺术传统的习惯。这里的问题是，我们所怀有的信念已经变成了长久以来的习惯，它们在我们的环境中成为正常的了，已经不再对我们产生"这是传统"的印象了。

例如，在观看戏剧的时候，这样一些习惯的作用就表现得很清楚。在观看舞台的时候，我们能够无视映入我们视觉领域的所有那些不属于表演世界的细节——如果所出现的事物对于我们的剧场来说都是平常事物的话（例如提词员的隔离间，将后台隔开的幕布等等）。如果我们面对的是一些简化了的装饰的话，如果这种简化是按照我们的环境所认可的原则进行的话，我们还可以在我们的想象当中

---

① 见A.库玛拉斯瓦来：《湿婆舞蹈》，1924年伦敦版，第76页。

对舞台布景加以补充，这些正常的削减丝毫不会损害我们的印象。在现代戏剧中旁白是超出常规的，但它并不使现在的观众感到愕然，只是在古代戏剧中，它们是需要以一种特别的态度来听的。即使在十九世纪，这也丝毫不会使观众感到奇怪，因为这是剧中人物表达隐秘思想的正常方式，由于这样正常，它的程式化就被忘记了。

一个欧洲人，在一个建立在不同传统基础上的异国剧场演出的一出戏剧面前，会有怎样的反应呢？在中国戏曲中，舞台工作人员在演出当中自由地进入舞台，在那里只有虚拟的装饰，演员走上并不存在的、虚拟的楼梯，打开一扇虚拟的、并不存在的门，这会使欧洲观众产生一种幼稚和怪诞的感觉。但是中国观众却不会受到走来走去的舞台工作人员的影响，因为他可以无视他们，正像我们可以无视提词员的小屋或头排观众的头一样，这些头明显地紧靠着舞台的后景。我们并不把我们惯常的戏剧传统看作是传统，但是中国的传统却会使我们感到吃惊。

绘画中的现实主义，在关于我们在某种艺术环境下养成的习惯如何影响我们理解艺术作品的方法方面，也可以提供有趣的例子。我们通常并不明了，现实主义的程度并不仅仅决定于作品的客观特性。但是，绘画中的每一种新的倾向毕竟都因为无视现实主义的原则而受到谴责，甚至当它的创作者渴望最忠实地再现现实的时候。这是由于缺乏领悟新的作品的新的现实主义的能力。只要回顾一下公众对于绘画中的印象派的态度就够了。

关于理解艺术作品的方式对于环境的依赖关系的研

究,直到目前还进行得很少,整个来说,还仅仅是结合其他问题附带地加以研究。将这一类的研究同艺术社会学联系起来好像有点牵强,因为在我称引过的例子当中,对于社会环境的依赖关系看起来都只是间接的,理解艺术作品的方式首先是由在同某些类型的艺术作品的交流中养成的习惯决定的,并且还仅仅是这样一些类型,即它们是从个别的文化环境中派生出来的。人们完全可以在欧洲环境里学习听印度音乐,而在恒河流域学习听欧洲音乐。

我们对于艺术作品的判断依赖于文化的各个不同的领域,从流行于某个特定环境的世界观开始,直到书写传统为止。据说法国印象派曾经促成了柏格森哲学的发展;好像更存在着一种相反的依赖关系:"本论的世界观"促进了印象派现实主义的直觉。欧洲音乐作品预先启示某种理解音乐的方式,加强我们的调性态度,强调主音的结构意义,促成一种理解变调的方式。如果一个欧洲人听异国音乐不同于一个亚洲人或一个非洲人,那么这不仅是因为他对它不习惯,而且还因为欧洲环境教给他以一种不同的方式形成声音的排列。

5."生活态度"和审美敏感

为特定社会环境所承认的社会评价的影响,对于某些主题和形式的情感关系,由环境所强加的理解艺术作品的方式——所有这些都是可以决定我们对于个别作品的审美反应的因素。除了这些问题，我们还可以考虑一个在我们的问题范围当中更为概括的问题：社会条件一般是怎样影响审美反应能力的？由教育和社会条件带给个人的形形色色的"生活态度"同审美能力的关系，比通常所认为的要紧密得多。审美态度是易变的，它容易让位于其他态度。对于艺术的情感关系总的说来依赖于理智习惯和实践。

一个在永无休止的责任的气氛下长大的清教徒——他蔑视一切对神或民众无用的东西，相信他必须说清他一生的每一秒钟和他挣的每一分钱的用场——他的反应将更加不同。所谓原始社会的克兰制度给予一个人的审美倾向，肯定会不同于形成现代小资产阶级心理的制度所给予一个人的审美倾向。

环境类型同个人审美能力之间的依赖关系当然不是简单化的；那种表明轻蔑一切"无功利"态度、轻蔑一切无直接实用目的的观念的环境，可以在某些个人当中引起一种和这些倾向相反的效果，它可以激起一种对于将日常时刻"理性地"服从于未来事务的反抗。如所周知，这种情况的出现无论如何都同社会环境的整个影响有关，一个环境按照流行方式影响个人，在某些情况下，可以引起个人反对他的社会团体，那么环境的影响就可以表现为否定的，它在这个人身上加强那些同这一团体的成员的特征相反的属性。于是，一个极端享乐主义者就可以在清教徒的环境中出现，一个懒散的、蔑视关心物质利益的艺术家，也可以出现在一个出租者的环境当中。

这样一些事例丝毫也不削弱基本论点，特别是考虑到这样一个事实，即对于那些反抗特定环境所奉行的规范的个人来说，环境对于对艺术的情感关系的影响——在这种情况下就是一种否定的影响——可以是并不微弱的。这些影响在不同环境当中的具体表现以及对于不同心理类型的关系，则需要专门的研究加以确定。

个人的社会地位，他的阶级根源和经济状况，则是一些更进一步的因素，它们对于审美能力的影响，也可以成为这里所讨论的艺术社会学的分枝所研究的题目。一个无产者和一个特权阶级的人，一个知识分子和一个体力劳动者，一个有职业的人和一个失业者，一个工厂工人和一个农民，一个大城市的居民和一个小村落的居民，他们的审美能力在程度上以及在方式上有什么不同？

关于艺术在个别社会阶层和社会环境的人们的生活中的作用的研究，可以包括更为广阔的范围，如果我们不仅考虑到个人的心理能力，而且也考虑到同艺术作品交流的技术能力的话，不仅考虑到适合于个别社会团体的人们的作品的选择，而且也考虑到可以同艺术接触的外部条件的话。

在我们的考察当中既然已经提到了对于艺术作品的特定类型的反应能力和审美能力，记住下面一点似乎是恰当的，即这些不是等同的概念。关于审美能力的研究已经超出了艺术社会学的界限，因为我们不是仅仅对于艺术作品才可以经验审美情感，因为我们不是仅仅对于艺术作品才采取审美的态度——尽管这种态度难以规定。然而，因为对于艺术作品的审美态度被看作是一种特殊的态度，它符合于这些作品的目的,所以关于审美能力的研究一般就同时也是关于对于艺术的反应能力的研究,对于艺术的仅仅一个方面、但又是很有意义的一个方面的反应能力的研究。

附录四　艺术创造的教育潜力[①]

直到十九世纪末叶，那种认为艺术是一种奢侈品、它以经济和技术的高度发展为背景的观点还广为流传。今天我们知道，艺术创造在为我们所知的几乎所有文化当中具有怎样的意义，有一些文化就是多少带有艺术性的。但是整个说来，艺术在所谓原始民族的生活中所占的位置，比在当代欧洲民族、特别是昨天的欧洲民族当中所占的位置要重要得多。

爱斯基摩人——大自然一点也不照顾他们，他们的生命是在非常原始和严峻的条件下度过的——却有着一种在他们的技术可能的条件下来说是相当丰富的艺术文化。西部非洲的人们，他们并没有创造出经济生活的较高的形式，但是却有一种繁荣的艺术。我们会对西班牙北部和法国南部洞穴壁上用彩色泥土画的动物画的现实主义和动态感到震惊，它们是最后一个冰河期居住在那里的人们的作品，他们甚至还不懂得磨光石器的技术。许多人种学家认为，在所谓原始社会中，只要不利的环境没有造成精神消沉或者迅速生产的必要，那么所有生产劳动就都具有艺术创造

---

① 本文节录自题为《艺术的教育作用》的论文，载《农村人民大学公报》，1939年华沙版。

的性质。任何东西，不论是一只划子还是一根长矛，不论是一把椅子还是一只碗，都是在这样的想法之下制造的，即它不仅能够完成它的实用任务，而且还要能够以它的外观吸引人们。

当我们看一下历史上那些代表着文化发展的更高阶段的社会的时候，那么在这里我们也会被相似的事实所震动。我们知道，艺术在古代希腊、古代印度和中世纪欧洲社会的群众生活中起着怎样的作用。恰恰是在现代文明的基础上，同大幅度的资本主义生产相联系，将群众排除于艺术生活领域之外才达到了顶点，尽管也恰恰是在我们的文明基础上，艺术才成为官方所承认的最高价值之一，并且受到国家的保护，国家支持博物馆、艺术科学院、音乐厅和剧院，授予用于装饰的拨款，或者在学校教科书中给那些为专门权威机关所承认的艺术家留一个位置。

艺术的普遍性，艺术创造在几乎所有文化中所占的地位，似乎已经必然地得出这样一个假定，即艺术在个人和社会生活中发挥着重要的功能，即使人们并不明了它的功能。这一点应当简单地加以考察。

在这里首先出现的一个问题是，艺术是审美经验的源泉。〔……〕什么是人类生活中的审美经验？在这里我们必须回到区别两种基本的心理态度上来，关于这种区别我曾经在其他地方更加详尽地探讨过。

问题就是当我们进行某项活动或经验某些印象时，由于它们直接地吸引住我们，而使我们"生活于这一刻"，同那种将目前时刻从属于将来的态度之间所存在的区别；这后一种态度,当我们完成我们的日常责任的时候,当我们等待某种事情的时候,当我们担心某种事情的时候,我们为某件将要发生的事情感到忧虑或者兴奋的时候,它就会出现。这种保证相对持久地采取"将来向的"态度的能力是一切计划行动的必不可少的先决条件。然而生活于这一刻的时间也不仅仅是作为休息的时间,它对于心理健康具有头等意义。在这方面并非现实生活中的所有类型的直接愉快都具有同等的重要性。同其他类型的生活于这一刻相比,审美经验、特别是对于艺术作品的审美经验可以被突出出来。在这里,对于直接感知的现实的专注,对于日常事物的正常进程的逃避,思想上对于将来事件的理智联系的解脱,并非是在某些类型的精神被动状态下通常的那种"陶醉",例如简单的感官愉快就是这后一种情况。审美经验是高度复杂的,它能够引起许多不同精神功能的活动,引起丰富的联想。只要分析一下一个敏感的听众在听一首简单的民歌时所经验到的情形就足够了,在民歌当中有节奏的配合、旋律的基调、文学的内容,有时会遇到词语上的象征,以及整个作品在周期性、层次性和对称性方面的建筑结构。当我们面对那些作为伟大创造灵感的结果的艺术作品的时候,情感和思想内容的丰富性就可以无限地增加。

正是这样一种沉浸于色彩、形状或声音的直接现实之中,同时又伴随着思想和情感能力的兴奋,才使得审美经验具有某种"宣泄"的作用,正如希腊人所已经了解的那样。正是亚里士多德在谈到对于艺术的某种体验时,使用了"宣泄"这一个词语。

艺术的这种宣泄功能可以有各种不同的理解。心理分析主义者所讲的这种功能，是指艺术可以作为生活中得不到满足的真实欲望的安全瓣那样的东西；在这种情况下，艺术作品可以代替那些在现实中不可能得到的东西，并且由于这一点，艺术作品就可以缓解我们的妄想与情绪。

现在我并不关心艺术作品的这种代替功能。我考虑的是广泛意义上的"宣泄作用"。众所周知，强烈的审美情感可以帮助我们摆脱日常事物的纷扰，它们不断地落到我们身上，并且经常掩盖世界的面目。当我们听过一部使我们深深感动的音乐作品之后回到家中，我们感到我们内部的某种东西发生了变化，感到某些令人烦恼的琐屑小事不再扰乱我们了，问题和事件的分量好像发生了改变，我们感到我们是从一个更远的前景来看待事情了，我们心中某种更深刻的思绪开始活动了，它使那些隐藏着的东西浮上了表面，我们感到某个事物面目一新。这不一定是一种根本的精神变化。这样的事情不常发生。这里的关键毋宁是看待事物的一种新的观点，对于世界的一种较少涉及个人的关系。

这样一种内部更新过程的教育作用是不成问题的。甚至意识本身的这样一种更新也是可能的，当意识的其他部分都恢复原状的时候，这种意识还依然存留着，它本来就是一种重要的教育因素。这种信念，同时还有对于那些将声音或色彩现实的魅力展现给我们的时刻的回忆，就成为一种有价值的储备，在危急时刻，它可以防止我们去怀疑生命的价值，怀疑存在的价值。

让我们略过审美经验的这种宣泄功能，再看一下那些不那么悲伤的和乐观的问题。让我们看一下艺术对于与其共存的文化的教育作用。

每一部艺术作品都会成为新的社会关系的聚焦点。这可以是各种不同的关系。如果我们面对的是一部文学作品、一出戏剧、一幅绘画或一件雕刻的话，那么社会关系就在读者或观者同绘画所描绘的人物、戏剧或小说的主人公之间形成了。这可以是一些非常亲密的和真诚的关系。对于艺术家所创造的这样一个人物的认识，甚至可以比对一个活着的人的认识要深刻得多，因为通向这个活着的人的道路往往是被社会传统阻塞着的。在现实生活中，只有在那些特别例外的时刻，才能够像在艺术作品当中那样深入地看到某个人的灵魂。

除了我们对于这整个的艺术虚构世界的看法之外，在一部艺术作品中我们还可以和它的创造者交流。我们力图猜测他的意图，我们探究他的创作思想，并试图体验他的情感和努力。无论他是一位诗人、一位音乐家、一位雕刻家，还是一位建筑师，这都没有什么不同。他没有必要一定是一个贝多芬或者密茨凯维支。有时候，在我们同那些木刻的装饰或人物的并不著名或者匿名的作者之间，也能够出现一种比较深刻的社会联系。

最后，那些以艺术作品为聚焦点而形成的社会关系的第三种类型，是创造者之间、观众之间、听众之间、读者之间的一致。这可以是一种直接的一致，一眼就可以看出，例如在某些时刻那种席卷整个剧院或音乐厅的公众的一致。不过它也可能只是一种潜在的一致,例如在那些互不相识的同一部书的读者之间或者同一部作品的欣赏者之间。

正如我们所看到的那样,一部艺术作品可以成为非常复杂的互相纠结的社会关系的聚焦点。环绕着它的所有这些关系有一个特征:一部艺术作品可以创造一座跨越数个世纪、跨越陆地和海洋的桥梁,它使我们能够同伯里克利时代的希腊人或者当代的非洲丛林以及密兰尼西亚岛上的居民进行交流,甚至是以一种非常亲密的方式,而且这种意外结成的友谊丝线可以给我们一种特殊的喜悦。在现实生活中,我们很少能够和那些与我们非常不同的人们建立较为密切的联系。我们的熟人圈子相当经常地是由彼此相像的人们组成的。艺术打开了同那些在心理上和文化上极为不同的类型的人们进行社会交往的通道,这种不同是由社会先决条件和内在人类理解能力所造成的。艺术使我们能够同那些我们所渴望的人们结成伙伴,他们在现实生活中是不可能遇到的。这种交流可以成为提高一个人的灵魂的刺激力量。

通过艺术作品的中介而建立的关系所以是有价值的,从教育的观点来看还有另外一个原因,这是一些完全无利害的关系。在这里我们是被这个人本身所吸引,他丝毫不能威胁我们或者帮助我们。我们和他息息相通,我们关心他的难题,尽管在这里并没有实际的利害。这不仅涉及同一位不相识的作者或他所创造的人物的关系——当无利害的社会关系是从他那方面产生的时候——而且也包括同那些仅仅存在于虚构的世界当中的人物的关系，我们可以对于罗丹或者都尼科夫斯基的雕塑发生移情，但是我们知道这些雕塑并不会对于我们移情。甚至当我们面对那种可以将艺术的所有接受者联系起来、那种相互之间非常完美的社会关系的时候，甚至在这样的时候，我们也可以看到这种无功利的一致性的出现。为某一部艺术作品感到愉快，同时又对它的创造者感到赞赏，就往往在观众或听众当中引起这种无功利的联合。我们熟悉这样的情形，例如，一个音乐厅的所有听众在艺术气氛的影响下结合成为一个紧密的整体。我们还熟悉这样的情形，持久而又深厚的友谊可以在共同的审美经验的基础上建立起来。

从社会关系的观点来看，艺术作品还可以具有实际的抚育价值。正像伯特朗德·胡塞尔所称呼的那样，它们是"非消费品"；它们的数量不会因为利用它们的人数的不断增加而减少。同这些价值相联系而形成的社会关系，不会产生那种在消费品方面所发生的冲突的威胁。两个喜爱同一首旋律或同一个装饰花纹的人，不会受到两个想要同一块面包或同一所房子的人所可能面临的冲突的威胁。这就是为什么艺术还可以成为形成和睦共处赖以存在的先决条件的一个因素。托尔斯泰赋予艺术一种联合人们的情感的功能，并且认为艺术所以值得尊崇，仅仅是由于这一功能。

除了我们在这里所谈的同艺术作品相联系而发生的社会关系之外，我们还可以看到，艺术还可以丰富我们生活于其中的社会现实。还不仅仅是社会现实，因为艺术一般地是丰富作为我们的感知和情感对象的现实。每一部富有独创性的艺术作品，都能够给我们的感知世界带来某些新的内容、新的形式和新的主题。通过同艺术的交流，我们的世界变得无比丰富了，反过来，它又扩展了我们的思想能力和情感能力。因此，艺术可以开扩我们的感受能力，并且使我们的感受能力更加细致。

在社会生活中，艺术还可以完成另外一项任务，一部艺术作品可以预告新的生活形式。当艺术成为一位社会领袖的灵感的时候，它可以比一个历史实例指出更多的东西。一个艺术家的幻想是不负责任的，这是真的。但是正是由于这一点，艺术家的幻想比一位社会领袖的脑筋要自由得多。艺术有时会指出一些远景，它们是一个活动家的清醒的计划所永远不会达到的。这些远景就存在于词语当中、大理石当中或者音调当中。这样一种远景有时就可以感悟领导者。结果将会是什么呢？关于屈从于艺术幻想的危险曾经写过很多。然而我们也清楚地知道，这样一些行动——毫无疑问它们是积极的行动，并且有时是具有重大社会意义的行动——如果没有艺术的远景，它们就决不会发生。

艺术参与改造社会生活不仅仅是通过预告将来的远景。艺术启示一位领袖，不仅可以通过向他表明他所追求的目标应当是什么，而且还可以通过向他揭示关于现实的将来变化的具有洞察力的图画。戈雅关于法国和西班牙战争的那些令人震惊的图画，同某些关于将来的普遍和谐的灿烂远景比起来，是更加有效地宣传和平主义的工具。都米埃现实主义绘画中的生活场景和《人民时代的春天》的漫画，哥罗茨在前纳粹德国的那些冷酷无情的漫画，左拉的小说，某些所谓无产阶级诗人的那些感人的作品，——这些都是足以说明艺术可以通过揭示关于现实的一种新的、击中要害的观点而发挥影响的例证。除了艺术在社会改造方面的作用以外，艺术的这种功能还具有相当的教育意义；它教给我们抓住我们周围的生活中的问题，并对它们表示关心，教给我们从各种不同的观点来看待现实，或者透过表面而直接看到真相。

以上所说，我们主要是从接受者的角度来考虑艺术的教育作用的。如果我们从艺术创造的角度来看艺术的作用的话，那么它在形成人类性格方面的作用将更加突出。从事于艺术是形成对于世界的独立看法、避免思想凝固和思想僵化的方式之一。我们在这里所说的是艺术创造，但是应当记住，在艺术领域要指明创造的范围是不容易的。一个艺术家制作了一部艺术作品，他的这部作品是前所未有的，但这并非是他一个人独有的贡献。有时候，一个观者、听者或读者，当他必须独立地判断作品或者陷入作品的烦难结构当中的时候，他也在某种程度上同艺术家进行着共同的创造。他甚至可以在这部作品中发现作者本人并没有赋予它的某种东西。在许多情况下，观者或听者通过上述的那些社会联系而感到同创作者的心灵息息相通，并且这样地生活于这些社会联系之中，好像分享到创作者的某种创作甘苦。因此，就形成创作性的态度来说，艺术至少在某些情况下对于接受者也可以发挥这种功能。

让我们总结一下我们考察的结果，在这里我们只是进

行了一般性的概括和考察。根据这些考察,艺术的教育作用表现为:

(1)审美情感的"宣泄"功能;

(2)通过建立各种不同的、无功利的社会联系——既包括虚构领域,也包括在活着的人们之间的关系基础上建立的联系——从而加深同时代的文化;

(3)与艺术丰富现实相联系,同时加深心灵和情感感受的可塑性;

(4)现实图画的刺激性影响和某些同社会问题的进程相关的艺术的远景;

(5)形成对于世界的创造性态度,不仅是在艺术作品的创造者中间,而且也包括在那些对于某些类型的艺术作品采取积极态度的接受者中间。

这可能只是一些积极的方面。然而,我们不应当忘记那些否定的方面。我们知道艺术有否定性的教育影响。这种影响在文学当中就会发生。如果艺术可以激起行动,甚至如某些人所认为的那样,《马赛曲》拯救了1792—1793年的革命,那么,艺术的幻想又是怎样经常地替代了行动。有的人由于一部作品或一个幻想而变得狂喜,这样就满足了情感需要,这些需要本来是应当付诸行动的。时而意气风发时而装腔作势,没有对于现实的即时反应能力,将自己的经历加以诗意化,这些就是熟知的病态情形;而艺术,特别是诗歌,对于某些阶层和环境来说就成了主要的教育因素。

另外,如果艺术加深人们的理解和感受能力的话,如果它影响同时代的文化的话，那么，另一方面，我们也知道它的相反的作用——长久地沉浸于虚构人物的世界之中的习惯可以使我们远离活着的人们，使我们同环境格格不入。不难发现这样的人，他对于艺术虚构的人物能够息息相通，但是对于活人却冷漠无情。最后，艺术可以作为势利行为的理由，在这方面，它在阶级社会中具有重大的教育影响，这一点我们毫无疑问应当把它看作是否定的影响。

当谈到艺术的教育作用的时候，无论如何应当注意，它在很大程度上依赖于将青年人带到艺术世界的人的立场，依赖于他是否将他们的兴趣中心集中于外观，从而对于这些人来说，他们的兴趣所关注的东西就不是感受而是感受的对象。在这一领域的教育任务是引起对于美的事物的欣赏，而不是关于欣赏是什么的观念，这是一种文化占了优势的标志。

这些问题无论如何有着更为广阔的背景。任何文化领域都不能离开它的其他方面以及整个社会条件而孤立地加以考察。在各种不同的社会环境中的人类活动，表面上看起来完全相等的那些领域也可以具有各种不同的含义和完全不同的社会效果。

如果我们想要明白这一些，例如艺术对于人的心理和人的生活形式的病态影响，那么我们必须将它们同它们所赖以产生的基础联系起来。艺术可以成为那些脱离集体的个人的避风港，但是如果这不是由特别的心理结构所引起的偶尔情况的话，那么造成这种同社会生活潮流相离异的个人阶层的相应的社会和经济条件，则早已存在了。只有这时,艺术才可以成为一种破坏因素,而不是一种团结力量。

艺术对于所谓文化精华当中的个人的教育影响的病态表现,似乎是同在资本主义制度下社会关系的整个构成相联系的,特别是同这样一个社会阶级的形成有关,他们不直接参加大生产过程,感到他们的地位受到资本威力的威胁。在这一阶级的知识分子环境中,艺术很容易成为一种社会荣誉的工具,一种势利的工具,同时也成为同广大群众之间的障碍。艺术的教育影响的病态表现,于是就同现代社会中艺术的病态境遇联系起来,在现代社会中,艺术成了所谓人类精华的专利品。

在上一世纪末叶,英国诗人、艺术家、工匠、社会领袖威廉·莫里斯非常生动而又富有启示性地描绘了那一时代艺术的情形:艺术成为社会的一大病害;不过是一种可以医治的病害。莫里斯非常懂得艺术能够给人幸福以及它的教育价值,同时他又认为那种将最广大的社会群众排除于艺术生活领域之外的制度是最可怕的专制,必须极力加以反对。在波兰,爱德华·阿波拉莫夫斯基稍后也表达过同样的思想。

今天,当广大群众表现出他们的生命力并争取他们应有的社会地位的时候,有必要重提这些问题。今天还难以进行预测,给这些预测指出乐观主义的出路就更加困难。然而,仍然可以这样设想,即如果我们没有过早地被煤气毒死,没有在某个细菌战中被细菌杀害,如果极权主义没有利用科学的心理学和生物学方法将我们的耳目和我们的头脑"磨掉",那么在光明的明天,由于现在已经取得的技术发展,经济问题将不再占据直到现在还占据着的这种中心地位,那么,前所未料的充分发展的道路就可以向人类打开。这并非是一个诗人、一个艺术家或一个梦幻者的长远的幻想。这正是最近去世的希密昂德——一位清醒的经济学家和社会学家——从他关于经济条件的发展的研究中所得出的结论,这是1935年他在巴黎大学的最后讲演中宣告的。

那些被排除于参加艺术生活的社会阶层是知道这些可能性的。目标向着未来的人民运动也应当知道这些可能性,因为对于他们自己的新的文化价值的渴望,是人民运动的不可分割的组成部分,尽管它们的形态还是朦胧的。

在十六世纪和十七世纪之交,在解放了的荷兰,绘画方面的创造能力在资产阶级当中光辉灿烂地迸发出来,同发生于其他领域的所有事物相比,它是那样的独立和不同。关于它的威力和作用,在胜利之后才意识到。意识到自己的尊严,感觉到人民所要起的社会作用——这是包括波兰在内的新的独立的艺术创造能够得以发展的基础,这种艺术创造不是对于外国范例的模仿,不是对于传统的消极继承。如果这样一种新鲜的创造潮流能够从我们所目击的社会文化变革当中汹涌而出,那么毫无疑问,它在新的一代的教育当中将发挥有意义的作用。

译后记

本书是我在山东大学中文系攻读研究生时的一部译稿。在翻译过程中，曾经得到周来祥和狄其骢两位导师的亲切关怀，并受到李泽厚同志的支持和鼓励；滕守尧同志更为本书的出版做了大量工作。在此谨向他们一并表示衷心的感谢。

译文虽然几经修改，但限于译者的水平，误解和错译之处肯定仍然不少。诚恳希望广大读者和专家们批评指正。

译者 1984.9
聊城师院

附言：由于本书的出版，1988 年我应华沙大学校长的邀请访问该校两个月。此行完全是由社会学系主任卡敏斯基先生安排的，对于他的辛劳，我谨表示衷心的感谢。

于传勤
2022.8

朱光潜与李泽厚

——与阎国忠先生商榷

于传勤①

（聊城大学文学院，山东聊城 252059）

摘 要：本文是我阅读阎国忠先生《攀援——我的学术历程》（载《艺术百家》2013年第5期）一篇长文后所引起的感想。我对朱光潜和李泽厚有着不同于阎先生的评价。我认为朱光潜是一位学问家和翻译家，他对西方美学和文艺理论有系统和深入的了解，所以能独力写出两卷本的《西方美学史》。李泽厚则是一位思想家，他的《美学四讲》建构起一个令人信服的美学体系，这一体系是他"人类学历史本体论"的一个有机组成部分。

关键词：美学；艺术；朱光潜；李泽厚；美的本质；美学思想体系

中图分类号：J01　　文献标识码：A

---

① 作者简介：于传勤（1943— ），河南范县人，1968年毕业于北京大学西语系，1979年考取山东大学中文系美学研究生，1982年来聊城师范学院中文系任教，1993年晋升教授，1998年任聊城大学古籍整理研究所所长，硕士生导师。研究方向：美学，20世纪中国学术史。

一

认真说起来,朱光潜的美学黄金时代是上世纪三四十年代,其美学代表作是《文艺心理学》。"它的对象是文艺的创造和欣赏,它的观点大致是心理学的",也就是从心理学的观点研究美感经验,用今天的话来说,就是对于美感的研究。其主要内容是介绍了克罗齐的直觉说、布洛的距离说、立普斯的移情说和谷鲁斯的内模仿说。

首先是克罗齐的直觉说。他认为在美感经验中,心所以接物者只是直觉,物所以呈现于心者只是形象,因此美感经验就是形象的直觉。可以说直觉说充分地强调了美感的感性特征,是符合审美欣赏的实际的。距离说的倡导者是瑞士心理学家布洛,他认为:"一个公理或一个普遍的思想,因为是从普泛化来的,对于我的距离太远了,使我完全不能具体地领略它;倘若我能够具体地领略它,我又落到实际生活里去,它和我的距离又太近了。"这样便都不能产生美感,只有和对象保持一定的心理距离,对象才能美。这一理论很能说明审美态度的特征,即只有与对象保持非实用、超功利的态度,才能感到对象的美。移情说的代表人物是德国美学家立普斯,他认为审美欣赏的原因不在对象,而在自我,自我通过移情而起作用,是将自我外射进去,把自己的情感移入对象,从而赋予对象以情感生命,进行情感交流,这样才能产生美感。如李白的诗句:"相对两不厌,惟有敬亭山",这实际上是一种拟人化,最典型的莫过于苏轼的词"咏杨花"了。谷鲁斯的内模仿说是与移情说相联系的，移情说指的是我及于物，而内模仿说则是指的物及于我，例如观赏山崖的青松，内心便会不自觉地起一种挺拔向上的感觉。这一理论也很能说明一部分审美现象。朱光潜能把这些理论说得深入浅出，行文又清浅平易，所以他的《文艺心理学》能够雅俗共赏。而《谈美——给青年的十二封信》一书则将这些理论讲得更简明、更通俗，大大扩大了朱光潜美学思想的影响。

1956年开始的那场美学大讨论，是从批判唯心论开始的，朱光潜便首当其冲。因为他是从心理学的角度研究美学的，很自然地便陷入主观论，认为美是主观心灵的创造。在这次讨论中他修正了自己的观点，提出美是主客观统一的理论，他认为美一方面要有客观对象，一方面也要有主观的意识创造，是这两个方面的统一，从而创造了一个物的形象，这个物的形象就是美。但这个物的形象却不是原来客观上那个事物，已经加上了主观的意识创造，既不是客观的，也不是主观的，而是主观和客观的统一。因此，他给美的定义是："美是客观方面某些事物、性质和形状适合主观方面意识形态，可以交融在一起而成为一个完整形象的那种特质。""那种特质"，这一定义似乎在强调美的客观性。

朱光潜是较早研究马克思《1844年经济学哲学手稿》的人，1960年他就写出《生产劳动与人对世界的艺术掌握——马克思主义美学的实践观点》一篇长文。他正确地指出，人从开始劳动起，才算真正揭开了人类历史的第一页。生产劳动是从制造工具开始。在制造像石刀这样的工具时，人逐渐从动物状态中得到解放，逐渐摆脱肉体的直接需要的限制，进行广泛的物质生产乃至于精神生产。人能自觉地通过劳动去创造，所以他所创造的东西，就体现了他的需要和愿望，他的情感和思想，以及他的驾驭自然的能力。因此，这种对象已不是生造的自然，而是人的劳动产品，用马克思的话来说，它是"人化的自然"，"人的本质力量的对象化"。他还说，从马克思主义的实践观点看，"美感"起于劳动生产中的喜悦。劳动生产是人对世界的实践精神的掌握，同时也就是对世界的艺术的掌握。在劳动生产中人对世界建立了实践的关系，同时也就建立了人对世界的审美的关系。可惜朱光潜混淆了物质生产与艺术生产的不同性质。

1962年，朱光潜承担了编写大学文科教材《西方美学史》的工作，到1964年，他就写出了两卷本的《西方美学史》，从古希腊一直写到20世纪的克罗齐。本书成为美学爱好者的入门读物。他还先后译出一大批著名的美学著作，如柏拉图的《文艺对话集》，莱辛的《拉奥孔》，爱克曼的《歌德谈话录》，黑格尔的《美学》（三卷），克罗齐的《美学原理》，晚年还翻译出版了维柯的《新科学》。这些译著为美学研究者提供了极大方便。

诚如阎先生所说，朱光潜的四个美学基本命题是：美学对象是艺术，美是主客观统一，美感经验是想象或形象思维，艺术是一种生产劳动。但是作为一个学术框架，它是未完成的。

我于1962至1968年在北大西语系学习法语，知道朱光潜是西语系教授，但是并没有给我们上过课。我们住北京大学40斋的四层，1967年的某一天，我去厕所小便，看到一位白发苍然的老先生在吸烟，他朝我笑了笑，我也报之以微笑。我发现便池刷得很白，从来没有这样干净过，我忽然意识到这是美学教授朱光潜，他真是把刷厕所当成一件艺术工作了。

二

由于不安于在乡下教中学，1979年我考取山东大学中文系美学研究生。我是带着一本《美学问题讨论集》来的，其中有李泽厚的《论美感、美和艺术》一文，觉得美学问题他讲得最清楚。后来又读到他的《美的历程》，更是感到大契我心，大学期间我读"中国古典文学读本丛书"时的感受，都被他清楚明白地说出来了。1985年我有幸买到一本《李泽厚哲学美学文选》，其中有"美学四讲"的三讲，据此我一个暑假写出一本美学讲义，1986年开始就一直讲授美学了。

第一讲是《美学的对象与范围》。李泽厚认为，今天的所谓美学实际上是美的哲学、审美心理学和艺术社会学三者的某种形式的结合。简言之就是，今天的美学是以审美经验为中心研究美和艺术的学科。这是符合美学的历史和现状的。

第二讲是《谈美》。他从三个层次回答"美是什么"。

第一是审美对象,艺术作品只有当人们欣赏时才成为审美对象,它既取决于艺术作品所客观地提供的一切,也取决于欣赏者主体个人所提供的一切,这便是朱光潜所强调的主客观的统一。第二是审美性质,也就是所有美的事物身上所具有的共同性质。这是对美的本质的最早的一种理解,例如柏拉图就是这样提出美的本质问题的。他说:"它应该是一切美的事物有了它就成其为美的那个品质。"我们可以看到,一切美的事物都必须有一个感性形式,使人可以直接感知;同时又必须与人的群体或理性相关,即有一定的社会内容。在这样的意义上,我们可以说"美是有意味的形式"。这也就是康德所说的"纯粹美",李泽厚所说的"真正的美",也就是形式美,即形、色、音、声及其组合规律。李泽厚认为这两层都还是美的现象,美的本质是指美的根源或本源,即美究竟是从何而来的。他认为美的根源出自人类主体以使用、制造工具来改造自然的生产实践的过程之中。人类在漫长的千百万年的生产劳动过程中,在使用和制造工具的过程中,对外界自然事物的形式和规律逐渐熟悉、掌握和运用,人们在劳动过程中感到自己的心意状态和外在自然的形式规律和谐一致,从而产生情感愉快,这便是人类最早的审美感受,这些被人类所掌握了的形式规律便是最早的美。外界自然的形式规律通过实践而为人类所掌握,从而具有了社会性的含义,成为审美性质,这便是"自然的人化"。

第三讲是《美感谈》。李泽厚认为,美感和美一样,既不是上帝给与的,也不是生物自然进化的结果,而是在人类改造世界的实践过程中产生的，是人的内在自然人化的结果。这样，作为肉体存在的人本身的自然，包括五官感觉和各种需要，就超出了动物性的本能而具有了人的性质：在认识领域产生了超生物的认识能力，在伦理领域产生了超生物的道德，在审美领域产生了超生物的需要和享受：吃饭不只是充饥，而成为美食；两性不只是生殖，而成为爱情；从各种艺术欣赏到旅行游历的需要，这都是人类所独有的审美需要和享受。李泽厚特别强调审美先于艺术，即人们在原始生产实践的主体能动活动中感到了自己的心意状态与外在自然的形式规律和谐一致，产生情感愉快，这便是最早的美感。即使在今天，也仍然有原始积淀的问题，例如人们的时空感和节奏感，便是由生产实践和生活实践积淀而成的。在"寒鸦万点，流水绕孤村"的时代，决不会出现迪斯科的节奏。

李泽厚认为，美感的根本特征是个人直觉性与社会功利性的统一。直觉性在创作中便表现为某种非自觉性，作家、艺术家应该凭着自己的直感、真实感受去创作，才能创作出血肉丰满、真实可信的人物形象。同时美感又是有理性认识做基础的，它是积淀了理性的感性。总之，美感之所以是直觉性与功利性的统一，正是理性积淀的结果。这就叫做"理之于诗，如盐在水，体匿性存，无痕有味"。也就是说，理性认识在美感当中，不是以概念的形式赤裸裸地存在，而是融化在、渗透到感知、想象、情感等因素之中，与它们融为一体而不自觉地起着作用。这也正是"形象大于思维"的原因所在。

第四讲是《艺术杂谈》。关于艺术的本质，他认为艺术再现现实、艺术表现情感和艺术的美在于形式，是最有影响的三种理论。艺术之所以是艺术，就在于它有审美的形式，能直接唤起人们的美感；但是艺术又不等同于审美，艺术的问题不只是美的问题，它还要有一定的社会生活内容。也就是说，只有艺术才致力于美的创造，而不只是政治和伦理道德的附庸；另一方面，也不存在所谓的"纯粹的艺术"，只有渗透着人世情感内容的艺术，当艺术完全失去内容而成为纯粹美时，它也就成为装饰而趋向衰亡。因此艺术总是一定的审美形式与情感内容的统一。关于艺术与现实的关系，我认为朱光潜在《诗论》中说得很好："诗与实际的人生世相之关系，妙处唯在不即不离。唯其'不离'，所以有真实感；唯其'不即'，所以新鲜有趣。"李泽厚说的"原始积淀是审美，生活积淀是艺术，艺术积淀是形式"，也是完全正确的论断。

李泽厚指出，审美对象的历史正是审美心理结构的历史，是人类自己建立起来的心理——情感本体——而世代相承的文化历史。它们的不断沿袭，展示了人类心理——情感本体——的不断充实、更新、扩展和成长的历史。这种艺术社会学与审美心理学的融合统一，恰好是马克思讲的人的心理以及五官是世界历史的产物，亦即自然的人化这一哲学命题所提示的具体途径。从而，美的哲学与审美心理学和艺术社会学的基本原则将是一个"统一整体"，它将展示美的本质与人的本质相关联，艺术本体与情感本体相关联，亦即将美的根源与工具本体、艺术作品与情感本体联系起来。因此，李泽厚的美学体系是一个完整的有机整体，阎先生说它"并非是一个前后一贯的逻辑整体"是没有道理的，也不存在所谓的"跳跃性思维"。而且，他的美学体系还是他的"人类学历史本体论"哲学体系的一个有机组成部分，将美的根源与工具本体、艺术作品与情感本体联系起来，已经说明了这一点。

总之，新时期以来中国美学的领军人物不是朱光潜，而是李泽厚。而且也只有他，建立了一个令人信服的美学体系和哲学体系。

三

阎先生在文章中还说，李泽厚的"实践美学"还只是美学从古典到现代过渡的中间环节，它并没有摆脱二元论的思维模式。还说，李泽厚将美学区分为"美的哲学""审美心理学"以及"艺术社会学"，这种区分是二元论思维方式的典型表现，美与美感怎么能够分割开来呢？如果分割开来，对美感的研究只能停留在形而下的层面，而对美的探讨则势必漂浮在抽象的概念上。这真是一个根本的思维方式问题，迄今为止，主客二分、心物二元，还是人们思考问题、认识事物的基本方法，怎么能像阎先生那样，把什么都混沌地置于观念的一元之下呢？美与美感怎么不能够分开呢？连朱光潜的《文艺心理学》一开始就说，近代美学所侧重的问题是："在美感经验中我们的心理活动是什么样？"至于一般人所喜欢问的"什么样的事物才能算是美"一个问题还在其次。这就明明是说，美感是在心，而美则是在物。也确如阎先生所说，对美感的研究就是属于形而下的层面，所以才会有实验美学；而对美的探讨势必漂浮在抽象的概念上，所以美的本质才被认为是古老的哲学沉思。

阎先生正是在观念的一元论之下来思考爱与美的关系问题的，说什么爱与美有着共同的本源；爱与美有着相似的历程；爱与美有着对等的定位；爱与美有着相同的意义。在我看来，爱与美根本不是同一层级上的概念，它们怎么能够相提并论呢？爱属于情感领域，喜、怒、哀、乐、爱、恶、欲，它是七情之一。由爱所引起的行为属于伦理领域，是伦理学研究的问题，根本不属于美学。阎先生所以这样去思考，完全是上了观念一元论的当，以为只要把它们看成对等的概念就行，怎么可以不看它们的实际所指呢？所以，在当前情况下，还是主客二分，才能正确地认识事物。

以上所述，不知当否，还请阎先生及其他方家多加指正。

（原载《艺术百家》2013年第6期，
本文被SCI收录）

U PODSTAW ESTETYKI

The Foundations of Aesthetics

by

Stanislaw Ossowski

据 PWN——Polish Scientific Publishers

Warszawa 1978 年英文版译出